水利工程管理精细化系列丛书

刘老涧泵站

LIULAOJIAN BENGZHAN

江苏省骆运水利工程管理处 ◎ 编

河海大学出版社
·南京·

图书在版编目(CIP)数据

刘老涧泵站 / 江苏省骆运水利工程管理处编. -- 南京：河海大学出版社，2022.12
(水利工程管理精细化系列丛书)
ISBN 978-7-5630-7905-6

Ⅰ. ①刘… Ⅱ. ①江… Ⅲ. ①泵站－运行－管理－宿迁 Ⅳ. ①TV675

中国版本图书馆 CIP 数据核字(2022)第 246938 号

书　　名	刘老涧泵站
书　　号	ISBN 978-7-5630-7905-6
责任编辑	曾雪梅
特约校对	薄小奇
封面设计	徐娟娟
出版发行	河海大学出版社
地　　址	南京市西康路1号(邮编:210098)
网　　址	http://www.hhup.cm
电　　话	(025)83737852(总编室)
	(025)83722833(营销部)
经　　销	江苏省新华发行集团有限公司
排　　版	南京布克文化发展有限公司
印　　刷	广东虎彩云印刷有限公司
开　　本	787毫米×1092毫米　1/16
印　　张	17
字　　数	413千字
版　　次	2022年12月第1版
印　　次	2022年12月第1次印刷
定　　价	188.00元

《刘老涧泵站》编写委员会

主　编　周元斌

副主编　张合朋　王业宇　力　刚　蒋　涛　戴宜高　施　翔

编　委　黄　毅　刘　斌　吉庆伟　潘卫锋　王　岩　陈　武
　　　　　冯　杰　张前进　周　伟　杜　亮　唐　鹏　徐　楠
　　　　　伏　杰　许　委　徐书洋　徐立建　单翔宇　王梓源
　　　　　马靖凯　戴　萱　郝人艺　王浩宇　殷君钰　钱保如
　　　　　鲍　睿　王涵宇

前言

水利工程是保障防洪安全的重要基础设施，也是重要民生工程。刘老涧泵站作为江水北调和南水北调东线第五梯级泵站、江苏省重点水利工程，保证了南水北达，为城镇居民生活、工农业生产和航运提供了充沛水源。

刘老涧泵站建成于1996年，是江苏省利用世界银行贷款和国内配套资金而兴建的加强黄淮海平原灌溉农业项目。刘老涧泵站的建成创造了数个"首次"，国内首次采用簸箕式进水流道、井筒式结构的大型泵站工程，江苏省内首次使用变频技术发电的大中型泵站工程，江苏省内首次采用成套继电器集成保护系统的泵站工程等。刘老涧泵站于2019年进行了加固改造，工程设备得到更新，运行效益显著提升。

编者按照"勇担当、善创新、筑自信、争一流"的骆运发展思路，编写了《刘老涧泵站》一书，作为江苏省骆运水利工程管理处精细化管理丛书的工程篇，系统介绍了刘老涧泵站的设计、加固改造、设备设施、工程管理、效益评价等内容，可作为刘老涧泵站运行管理人员的培训教材，也可供其他泵站技术人员参考学习。

由于编写人员水平有限，难免存有不妥和疏漏之处，敬请同行专家学者和广大读者批评指正。

目录 Contents

第一章　概况 ··· 001
　1.1　江水北调、南水北调概况 ·· 002
　　　1.1.1　江水北调 ··· 002
　　　1.1.2　南水北调 ··· 005
　1.2　刘老涧枢纽工程 ·· 008
　1.3　刘老涧泵站 ·· 009
　　　1.3.1　水文地质 ··· 009
　　　1.3.2　水工建筑物 ·· 011
　　　1.3.3　机电设备 ··· 012

第二章　泵站设计与试运行 ··· 016
　2.1　兴办缘由 ··· 016
　2.2　泵站的主要设计参数 ··· 017
　　　2.2.1　设计流量 ··· 017
　　　2.2.2　特征水位 ··· 018
　　　2.2.3　实际运行水位分析 ··· 020
　　　2.2.4　实测运行水位与规划水位比较 ·· 021
　2.3　站址选择及总体布置 ··· 022
　　　2.3.1　站址选择 ··· 022
　　　2.3.2　总体布置 ··· 023
　2.4　泵形选择及总体布置 ··· 023
　2.5　水工设计 ··· 026
　　　2.5.1　站身结构设计 ··· 026
　　　2.5.2　上下游翼墙设计 ·· 030
　　　2.5.3　闸门及拦污栅设施设计 ··· 031
　　　2.5.4　交通桥改、扩建设计 ·· 032
　2.6　电气设计 ··· 032

       2.6.1　电气一次 ……………………………………………………………… 032
       2.6.2　电气二次 ……………………………………………………………… 033
       2.6.3　控制方式与信号系统 …………………………………………………… 033
       2.6.4　直流系统 ……………………………………………………………… 034
       2.6.5　通信装置 ……………………………………………………………… 034
   2.7　辅机设计 …………………………………………………………………… 034
       2.7.1　油系统 ………………………………………………………………… 034
       2.7.2　压缩空气系统 …………………………………………………………… 034
       2.7.3　供水系统 ……………………………………………………………… 034
       2.7.4　水力量测系统 …………………………………………………………… 034
   2.8　泵站试运行 ………………………………………………………………… 034
       2.8.1　试运行 ………………………………………………………………… 035
       2.8.2　试运行中存在的问题 ……………………………………………………… 036
       2.8.3　试运行结论 ……………………………………………………………… 036

第三章　泵站加固改造与试运行 ………………………………………………… 037
   3.1　安全鉴定 …………………………………………………………………… 037
       3.1.1　概况 …………………………………………………………………… 037
       3.1.2　工程检测 ……………………………………………………………… 037
       3.1.3　安全鉴定意见 …………………………………………………………… 039
   3.2　水泵装置性能及进水条件优化研究 …………………………………………… 040
       3.2.1　泵站进水条件优化设计数值模拟研究 …………………………………… 040
       3.2.2　水泵装置性能预测与优化设计数值分析研究 ……………………………… 041
       3.2.3　泵站装置模型试验研究 ………………………………………………… 044
   3.3　工程安全复核 ………………………………………………………………… 046
   3.4　水工建筑物改造 ……………………………………………………………… 046
       3.4.1　存在的主要问题 ………………………………………………………… 046
       3.4.2　改造内容 ……………………………………………………………… 047
   3.5　主机组改造 …………………………………………………………………… 051
       3.5.1　存在的主要问题 ………………………………………………………… 051
       3.5.2　改造内容 ……………………………………………………………… 056
   3.6　电气设备改造 ………………………………………………………………… 060
       3.6.1　存在的主要问题 ………………………………………………………… 060
       3.6.2　改造内容 ……………………………………………………………… 063
   3.7　辅机设备改造 ………………………………………………………………… 064
       3.7.1　存在的主要问题 ………………………………………………………… 064
       3.7.2　改造内容 ……………………………………………………………… 066
   3.8　泵站试运行 …………………………………………………………………… 069
       3.8.1　预试运行 ……………………………………………………………… 069

3.8.2　试运行 ········· 069

第四章　泵站建筑物 ········· 073
4.1　厂房 ········· 073
　　4.1.1　厂房形式 ········· 073
　　4.1.2　厂房布置 ········· 073
4.2　进水建筑物 ········· 075
　　4.2.1　引河 ········· 076
　　4.2.2　前池 ········· 076
　　4.2.3　进水池 ········· 076
　　4.2.4　进水流道 ········· 076
4.3　出水建筑物 ········· 078
　　4.3.1　出水流道 ········· 079
　　4.3.2　出水池 ········· 080
4.4　下游清污机桥 ········· 080
　　4.4.1　清污机桥结构方案比较 ········· 080
　　4.4.2　清污机桥布置 ········· 082
4.5　起吊便桥 ········· 083
4.6　配套建筑物 ········· 084
　　4.6.1　35 kV 户内变电所及柴油发电机房 ········· 084
　　4.6.2　站上游交通桥 ········· 085

第五章　主水泵机组 ········· 088
5.1　主水泵 ········· 088
　　5.1.1　主水泵性能参数 ········· 088
　　5.1.2　主水泵的结构 ········· 089
5.2　主电机 ········· 100
　　5.2.1　主电机的性能参数 ········· 101
　　5.2.2　主电机的主要特性 ········· 101
　　5.2.3　主电机的结构 ········· 102
5.3　变频机组 ········· 107
　　5.3.1　原变频机组 ········· 107
　　5.3.2　变频机组改造 ········· 108
5.4　励磁系统 ········· 110
　　5.4.1　系统构成 ········· 110
　　5.4.2　装置性能特点 ········· 111

第六章　辅机系统 ········· 114
6.1　水系统 ········· 114

6.1.1 供水系统 ·· 115
6.1.2 排水系统 ·· 120
6.1.3 供排水管材、接口及敷设方式 ······················· 121
6.2 油系统 ··· 121
6.2.1 油的作用 ·· 121
6.2.2 润滑油系统 ·· 122
6.3 断流系统 ·· 123
6.3.1 系统构成 ·· 123
6.3.2 工作原理 ·· 124
6.3.3 性能特点 ·· 124
6.3.4 紧急操作 ·· 124
6.4 清污系统 ·· 125
6.4.1 清污机 ··· 125
6.4.2 上游拦污栅起吊装置 ································· 129
6.5 电机轴瓦冷却装置 ··· 133
6.5.1 设备选型 ·· 133
6.5.2 设备构成 ·· 133
6.5.3 性能特点 ·· 134
6.6 主机通风系统 ··· 134
6.6.1 电机冷却风机选型 ···································· 134
6.6.2 电机通风冷却结构 ···································· 135
6.7 起重设备 ·· 136
6.7.1 设备构成 ·· 136
6.7.2 设备参数 ·· 136
6.7.3 设备维修 ·· 137
6.8 抽真空装置 ·· 138
6.8.1 工作原理 ·· 138
6.8.2 设备构成 ·· 138
6.9 检修闸门 ·· 139

第七章 变配电系统 ··· 140
7.1 变电所变配电概况 ··· 140
7.1.1 概况 ··· 140
7.1.2 通信 ··· 140
7.1.3 设备布置 ·· 140
7.2 变电所 35 kV 系统 ··· 141
7.2.1 电气接线方式 ··· 141
7.2.2 接入系统方式 ··· 141
7.2.3 主变压器 ·· 141

7.2.4　35 kV 高压开关柜 …………………………………………… 145
　　　7.2.5　变电所继电保护装置 …………………………………………… 147
　　　7.2.6　变电所直流系统 ………………………………………………… 150
　7.3　6 kV 变配电系统 …………………………………………………………… 151
　　　7.3.1　6 kV 高压开关柜 ………………………………………………… 151
　　　7.3.2　站用变压器 ……………………………………………………… 152
　　　7.3.3　所用变压器 ……………………………………………………… 154
　　　7.3.4　0.4 kV 系统 ……………………………………………………… 154
　　　7.3.5　直流系统 ………………………………………………………… 157
　　　7.3.6　微机保护装置 …………………………………………………… 159
　7.4　柴油发电机组 ……………………………………………………………… 163
　7.5　高压电缆 …………………………………………………………………… 164
　　　7.5.1　35 kV 高压电缆 …………………………………………………… 164
　　　7.5.2　10 kV 高压电缆 …………………………………………………… 165
　7.6　过电压保护及接地 ………………………………………………………… 165
　　　7.6.1　操作过电压保护 ………………………………………………… 165
　　　7.6.2　雷电侵入波保护 ………………………………………………… 165
　　　7.6.3　直击雷保护 ……………………………………………………… 165
　　　7.6.4　接地系统 ………………………………………………………… 165
　　　7.6.5　弱电防雷 ………………………………………………………… 165

第八章　自动化系统 ……………………………………………………………… 167
　8.1　计算机监控系统 …………………………………………………………… 167
　　　8.1.1　系统构成 ………………………………………………………… 168
　　　8.1.2　系统功能 ………………………………………………………… 168
　　　8.1.3　系统软件 ………………………………………………………… 177
　8.2　视频监视系统 ……………………………………………………………… 179
　　　8.2.1　系统构成 ………………………………………………………… 179
　　　8.2.2　系统功能 ………………………………………………………… 180
　8.3　机组状态在线监测分析系统 ……………………………………………… 181
　　　8.3.1　系统构成 ………………………………………………………… 181
　　　8.3.2　系统功能 ………………………………………………………… 183
　8.4　泵站信息管理系统 ………………………………………………………… 187
　　　8.4.1　系统构成 ………………………………………………………… 187
　　　8.4.2　系统功能 ………………………………………………………… 187
　8.5　网络安全防护体系 ………………………………………………………… 189
　　　8.5.1　系统构成 ………………………………………………………… 190
　　　8.5.2　体系功能 ………………………………………………………… 190

第九章 安全监测 …… 191

9.1 观测项目 …… 191
9.2 观测要求 …… 191
9.3 观测资料整编与成果分析 …… 192
9.4 刘老涧泵站观测项目 …… 192
9.4.1 水位观测 …… 192
9.4.2 流量观测 …… 192
9.4.3 垂直位移观测 …… 194
9.4.4 扬压力观测 …… 195
9.4.5 河道断面观测 …… 196

第十章 消防系统 …… 198

10.1 系统设计 …… 198
10.1.1 设计依据 …… 198
10.1.2 功能设计 …… 198
10.2 消防设备布置 …… 199
10.2.1 消火栓系统 …… 199
10.2.2 建筑灭火器配置 …… 200
10.2.3 管道材料及接口方式 …… 200

第十一章 泵站工程管理 …… 201

11.1 管理机构 …… 201
11.2 运行管理 …… 201
11.2.1 运行前检查 …… 201
11.2.2 主机组开停机操作 …… 204
11.2.3 运行巡查 …… 217
11.2.4 运行值班 …… 220
11.2.5 运行应急处置 …… 220
11.3 维修养护 …… 222
11.3.1 主机组养护维修 …… 222
11.3.2 变压器养护维修 …… 234
11.3.3 其他电气设备养护维修 …… 234
11.3.4 辅助设备及金属结构养护维修 …… 235
11.3.5 通信及监测、监视设施养护维修 …… 235
11.3.6 水工建筑物养护维修 …… 236
11.3.7 管理设施养护维修 …… 238
11.3.8 工程观测设施养护维修 …… 239
11.4 安全管理 …… 239
11.4.1 一般要求 …… 239

11.4.2　工程保护 ………………………………………………… 240
　　11.4.3　安全生产 ………………………………………………… 241
　　11.4.4　应急措施 ………………………………………………… 242
　　11.4.5　安全鉴定 ………………………………………………… 243
11.5　技术档案管理 ………………………………………………… 244
　　11.5.1　一般规定 ………………………………………………… 244
　　11.5.2　档案收集 ………………………………………………… 244
　　11.5.3　档案整理归档 …………………………………………… 245
　　11.5.4　档案验收移交 …………………………………………… 247
　　11.5.5　档案保管 ………………………………………………… 249

第十二章　经济效益评价 ……………………………………………… 251
12.1　经济指标 ……………………………………………………… 251
　　12.1.1　建筑物完好率 …………………………………………… 251
　　12.1.2　设备完好率 ……………………………………………… 251
　　12.1.3　泵站效率 ………………………………………………… 251
　　12.1.4　能源单耗 ………………………………………………… 251
　　12.1.5　供排水成本 ……………………………………………… 252
　　12.1.6　安全运行率 ……………………………………………… 253
　　12.1.7　财务收支平衡率 ………………………………………… 253
12.2　经济运行 ……………………………………………………… 253
　　12.2.1　最优运行准则 …………………………………………… 253
　　12.2.2　泵站优化调度 …………………………………………… 253
　　12.2.3　水泵工况点调节 ………………………………………… 254
　　12.2.4　经济运行分析 …………………………………………… 255

参考文献 ……………………………………………………………… 257

第一章

概况

刘老涧泵站（图 1.1）位于宿迁市宿豫区仰化镇境内中运河上，设计流量为 150 m³/s，总装机容量为 8 800 kW，为大（1）型泵站。洪水标准按 100 年一遇设计、300 年一遇校核，直接抽引泗阳站送来的江水、淮水，沿中运河北调，属于淮水北调第二梯级站、江水北调第五梯级站之一。其主要任务是与泗阳枢纽、皂河枢纽一起，通过中运河向骆马湖输水，与运西徐洪线共同满足向骆马湖调水的目标，同时保证了苏北地区农田灌溉、工业及通航用水。刘老涧泵站利用变频技术，在丰水季节可实现反向发电，有力地促进了区域经济社会发展，获得了巨大的经济效益和社会效益。

图 1.1 刘老涧泵站

1.1 江水北调、南水北调概况

1.1.1 江水北调

1.1.1.1 工程背景[①]

江苏引江历史悠久,早在春秋时期开挖的邗沟,即引江水向北通航至淮安末口入淮。唐宋时期,在邗沟上兴建各种堰、埭、坝、闸等建筑物,实行渠化通航。旱时利用扬州五塘蓄水济运,水枯时,则自大江中车水济运。黄河夺淮后,淮河入海尾闾被占,河床淤高,里运河承担部分洪水入江任务,引江历史就此终结。

1958年,江苏进行"引江济淮,江水北调"规划,与国家"南水北调"(东线)规划紧密结合。规划引江分两路:一路由南官河自流引江入里下河地区;一路建抽水站由廖家沟抽水入高宝湖北送。

江苏省水利厅1958年编制的《江苏省水利规划提纲》中,规划引江济淮(江水北调)工程的主要内容是:开南官河引水穿过通扬运河入里下河地区,干线经卤汀河、射阳河出海,拓浚通扬运河为输水河道,结合航运,在南官河口及通扬运河西口各建引江闸。后因原通扬运河拓浚工程土方多、拆迁量大,改为在原通扬运河北另开新通扬运河,并兴建邵伯大控制工程,在邵伯、大汕子建抽水站。

1960年1月,国务院批准兴办苏北引江工程,新建50 000 kW电力抽水站,上半年先完成25 000 kW。2月,省人委报送了《江水北调东线江苏段工程规划要点》(下文简称《规划要点》)和《苏北引江灌溉电力抽水站设计任务书》。《规划要点》提出:自流引江和抽提江水并举;集中抽水和分散抽水同时进行;近期和远景相结合,使之与国家的南水北调东线工程力求配合;蓄水引水并举,既利用湖泊调蓄抽水向北,又利用湖泊蓄水互相调济;抽水灌溉与除涝防洪结合,做到一站多用。4月,江苏省水利厅又编报了《江苏引江灌溉第一期工程滨江电力抽水站及高宝湖电力抽水站初步设计》。4月15日,水电部批复,同意第一期工程按设计方案施工,滨江站于当年冬季开工,计划装机12 500 kW。后来,经研究将苏北引江灌溉工程规划与里下河地区规划、滨海垦区规划、高宝湖地区规划进行综合考虑,统一安排灌溉、洗盐、改良水质和港口冲淤等水源问题,并结合里下河排涝。为此,将原滨江站迁至江都县西南,改名为江都抽水站,原计划高宝湖站移至淮安,称淮安抽水站,以京杭运河为输水干道北送,"四湖串连、八级抽水",把江水抽送至微山湖,使江、淮、沂沭泗沟通,引水、蓄水、排水、调水相结合。

1961年3月,水电部召开六省市规划筹备会议,研究认为:抽引江水到山东的工程规模巨大,决定暂缓考虑,抽引江水先解决苏北地区灌溉用水。1961年4月,水电部批准同意江苏实施苏北引江灌溉工程。

1962年,江苏根据水电部意见,对规划又作了补充和修改,主要是对废黄河以南的淮河下游,包括淮水北调灌区,增加灌溉、排涝和沿海垦区洗盐、冲淤的综合考虑,使引江规划进一步全面、合理。总的灌溉面积为:水稻1 483万亩[②],三麦670万亩,秋季旱作物

[①] 本节内容参考《江苏省志·水利志》第303-305页。
[②] 1亩≈666.67 m²

650万亩,需水量180亿~236亿 m³,需要抽引江水400 m³/s,自流引江140 m³/s,兴建江都抽水站,增建淮安抽水站。1963年1月国务院批准江都站装机规模第一步按抽排里下河地区涝水250 m³/s,近期抽引江水灌溉限于250 m³/s。如以后淮河来量减少,装机需要扩大时,再行报批。

1959年以后,随着淮河上中游工程的变化,下游缺水加重。1959年淮河断流108天,1966—1967年连续断流221天,洪泽湖干涸,里下河地区水位低落,水质变坏,入海港口淤塞严重。为了解决苏北农田灌溉、冲淤保港的燃眉之急,省水电局于1970年又编制完成了《江苏省淮河地区骨干工程规划治理意见》,计划在已建的江都抽水站一、二、三站共抽水250 m³/s的基础上,再增加150 m³/s,达到400 m³/s;并建泰州抽水站350 m³/s,其中50 m³/s给新通扬运河以南灌溉,300 m³/s通过新通扬运河和规划中的通榆河灌溉斗龙港以南垦区,结合洗盐冲淤和航运。为争取增加淮水北调的水量,将灌溉总渠原用淮水的自流灌区,改从里下河河网提取江水解决。泰州自流引江除已建新通扬运河自流引江外,在南官河西增开引江河,两河总引水能力为500 m³/s。

引淮河余水冲淤有三条路线:一条是拓浚王圩河,从灌溉总渠引淮水送至射阳河;另一条从里运河引淮水经高水河、泰州以东的新通扬运河、通榆河到斗龙港以南;还有一条是结合白马湖、宝应湖地区退水,在不影响里下河地区排涝的前提下,利用白马湖、宝应湖两座穿运地下涵洞引水入里下河地区。

1973年1月,省水电局和省治淮指挥部向水电部报送了《苏北引江灌溉工程报告》。报告提出:向北送水仍以京杭运河为干渠,第一级站的江都抽水站及万福闸下的滨江抽水站,分别抽水400 m³/s及420 m³/s(滨江抽水站后因送水线路改变未实施)。向东送水计划建马甸抽水站,抽引江水350~400 m³/s,后又改为从马甸、高港两处抽水。

1974年,根据水电部提出的《南水北调近期规划设计任务书》,省计委向国家计委报告提出,在三四年内,争取先送水100 m³/s过黄河,如只建洪泽湖以北工程,送水出省没有保证,除续建三阳河等引水河道外,需建大汕子抽水站,抽水200 m³/s;向东送水工程应和向北送水工程同步兴建。1975年8月,根据水电部《南水北调规划任务书》,省治淮指挥部编报了《南水北调近期工程江苏段规划报告》,主要是增加北送水量至微山湖,从洪泽湖到骆马湖分中运河、徐洪河两路送水,骆马湖以北分韩庄运河、不牢河、房亭河三路送水,并提出向东送水建设方案。1978年水电部批准徐洪河为南水北调输水支线,送水200 m³/s。1983年6月,根据国务院和水电部对南水北调东线第一期工程的要求,省水利勘测设计院于6月又编报了《南水北调东线第一期工程江苏段规划意见》。至1987年南水北调东线工程尚未起动,江苏江水北调工程虽未能全部实施,但江水已可向北送达徐州及连云港市。

1.1.1.2 工程任务

江水北调工程是一项扎根长江,实现江淮沂沭泗统一调度、综合治理、综合利用的工程。其主要任务是,以长江水补充淮沂沭泗水水量之不足和协调来水与需水在时空分布上的矛盾,为苏北地区工农业生产、城市生活、航运和生态提供水源,并承担苏北地区部分泄洪排涝任务。

为缓解地区缺水状况,合理配置水资源,从20世纪50年代开始,江苏省水利厅先后提出"淮水北调,分淮入沂"和"引江济淮,江水北调"的跨流域调水计划。

1.1.1.3　工程体系

江水北调工程体系始建于20世纪60年代,抽引江水规模达400 m^3/s。通过由南至北布置的9个提水梯级、20余座大型泵站、上千座水工建筑物及总长404 km干线输水河道,工程可覆盖保障苏中、苏北4 500万亩耕地、4 000万人口用水,向北最远可送水至徐州丰沛地区,向东北最远可补水至连云港石梁河水库。

江水北调工程以江都站为起点,京杭运河为输水骨干河道,经过洪泽湖、骆马湖调蓄,可将江水送到南四湖下级湖,至2010年代沿途已建成江都、淮安、淮阴、泗阳、刘老涧、皂河、刘山、解台、沿湖等9级抽水泵站。江水北调各站基本情况见表1.1。

表1.1　江水北调泵站基本情况

梯级	站名	抽水流量(m^3/s)	装机容量(kW)
一	江都一站	81.6	8 000
	江都二站	81.6	6 400
	江都三站	135	16 000
	江都四站	210	21 000
二	淮安一站	64	6 400
	淮安二站	120	10 000
	淮安三站	66	3 400
	石港站	120	13 200
三	淮阴一站	120	8 000
	淮阴二站	100	8 400
	高良涧越闸站	110	15 880
	蒋坝站	100	14 300
四	泗阳一站	100	10 000
	泗阳二站	66	5 600
五	刘老涧站	150	8 800
	沙集站	50	8 000
六	皂河站	195	14 000
	刘集站	33	3 630
七	刘山北站	50	6 160
	刘山南站	30	3 300
	单集站	20	2 240
八	解台站	50	6 160
	大庙站	20	2 240
九	沿湖站	30	2 100

1.1.1.4 工程效益

一是江水北调工程省内效益。江苏江水北调工程经过几十年的运行管理实践,较好保障了江苏省苏中及苏北地区防洪排涝、农业灌溉、抗旱调水、城市供水、交通航运需求,较好解决了工业与农业生产、城乡生活、生态与环境用水问题。据统计,江都水利枢纽累计投入抗旱、灌溉等抽引江水 1 361.13 亿 m³;沿线各级泵站排涝 400 亿 m³,为苏北经济社会快速发展的提供了重要保障,已成为苏北全面小康、加快现代化建设的重要支撑。

二是 2013 年以来江水北调工程和南水北调新建工程联合运行调水出省的效益。截至 2016 年 5 月,通过江水北调工程和南水北调新建工程联合运行,累计调水出省 12 亿 m³,相当于 2 个骆马湖的正常需水量,有效缓解了我国北方地区缺水状况。

1.1.2 南水北调

1.1.2.1 概况

南水北调工程是缓解我国北方水资源严重短缺局面的重大战略性基础设施。建设南水北调工程,是党中央国务院根据我国经济社会发展需要作出的重大决策。经过 20 世纪 50 年代以来的勘测、规划和研究,在分析比较 50 多种规划方案的基础上,分别在长江下游、中游、上游规划了三个调水区,形成了南水北调工程东线、中线、西线三条调水线路(图 1.2)。通过三条调水线路,与长江、淮河、黄河、海河相互连接,构成我国中部地区水资源"四横三纵、南北调配、东西互济"的总体格局。

图 1.2 南水北调工程总体布置图

1. 东线工程:利用江苏省已有的江水北调工程,逐步扩大调水规模并延长输水线路。东线工程从长江下游扬州江都抽引长江水,利用京杭大运河及与其平行的河道逐级提水北送,并连接起调蓄作用的洪泽湖、骆马湖、南四湖、东平湖。出东平湖后分两路输水:一路向北,在位山附近经隧洞穿过黄河,输水到天津;另一路向东,通过胶东地区输水干线经济南输水到烟台、威海。一期工程调水主干线全长 1 466.50 km,其中长江至东平湖

1 045.36 km,黄河以北 173.49 km,胶东输水干线 239.78 km,穿黄河段 7.87 km。规划分三期实施。

2. 中线工程:从加坝扩容后的丹江口水库陶岔渠首闸引水,沿线开挖渠道,经唐白河流域西部过长江流域与淮河流域的分水岭方城垭口,沿黄淮海平原西部边缘,在郑州以西李村附近穿过黄河,沿京广铁路西侧北上,可基本自流到北京、天津。输水干线全长 1 431.945 km(其中,总干渠 1 276.414 km,天津输水干线 155.531 km)。规划分两期实施。

3. 西线工程:在长江上游通天河、支流雅砻江和大渡河上游筑坝建库,开凿穿过长江与黄河分水岭巴颜喀拉山的输水隧洞,调长江水入黄河上游。西线工程的供水目标,主要是解决涉及青海、甘肃、宁夏、内蒙古、陕西、山西等 6 省(自治区)黄河上中游地区和渭河关中平原的缺水问题。结合兴建黄河干流上的大柳树水利枢纽等工程,还可以向临近黄河流域的甘肃河西走廊地区供水,必要时也可相机向黄河下游补水。规划分三期实施。

三条调水线路互为补充,不可替代。本着"三先三后"、适度从紧、需要与可能相结合的原则,南水北调工程规划最终调水规模 448 亿 m³,其中东线 148 亿 m³,中线 130 亿 m³,西线 170 亿 m³,建设时间需 40～50 年。整个工程将根据实际情况分期实施。

1.1.2.2　东线工程任务

根据《南水北调东线工程规划(2001 年修订)》,供水范围包括黄淮海平原东部、山东半岛以及淮河以南的里运河东西两侧地区,南起长江,北至天津,西界大致为子牙河、滏阳河、梁山、徐州、津浦铁路,东临渤海、黄海,涉及津、冀、苏、鲁、皖五省市,总面积 24.3 万 km²,是我国人口较密集地区之一,在政治经济上都具有十分重要的战略地位。供水范围分为黄河以南、山东半岛和黄河以北三片。黄河以南主要是江苏省淮北地区及里下河地区的沿运河、沿苏北灌溉总渠的自流灌区;安徽省蚌埠市、淮北市以东沿淮河、沿新汴河、沿高邮湖地区;山东省南四湖、东平湖地区。

供水范围区内有 25 座地市级以上城市,工业基础比较好,有胜利、华北、大港等油田,有山东兖枣、安徽两淮、江苏徐州等大型矿区,沿海盐业资源也很丰富,具有发展能源、化工的许多有利条件。

供水范围是我国重要的粮棉油料产区。区内有耕地面积 1.32 亿亩,粮食总产量为 15 576 万吨,占全国粮食总产量的 31%。淮河和海河流域中低产田比重大,光热条件好,是我国粮食增产潜力最大的地区之一。供水范围内交通发达,京沪铁路纵贯南北,陇海、石德等铁路横穿东西;公路网遍及城乡,高等级公路发展迅速,京杭运河及淮河干流为骨干的内河航线相互沟通。另外,还有天津、青岛、连云港等重要的对外海运港口,天津、济南、青岛、徐州市等重要的航空港。

20 世纪 90 年代以来,北方地区大范围缺水、地下水超采严重、水环境污染和黄河断流等问题引起社会的广泛关注。东线工程供水范围均属水资源短缺地区,天津、河北黑龙港运东地区、山东半岛以及南四湖地区缺水最为严重。主要体现在:城乡生活用水紧张,水质难以保证;缺水制约工业发展;缺水造成农业低产以及水环境严重恶化。缺水造成严重的经济损失和社会影响。

黄河以北供水区大部分在咸水区和微咸水区。运东地区深层淡水含氟量较高,不适合饮用和灌溉。长期超采深层地下水,引发了水质恶化、地面沉降、咸淡水界面下移等地质灾害。海河水系地表水已高度开发,地下水又严重超采,已到了仅仅依靠当地水资源难以解决缺水问题的程度。

山东半岛地表水进一步利用极为困难,地下水严重超采,当地水资源也已不能解决缺水问题。鲁西南的南四湖地区在偏旱年份已无法维持供需平衡,生活和工业供水也无法保持稳定。黄河是黄淮海平原的重要供水水源,但黄河引水保证率受到限制,也不能满足可持续发展的要求,日益严重的断流现象和泥沙造成的环境问题,又使引黄供水受到威胁,必须考虑补充新水源。

1.1.2.3 东线工程布局

长江是东线工程的主要水源,水质Ⅱ类,水量丰富,多年平均径流量达9 000多亿 m^3,特枯年也有6 750亿 m^3,为东线工程提供了优越的水源条件。东线第一期工程规划年抽江水量约90亿 m^3,仅占长江入海总水量的1‰~1.5‰。南水北调东线工程的基本任务是从长江下游调水,向黄淮海平原东部和山东半岛补充水源,基本解决调水线路沿线和山东半岛的城市及工业用水,改善淮北地区的农业供水条件,并在北方需要时,提供农业和部分生态用水。

东线工程利用江苏省江水北调工程扩大规模并向北延伸。从扬州附近的长江干流下游的三江营和高港两个引水口门引水,利用京杭大运河以及与其平行的三阳河、潼河、金宝航道、徐洪河等河道输水,连通洪泽湖、骆马湖、南四湖、东平湖作为调蓄水库,经新建扩建泵站逐级提水进入东平湖后,分水两路,一路向北穿过黄河后自流到天津;另一路向东经新辟的山东半岛输水干线接引黄济青渠道,向山东半岛供水。从长江至东平湖需设13个梯级抽水泵站,总扬程65 m。

长江到天津北大港水库输水干线总长1 156 km,其中黄河以南646 km,穿黄段17 km,黄河以北493 km;山东半岛输水干线从东平湖至威海市米山水库,全长701 km。

1.1.2.4 东线工程规模

根据东线工程供水目标和需调水量,考虑受水区缺水形势的发展和对水量、水质的要求,据《东线规划》分析,东线工程拟分期实施,先通后畅,逐步扩大规模。

第一期工程:抽江500 m^3/s,过黄河50 m^3/s,向山东半岛供水50 m^3/s。规划总工期7年完成,首先调水到山东半岛和鲁北地区,并为向天津应急供水创造条件,缓解鲁北地区和山东半岛最为紧迫的城市缺水问题。工程完成后多年平均抽江水量89.37亿 m^3,穿黄5.09亿 m^3,送山东半岛8.76亿 m^3。

第二期工程:抽江600 m^3/s,过黄河100 m^3/s,到天津50 m^3/s,向山东半岛供水50 m^3/s。与第一期工程连续实施,规划工期5年。工程完成后多年平均抽江水量105.86亿 m^3,穿黄20.83亿 m^3,送山东半岛8.76亿 m^3。

第三期工程:抽江800 m^3/s,过黄河200 m^3/s,到天津100 m^3/s,向山东半岛供水90 m^3/s。工程完成后多年平均抽江水量148.17亿 m^3,穿黄37.68亿 m^3,送山东半岛21.29亿 m^3,以满足供水范围内2030年国民经济发展对水的需求。

1.2　刘老涧枢纽工程

刘老涧水利枢纽(图1.3)由刘老涧泵站、刘老涧二站、刘老涧新闸、刘老涧节制闸、刘老涧船闸共同组成,主要任务是与泗阳水利枢纽、皂河水利枢纽一起,通过中运河向骆马湖输水,与运西徐洪线共同满足向骆马湖调水的目标,同时为刘老涧闸至宿迁闸之间工农业、乡镇生活和航运补充水源。刘老涧泵站还运用变频技术,在丰水季节可反向发电。

刘老涧泵站于1996年5月建成投运,2019年8月加固改造工程开工建设,2022年7月16日至17日加固改造工程单位工程完工验收,安装全调节立式轴流泵4台套,总装机容量8 800 kW,设计流量150 m^3/s,设计扬程3.7 m。

刘老涧二站于2011年建成投运,安装全调节立式轴流泵4台套(含一台备机),总装机容量8 000 kW,设计流量80 m^3/s,设计扬程3.7 m。

刘老涧新闸于1976年建成投运,2021年1月除险加固工程开工建设,共3孔,每孔净宽10.0 m,工作闸门为直升式平面钢闸门,配固定卷扬式启闭机,设计流量400 m^3/s。

刘老涧节制闸与刘老涧二站为闸站合一建筑物,节制闸属赔建工程,2011年建成投运,共3孔,每孔净宽10.0 m,工作闸门为直升式平面钢闸门,配固定卷扬式启闭机,设计流量500 m^3/s。

刘老涧船闸为三线船闸,三座船闸均采用钢质人字闸门,平板直升阀门。

据统计,自1996年刘老涧泵站投入运行以来,截至2021年12月31日,机组共抽水运行11.79万台时,抽水148.51亿 m^3;反向发电4 785万 kW·h;刘老涧新闸自建成以来已累计排泄涝水超过240亿 m^3;刘老涧节制闸累计泄洪超过30亿 m^3。

图1.3　刘老涧水利枢纽

刘老涧水利枢纽位置如图1.4所示。

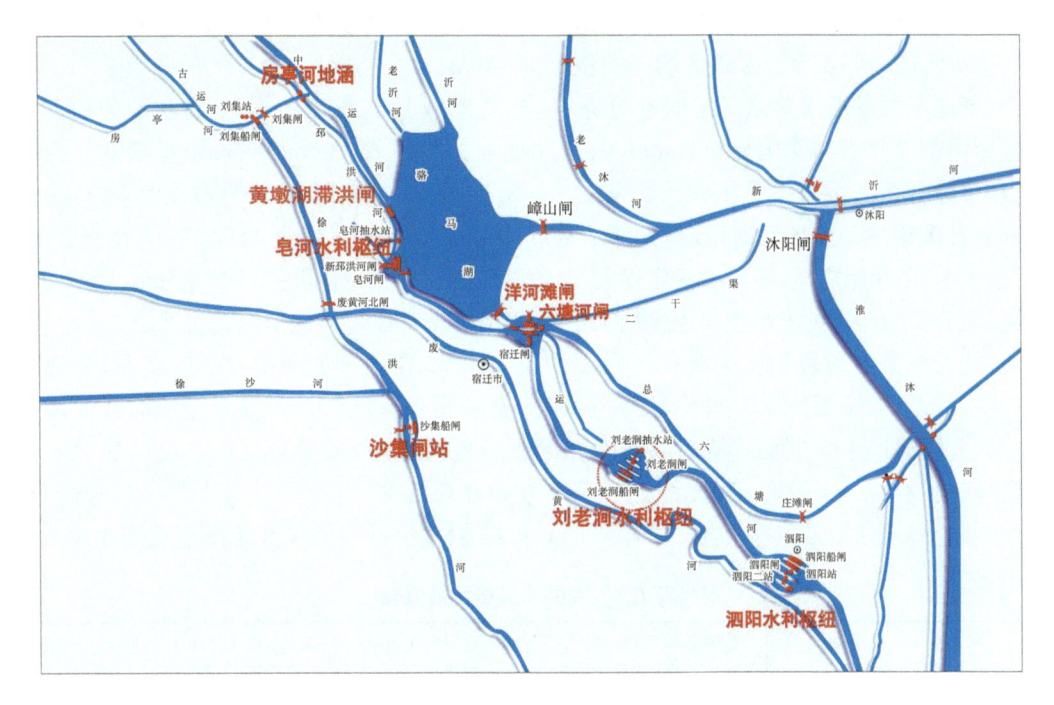

图1.4 刘老涧水利枢纽位置图

刘老涧水利枢纽历史悠久,最早可追溯到清康熙年间。经过世世代代的发展变迁,如今成为集防洪、灌溉、供水、航运及发电等功能为一体的大型综合性水利枢纽。枢纽内松林苍郁,河面碧波荡漾,护堤芳草茵茵,长渠纵贯,气势恢宏,仪态万千。水利工程与自然环境、人文景观浑然一体,相得益彰,在充分发挥工程效益的同时,也成为风景宜人的"天然氧吧"。

1.3 刘老涧泵站

1.3.1 水文地质

1.3.1.1 水文资料

刘老涧泵站位于暖温带半湿润的季风气候区,具有明显的季风环流特征,四季分明,春季干燥多风,雨量集中在炎热的夏季,秋季晴爽,冬季寒冷干燥。11月中旬至次年3月下旬,平均气温在10℃以下,1月份天气最冷,平均气温为-0.7℃,极端最低气温为-21.9℃;夏季最热月是7月,月平均气温27.3℃,极端最高气温39.9℃;年平均气温14.1℃,日平均气温≤5℃的日数为96天。最热天月平均相对湿度84%。年平均总降水量922 mm。5—9月平均降水量为500 mm,最大日降水量199 mm,最大三日雨量260 mm,全年雷暴雨日数35天。全年积雪日数12天,最大积雪深度24 cm,冰雹总次数16次(1953—1973年)。多年平均初霜期为10月31日,平均终霜期为4月1日,全年平均有霜期152天,平均无霜期213天,冻土深度为23.3 cm。9月至次年3月盛行东北风和北风,4—8月盛行东南风,年平均风速3.3 m/s,30年一遇最大风速23.7 m/s,全年大风(≥8级)日数12天。多年平均蒸发量1 050 mm。

刘老涧泵站所属地区降雨时空分布不均,从地域分布来看,降雨量由东南向西北递减,东南部多年平均降雨量900 mm,向西北逐渐减少至800 mm左右;降雨量的年内分配和年际分配不平衡,变化大。一年之内,汛期(6—9月)降雨量约占全年降雨量的70%,且多集中于几场暴雨,日最大降水量可达180 mm,冬季12月至次年2月雨量最少,为枯水季;在年际之间,降雨量变化较大,丰枯悬殊,最大面雨量可达1 184.5 mm,最小面雨量仅587.8 mm,连续丰水年与连续枯水年交替出现,造成这些地区旱涝灾害严重。

刘老涧泵站所属地区为易产生暴雨的天气系统,在雨季的前期,即6—7月,主要是切变线和低涡,暴雨持续时间长,可达1~2个月或更长,范围大,可笼罩全流域或流域的大部分,因而产生大洪水或特大洪水。在雨季后期,则有台风参与其中。台风暴雨的特点是范围较小,历时较短,但强度较大,往往发生在8月份。

刘老涧泵站所处的骆马湖、中运河沿线水文站、水位站点情况及特征值见表1.2。

表1.2 主要水文站特征值表

站名	类别	实测资料系列	统计资料系列	最大流量(m³/s)	最高水位(m)	最低水位(m)
泗阳闸(闸上)	水位	1961—1967 1969—2007	1961—2007	—	17.56	11.93
泗阳闸(闸下)	水位		1961—2007	—	16.83	7.00
刘老涧闸(闸上)	流量	1952 1980—2007	1980—2007	576.0	—	—
	水位	1950、1953 1962—2007	1962—2007	—	19.14	14.59
刘老涧闸(闸下)	水位	1950、1953 1962—2007	1962—2007	—	18.51	12.55
刘老涧新闸	流量	1980—2007	1980—2007	591.0	—	—
宿迁闸(闸上)	水位	1958—2007	1958—2007	—	24.88	15.42
宿迁闸(闸下)	流量	1958—2007	1958—2007	1 040.0	—	—
	水位	1958—2007	1958—2007	—	20.05	14.68
皂河闸(闸上)	流量	1950、1951、 1956—2007	1958—2007	1 240.0	—	—
	水位	1950—2007	1958—2007	—	25.46	16.04
皂河闸(闸下)	水位	1950—2007	1958—2007	—	25.00	15.47
洋河滩(闸上)	水位	1952—2007	1958—2007	—	25.47	17.61
蒋坝	水位	1914—1937 1950—2007	1950—2007	—	15.22	8.80
嶂山闸	流量	1950、1952—1958 1960—2007	1961—2007	5 760.0	—	—
沭阳	流量	1952—1953 1955—2007	1952—2007	6 900.0	—	—

1.3.1.2 地质资料

刘老涧泵站场地地貌分区属徐淮黄泛平原区,地貌类型属河流泛滥平原,处于堤内滩地与决口扇形平原交界处。

泵站场地位于华北准地台东南部,属华北地层区,由太古界(泰山群)及太古界—下元古界胶东群中深变质岩系(片麻岩类)组成基底。上元古界(淮河群、震旦系)—古生界(缺失奥陶系上统—石炭系下统)不整合在泰山群之上,以海相沉积为主,海陆交互相和陆相沉积次之,其中中元古界缺失或被超覆。中生界白垩系—新生界第三系多陆相碎屑岩沉积,伴有中基性、基性火山岩,缺失三叠系及侏罗系中、下统。新生界约 140 m,其中第四系厚度 40 m 左右,以冲积相为主,近期受黄泛影响较甚。

刘老涧泵站位于燕山早期新华夏系构造郯庐断裂东界山左口—泗洪断裂东约 13 km,东距新华夏系海(州)泗(阳)断裂约 35 km,在一相对稳定地块上,构造稳定性较好。查 GB 18306—2015《中国地震动参数区划图》,工程区Ⅱ类场地基本地震动峰值加速度为0.20g,相应地震基本烈度主要为Ⅷ度;Ⅱ类场地基本地震动加速度反应谱特征周期为 0.45 s(第三组)。工程所在地土层分布较稳定,场地类别为Ⅱ类;无大的活动性断裂通过,构造稳定性较好,无不良地质,除膨胀岩土外,无其他特殊性岩土。

1.3.2 水工建筑物

刘老涧泵站建筑物主要由站身、高低压配电房、柴油机房、交通桥、上游起吊便桥、下游清污机桥组成。其中高低压配电房、柴油机房、上游起吊便桥、下游清污机桥为泵站加固改造工程新建设施。

泵站站身由主厂房、副厂房、公路桥、工作桥四部分组成。主厂房呈"一"字形南北设置,框架结构,抗震设防烈度为 8 度(0.2g),长 53.22 m,宽 12.4 m,高 16.8 m,地面高程 22 m,分电机层和联轴层两层;副厂房长 3.6 m,宽 37.4 m,高 4.1 m。泵站采用簸箕形进水流道,为国内首次采用,虹吸式出水流道,真空破坏阀断流方式,出水流道与站身为分段式结构。站身设有 4 孔,每孔净宽 8.0 m,边墩宽 1.20 m,中墩宽 1.0 m,小隔墩宽 0.60 m;胸墙厚 0.4 m。站身底板顺水流方向长 32.49 m,垂直水流宽度为 37.4 m。站身公路桥宽 4.9 m,工作桥宽 4.4 m。

高低压配电房为一层,长 35 m,宽 11 m,高 7.9 m,地面高程为 22 m,建筑面积 306 m²,主变室地上耐火等级为一级,其余房间地上耐火等级为二级,设计使用年限 50 年。

柴油发电机房为一层,框架结构,抗震设防烈度为 8 度(0.2g),长 13 m,宽 9 m,高 5.75 m,地面高程 22 m,建筑面积 125 m²,地上耐火等级为一级,设计使用年限 50 年。

上游起吊便桥宽 4.0 m,上部结构为 6 跨钢筋混凝土板梁结构,桥板分三块,长度为 (17.3 m+20 m+17.3 m),下部结构采用条形基础,双柱排架式桥墩。基础平面尺寸为 4.8 m×2.4 m,基础上设两根直径 80 cm 立柱与帽梁连接,两立柱在高程 17.0 m 处设 60 cm×80 cm 联系梁,帽梁底高程 20.0 m,截面高度 80 cm,宽 150 cm。

下游清污机桥共 12 跨,单跨净宽 4.16 m,中墩厚 65 cm,边墩厚 60 cm,桥长 60 m。清污机桥采用平板板式基础,底高程 10.50 m,顶面高程 11.50 m,顺河向长 11.5 m。桥面顶高程 19.5 m，宽 6.5 m。

1.3.3 机电设备

刘老涧泵站内安装四台套井筒分段式全调节轴流泵及立式同步电动机，同时配有变频机组，可利用变频技术，在丰水季节可反向发电。该站由上级大兴变电所架设 1 回 35 kV 架空线路供电，采用高压交联电缆引入，内设主变、所变、站变各一台。泵站辅机系统有供水系统、抽真空系统及通风系统，起重设备为 32/5T 桥式行车 1 台。

刘老涧泵站先后通过小水电增效扩容改造工程，更换了变频机组及励磁装置；通过加固改造工程，更换了大部分机电设备。

1. 原机电及主要电气设备

主电机采用上海电机厂制造的 TL2200—40/3250 型立式同步电动机，额定电流为 255 A，转速为 150 r/min，绝缘等级为 B，防护等级为 IP21。主水泵采用无锡水泵厂制造的 3100ZLQ38-4.2 型全调节立式轴流泵，设计扬程 3.7 m，设计流量 37.5 m³/s，叶片调节角度为±6°。

变频机组采用上海电机厂制造的 50 Hz、2 200 kW 的发电机和 30 Hz、2 300 kW 的电动机。

35 kV 主变压器型号为 SF8-12500/35，额定容量为 12 500 kVA，额定电压为 (35 kV±5%)/6.3 kV，为苏州吴江变压器厂制造。

站用变压器采用型号为 S9-M-400/6.3 电力变压器，额定电压为 6.3±5%/0.4 kV，额定电流为 36.66/507.4 A，为连云港变压器有限公司制造；所用变压器采用 S7-630/35 电力变压器，额定电压为 35±5%/0.4 kV，额定电流为 10.4/909.3 A，为苏州吴江市变压器厂制造。

主机励磁装置型号为 LZK-3G，额定励磁电压为 133 V，额定励磁电流为 357 A，为苏州市友明科技有限公司生产制造。

2. 现机电及主要电气设备

主电机采用中电电机股份有限公司制造的 TL2200—44/3250 型立式同步电动机，额定电流为 247.5 A，转速为 136.4 r/min，绝缘等级为 F，防护等级为 IP21。主水泵采用江苏航天水力设备有限公司制造的 3100ZLQ38-4.2 型全调节立式轴流泵，设计扬程 3.7 m，设计流量 37.5 m³/s，叶片调节角度为±4°。

变频机组采用上海电机厂制造的 50 Hz、3 000 kW 的发电机和 30 Hz、3 200 kW 的电动机。

35 kV 主变压器型号为 S13-12500/35，额定容量为 12 500 kVA，电压组合 (35 kV±2×2.5%)/6.3 kV，高压侧额定电压 35 kV，高压侧额定电流 206.2 A，低压侧额定电压 6.3 kV，低压侧额定电流 1 145.5 A。

站用变压器采用型号为 SCB13-630/6 树脂绝缘干式电力变压器，额定电压为 6±2×2.5%/0.4 kV，额定电流为 60.62/909.35 A；所用变压器采用 SCB13-630/35 树脂绝缘干式电力变压器，额定电压为 35±2×2.5%/0.4 kV，额定电流为 10.39/909.35 A，均为扬州华鼎变压器有限公司制造。

励磁装置型号为 WKLF-102B，额定励磁电压为 113.8/83.4 V，额定励磁电流为 261/190 A，为北京前锋科技有限公司生产制造。

刘老涧泵站站身剖面、平面布置、站身立面如图 1.5 至 1.7 所示。

图 1.5 刘老涧泵站站身剖面图

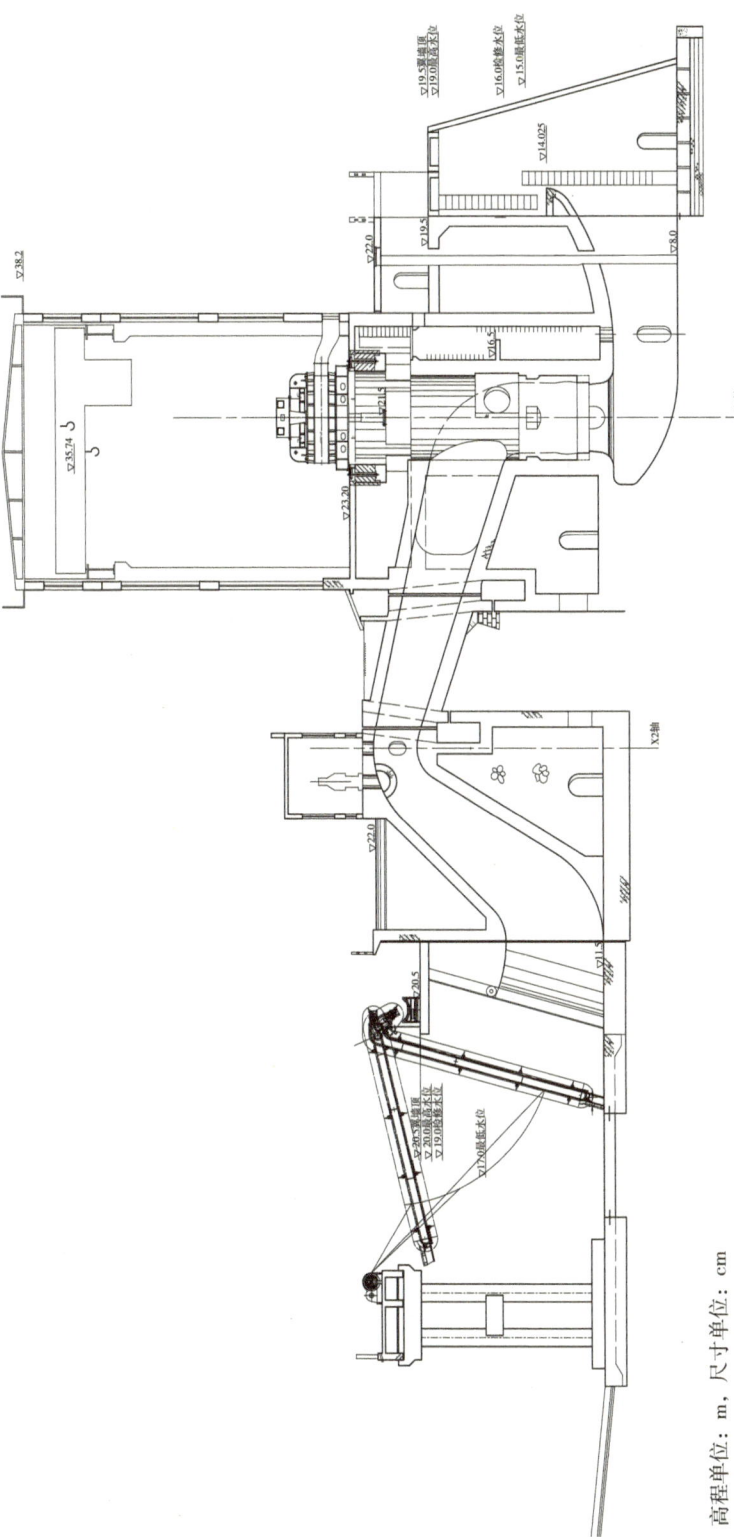

高程单位：m，尺寸单位：cm

图1.6 刘老涧泵站平面布置图

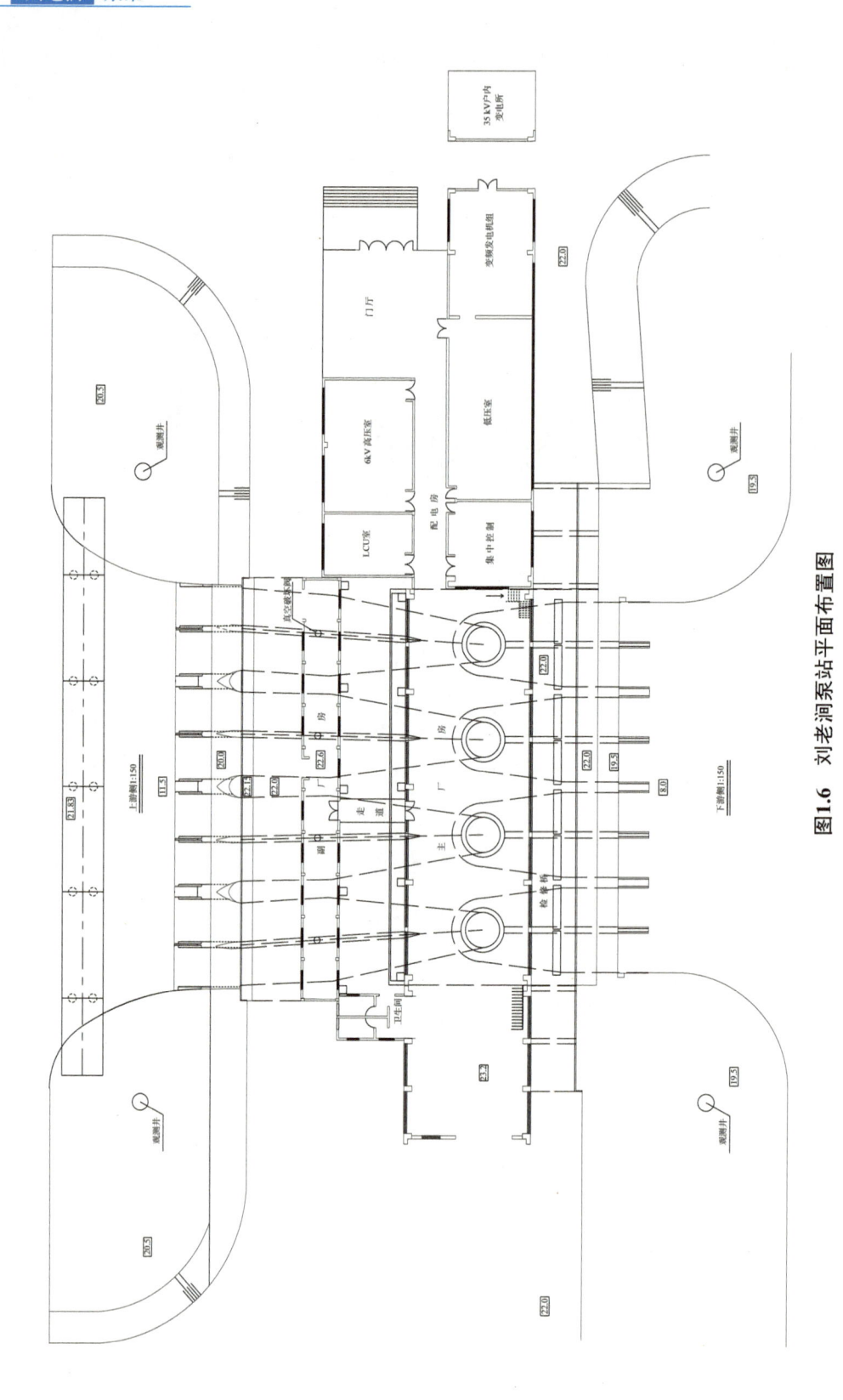

东立面图1:100

西立面图1:100

图1.7 刘老涧泵站站身立面图

第二章

泵站设计与试运行

刘老涧泵站于 1996 年利用世界银行贷款和国内配套资金兴建。图 2.1 为新建刘老涧泵站。

图 2.1　新建刘老涧泵站

2.1　兴办缘由

为补给骆马湖灌区用水,改善徐淮地区农业灌溉用水条件,以及提供刘老涧闸上中运河沿线工业及航运用水需求,1982 年冬,在刘老涧新节制闸下游引河北岸、原抗旱补水船机泵的位置,兴建刘老涧简易抽水站一座,设计流量 100 m³/s,1983 年 6 月建成发挥效益。

简易站按半永久性建筑物设计,采用 26HB-40 型混流泵,配套 6160 A 型 135 马力[①]柴油机,每台泵抽水能力 1 m³/s,设计净扬程 3.1 m,共 100 台套,总装机容量 13 500

---

① 1 马力=735.5 W

马力。布置10幢站房,每幢站房内安装10台机组,站身为分基型结构,侧向进出水,顺河向直线延伸布置,全长560 m。

同时,在新节制闸下游引河南岸,有1974年改建的老站,目前尚保留26HB-40型混流泵,配用6135型120马力柴油机头16台套,总装机容量1 920马力,设计流量16 m³/s。老站机房地面高程低于上游引河防洪高水位,1983年汛前行洪,将出水口打坝封闭,一般年份,老站16台机组已不再投入运行。

泵站改造项目可行性研究报告中,根据江苏省黄淮海地区淮溉农业供水需要并经水量平衡分析,确定刘老涧梯级设计抽水能力为130 m³/s。

简易站设计标准低,机房分散、站线长,管理不方便,管理人员多;水泵实际运行水位偏离工况点,吸程不足,产生汽蚀及震动,机组效率不高,年运行费用大;站内噪音大,温度高。为了节省能源及运行费用,改善站房值班人员工作条件,需要尽快开展泵站改造。在可行性研究报告中,对本级泵站改造、扩建提出两个方案。即:方案一,简易站进行技术改造,并增建40 m³/s的第二抽水站。方案二,废除简易站,新建设计流量为130 m³/s抽水站一座。经过方案论证,方案二技术性能优越,经济效益合理,确定选用方案二。

根据利用世界银行加强灌溉农业贷款《江苏省泵站改造项目可行性研究报告》(1990年3月编)及"世行"评估意见兴建设计流量为130 m³/s,总装机规模为150 m³/s(考虑10%预备容量及冬春骆马湖补库时与泗阳站流量相适应)抽水站一座。

2.2 泵站的主要设计参数

2.2.1 设计流量

刘老涧泵站工程是南水北调东线抽水入骆马湖的骨干工程之一,是实现向北方调水、逐步解决北方地区缺水形势的必办工程。其主要任务是:利用中运河串联洪泽湖和骆马湖,形成洪骆区间的输水通道,最终实现一期工程输水230 m³/s入骆马湖的规划目标。

南水北调东线第一期工程抽江规模500 m³/s,入洪泽湖450 m³/s,出洪泽湖350 m³/s,入骆马湖275 m³/s,其中运河线扩建泗阳站、刘老涧泵站和皂河泵站,梯级规模分别为230 m³/s、230 m³/s、175 m³/s。南水北调东线第一期工程规划中所列洪泽湖到骆马湖段梯级泵站的规模见表2.1。

表2.1 南水北调东线第一期工程洪泽湖至骆马湖段梯级泵站规模表

梯级	梯级规模(m³/s)	泵站名称	设计规模(m³/s) 现状	设计规模(m³/s) 新增	设计规模(m³/s) 合计
四	350	泗阳站	160	70	230
		泗洪站	—	120	120
五	340	刘老涧泵站	150	80	230
		睢宁站	—	110	110
六	275	皂河站	200	75	275
		邳州站	—	100	100

2.2.2 特征水位

2.2.2.1 规划特征水位

1. 调水期水位

(1) 设计水位

站下：取最低通航设计水位 16.0 m。按输水 230 m³/s 分析，泗阳站出水渠口设计水位为 16.5 m。

站上：以皂河闸下设计水位 18.5 m，中运河输水 175～230 m³/s 分析，刘老涧站出水渠口水位为 18.98 m。以皂河站下设计水位 18.5 m，中运河输水 175～230 m³/s 分析，刘老涧站出水渠口水位为 19.12 m。刘老涧站设计水位为 19.5 m。

(2) 最低水位

站下：取最低通航设计水位 16.0 m。

站上：刘老涧—宿迁闸、宿迁闸—皂河闸最低通航水位分别为 18.0 m、18.5 m，送水过程中宿迁闸开启，为满足通航要求，刘老涧—宿迁闸间运行水位应不低于 18.5 m。以皂河站下 18.5 m，输水 75 m³/s 分析，刘老涧站上最低运行水位为 18.62 m，取 18.6 m。

(3) 最高水位

根据《泵站设计规范》，供水泵站进水池最高运行水位：从河流、湖泊取水时，取重现期 10～20 年一遇洪水的日平均水位；从水库取水时，根据水库调蓄性能论证确定；从渠道取水时，取渠道通过加大流量时的水位。

由于南水北调梯级送水的特殊性，刘老涧站是处于皂河站与泗阳站之间的梯级站，南水北调送水时，其站上、站下水位是受皂河闸、泗阳站水位影响的，而且现状已有刘老涧二站，所以刘老涧站改造的站上、站下最高运行水位还要与现状泵站水位衔接。所以刘老涧站最高运行水位是由现状实测水位和上、下级泵站水位综合确定的。

站下：据统计资料，2002—2016 年刘老涧站运行期间站下出现的最高水位平均值为 16.34 m，泗阳闸上最高运行水位为 17.0 m，刘老涧二站站下最高水位取泗阳闸上最高运行水位 17.0 m。

站上：2002—2016 年泵站实际运行时出现的最高水位为 19.2 m（2015 年），刘老涧站上游河道节点设计水位为 19.5 m。

(4) 平均水位

站下：取泵站设计水位 16.0 m。

站上：一期泗阳站—刘老涧站输水 190～210 m³/s，刘老涧站—宿迁闸输水 170～190 m³/s，宿迁闸—皂河站输水 160～170 m³/s。按皂河闸至刘老涧站输水 160～190 m³/s、皂河闸下水位 18.5 m 推算，宿迁闸水位为 18.7/18.8 m，刘老涧站出水渠口水位为 19.0 m；二期泗阳站—刘老涧站输水 200～220 m³/s，刘老涧站—宿迁闸输水 180～200 m³/s，宿迁闸—皂河站输水 170～180 m³/s。按皂河闸至刘老涧站输水 170～200 m³/s、皂河闸下水位 18.5 m 推算，宿迁闸水位为 18.72/18.82 m，刘老涧闸出水渠口水位为 19.03 m。以皂河站下水位 18.5 m 推算，一期邳洪河闸上 18.69 m，宿迁闸 18.83/18.94 m，刘老涧闸上水位为 19.11 m。二期宿迁闸水位为 18.87/18.97 m，刘老涧闸上水位为 19.16 m。考虑适当留有余地,与二期水位的衔接,站上平均水位取 19.2 m。

2. 最高挡洪水位

刘老涧泵站最高挡洪水位,由刘老涧梯级其他建筑物的设计挡洪水位、刘老涧上下游实测水位以及中运河行洪 1 000 m³/s 时的水位综合确定。

(1) 梯级建筑物设计挡洪水位

刘老涧梯级现由刘老涧站、刘老涧闸、刘老涧新闸、刘老涧复线船闸组成。

刘老涧泵站抽水期站上设计、校核水位均为 19.5 m;站身稳定设计工况水位上游 19.5 m、下游 15.0 m,校核工况水位上游 20.0 m、下游 15.0 m;最高水位站上 20.0 m、站下 19.0 m。

刘老涧节制闸包括刘老涧闸和刘老涧新闸,新闸建于 1976 年,闸顶高程 21.0 m;设计水位上游最高 20.0 m、下游最高 18.0 m;稳定设计水位组合为上游 19.5 m、下游 15.0 m,校核水位组合为上游 20.0 m、下游 14.5 m。

刘老涧船闸设计最高通航水位为上游 19.5 m、下游 18.65 m(为 1974 年排洪 1 040 m³/s 时的水位),最高校核水位为上游 20.0 m、下游水位 19.0 m。

刘老涧梯级防洪封闭圈,上游防洪设计水位 19.5 m、校核水位 20.0 m,下游防洪设计水位 18.65 m、校核水位 19.0 m。

(2) 实测历史最高水位

统计刘老涧闸 1962—2007 年水位资料,闸上最高水位为 19.07 m,闸下最高水位为 18.51 m。

(3) 按中运河行洪 1 000 m³/s 推算泵站 100 年、300 年一遇洪水位

工况:淮沂遭遇沂沭泗大水,洪泽湖在大水退水期,新沂河沭东按设计标准 8 000 m³/s 泄流,中运河泄流 1 000 m³/s,分淮入沂不能启用,利用入海水道分泄中运河来水。当淮河入海水道按照一期工程设计标准泄洪 2 270 m³/s 时,二河新泄洪闸上水位为 14.11 m,当入海水道强迫泄洪 2 890 m³/s 时,二河新泄洪闸上水位为 15.01 m。

100 年一遇:以设计流量 1 000 m³/s、二河新泄洪闸上水位 14.11 m 推算,刘老涧闸下水位 18.89 m,刘老涧闸上水位 19.22 m。

300 年一遇:以设计流量 1 000 m³/s、二河新泄洪闸上水位 15.01 m 推算,刘老涧闸下水位 18.97 m,刘老涧闸上水位 19.28 m。

综上,根据刘老涧梯级原有建筑物的设计挡洪水位、历史出现的最高水位以及中运河行洪 1 000 m³/s 时的推算水位,考虑刘老涧梯级枢纽建筑物设防标准的协调性,防洪圈安全闭合,保证泵站防洪安全,经综合研究确定:刘老涧泵站挡洪水位 100 年一遇水位为站下 18.89 m,站上 19.5 m;300 年一遇水位为站下 19.0 m,站上取 20.0 m。

刘老涧泵站渠口特征水位见表 2.2。

2.2.2.2 规划运行水位与扬程

根据上、下游引河河口特征水位,考虑局部水头损失,刘老涧泵站进、出水池处的设计参数见表 2.3。

表 2.2　刘老涧泵站引水渠、出水渠口特征水位表

设计流量(m³/s)		230	
特征水位		出水渠口(m)	引水渠口(m)
调水	设计	19.50	16.00
	最低	18.60	16.00
	最高	19.50	17.00
	平均	19.20	16.00
防洪	100年一遇	19.50	18.89
	300年一遇	20.00	19.00

表 2.3　刘老涧泵站设计特征参数表

项目			单位	参数	
				站上	站下
水位	供水	设计	m	19.55	15.85
		最低	m	18.65	15.85
		最高	m	19.55	16.85
		平均	m	19.25	15.85
	稳定复核	完建期	m	10.00	10.00
		设计工况	m	19.50	15.80
		校核工况	m	20.00	15.00
		检修期	m	19.55	15.85
		地震期	m	19.55	15.85
扬程(净)		设计	m	3.70	
		平均(规划)	m	3.40	
		平均(现状)	m	2.91	
		最小	m	1.80	
		最大	m	3.70	
流量			m³/s	150	

2.2.3　实际运行水位分析

刘老涧站建于1996年6月,2002—2016年抽水运行实测上下游水位情况见表2.4,上游最高水位19.20 m,最低水位16.94 m,多年平均水位18.43 m;下游最高水位16.70 m,最低水位14.73 m,多年平均水位15.72 m。

表 2.4　刘老涧泵站近15年抽水运行时上下游水位统计表

年份	上游水位(m)			下游水位(m)		
	最高	平均	最低	最高	平均	最低
2002	18.80	18.23	17.86	16.30	15.28	14.73
2003	18.84	18.34	16.94	16.49	15.43	14.78

续表

年份	上游水位(m) 最高	上游水位(m) 平均	上游水位(m) 最低	下游水位(m) 最高	下游水位(m) 平均	下游水位(m) 最低
2004	18.86	18.29	17.20	16.70	15.51	15.04
2005	18.74	17.94	17.44	16.52	15.60	14.96
2006	18.58	18.00	17.33	16.45	15.70	15.05
2007	18.66	18.34	17.57	15.86	15.52	15.22
2008	18.85	18.35	17.70	16.50	16.03	15.48
2009	19.09	18.57	17.92	16.37	15.84	15.28
2010	19.10	18.52	17.90	16.33	15.91	15.39
2011	18.97	18.50	18.27	16.27	15.83	14.94
2012	18.85	18.49	17.22	15.99	15.64	15.06
2013	18.99	18.81	18.48	16.08	15.77	15.55
2014	19.11	18.76	17.89	16.23	15.94	15.50
2015	19.20	18.64	18.01	16.57	15.96	15.43
2016	18.99	18.67	17.98	16.45	15.85	15.48
平均值	18.91	18.43	17.71	16.34	15.72	15.19

从表2.4可见,刘老涧泵站近15年抽水运行时上下游平均水位差为2.91 m,其中考虑0.20 m的河道及清污机损失。

2.2.3.1 南水北调东线控制水位

南水北调东线工程建成后,为保证各区现有的用水利益不受破坏,骆马湖、下级湖泊北调控制水位按表2.5执行。一般情况下,低于此水位时,停止从湖泊向北调水出省。

表2.5 湖泊北调控制水位表 单位:m

分期	湖泊	7—8月	9月上旬—11月上旬	11月中旬—(次年)3月底	4月上旬—6月底
一期	洪泽湖	12.0	12.0～11.9	12.0～12.5	12.5～12.0
一期	骆马湖	22.2～22.1	22.1～22.2	22.1～23.0	23.0～22.5
二期	洪泽湖	12.0	12.0～11.9	12.0～12.5	12.5～12.0
二期	骆马湖	22.2～21.9	21.7～22.2	22.1～23.0	23.0～22.5

2.2.3.2 最低通航水位

1983年京杭运河整治规划确定,骆马湖以南中运河为Ⅱ级航道标准,最小通航水深4.0 m,航道底宽60 m,为保证航运畅通,刘老涧闸上、下游最低通航水位分别为18.0 m、16.0 m。

2.2.4 实测运行水位与规划水位比较

刘老涧泵站实测运行水位与规划水位对比见表2.6。

表 2.6　刘老涧泵站实测运行水位与规划水位对比表　　　　　　　　单位:m

特征水位		进水渠		出水渠	
		实测	规划	实测	规划
供水期	设计	—	16.00	—	19.50
	最低	14.73	16.00	16.94	18.60
	最高	16.70	17.00	19.20	19.50
	平均	15.72	16.00	18.43	19.20

从表 2.6 可看出，刘老涧泵站现状运行水位比规划设计水位低，主要是区间用水量大和用水管理不善等原因造成的，南水北调东线一期工程实施后，随着梯级规模的扩大和供水制度的改革，沿线水位将有所抬高。

2.3　站址选择及总体布置

2.3.1　站址选择

刘老涧泵站站址经反复论证，选择在简易站出水池东端油库附近(图 2.2)。站身东西向定位，以满足简易站不中断抽水及上游翼墙施工要求，以及保证进水引河直线段长度为原则。上游引河利用简易站出水池扩建，南边坡顺坡挖至河底设计高程，加高坡顶挡浪墙，扩宽河底退建北堤。待站身工程实施后，利用非农灌期一个冬春突击完成上游引河及交通桥改扩建工程，发挥新建站效益。

这样可以充分利用现有工程设施，减少挖压，少占农田，节省土方工程量，进而节省工程经费，做到抽水站施工期不影响简易站正常运行。

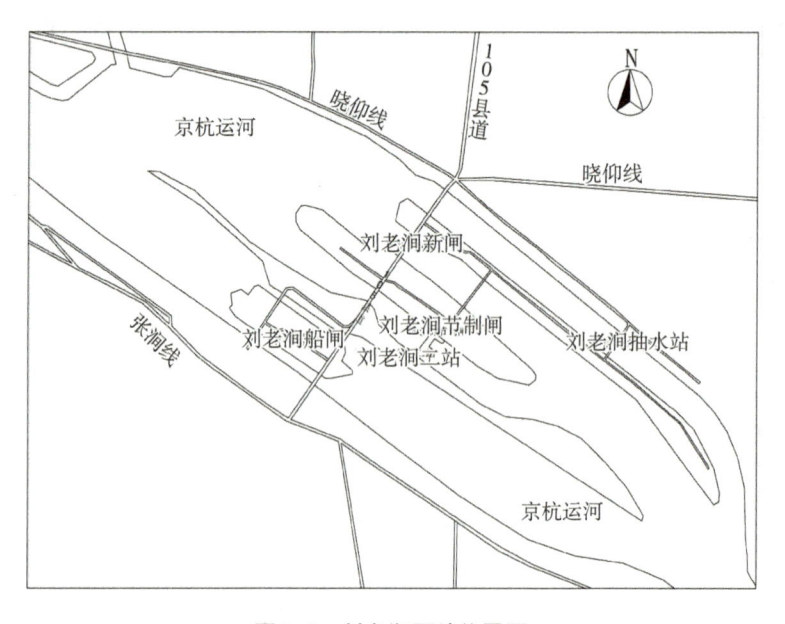

图 2.2　刘老涧泵站位置图

2.3.2 总体布置

刘老涧泵站站身底板中心,距离简易站第 10 幢站房东山墙外边线 120 m,离新节制闸中心 673.45 m。上游引河中心线,距刘老涧新节制闸中心 155 m,离简易站挡浪墙外边线 43.75 m,引河中心线在离公路交通桥中心 46.55 m 时以 2°17′折角向东延伸。下游引河中心与上游引河为同一直线,在距站身底板中心 236 m 内为直线段(以 5 倍泵房长度计),向东南转弯,引河中心曲率半径为 400 m,转弯交角 50°,引河口中心与京杭运河中心呈 115°交角,北堤与运河堤以圆弧曲线连接,曲率半径为 220 m,交角 50°。

泵站 5 台机组(初步设计后经修改为 4 台机组)布置在两块底板上,北块底板布置 2 台机组,南块底板布置 3 台机组。底板顺流方向长度 31.9 米,横向总长度 43.42 m。上、下游翼墙扩散与收缩角均为 15°,上游第一节翼墙范围内,底板设 20 m 长防渗铺盖,与站上游出水流道出口底板面配平,高程为 11.5 m。下游第一节翼墙范围内,设反滤器及沿翼墙前反滤器,高程为 7.5 m,与站下游进水流道进口底板面配平,上、下游均以 1∶10 纵坡与护坦衔接。

上游引河河底宽 60 m,河底高程 14.0 m,近交通桥段河底宽 67.5 m,河底高程 15.5 m,以 1∶20 纵坡衔接。北堤在高程 19.5 m 处,设 5 m 宽平台,平台以下边坡比 1∶2.5,平台以上边坡比 1∶2,堤顶高程 22.0 m。南岸顶高程加至 20.0 m,以下边坡比为 1∶2.5,以上为挡浪墙,现有墙顶高程 20.7 m,加高至高程 21.0 m。

下游引河河底宽 60 m,河底高程 11.5 m。两岸在高程 17.5 m 处设 5.0 m 宽平台,平台以下边坡比 1∶2.5,平台以上边坡比 1∶2;北堤顶高程为 21.0 m,堤顶宽 10 m;南导流堤顶高程,近站段为 21.0 m,渐变至高程 20.0 m,堤顶宽为 10 m。

堆土区位于堤顶北侧,站身及上游引河段范围堆至高程 22.0 m,下游引河段范围按堤顶高程做足后,预留 10 m 青坎,堆土至高程 25.0 m。

站用变电所及管理所位于站身北侧。

为确保出水口上游引河南堤安全,充分利用土地,新站建成后,简易站进水池一律填平至高程 19.0 m,改为站区绿化带。

2.4 泵形选择及总体布置

按照我国《泵站设计规范》的要求,刘老涧泵站主机组应以 4~8 台为宜。该站设计扬程(净)3.5~4.0 m,可供选择的泵型有:28CJ-56 型立式轴流泵、23ZGQ-42 型贯流泵及 ZLQ30-3.6 型立式轴流泵,其机组参数见表 2.7。

选用 28CJ-56 型立式轴流泵,装机 7 台套,总装机容量 11 200 kW,设计抽水能力 147 m³/s。机组中心间距 7.0 m,站身长 31.5 m,总宽 50.6 m。进口底板高程 8.0 m。叶轮中心高程 12.0 m。

选用 23ZGQ-42 贯流泵,装机 7 台套,总装机容量 9 800 kW,设计抽水能力 147 m³/s。机组中心间距 7.8 m,站身长 30 m,总宽 57.4 m。进口底板高程 8.0 m,叶轮中心高程 11.0 m。

表 2.7 主机选型各方案机组参数表

机组参数	方案	方案一	方案二	方案三
水泵	水泵型号	28CJ-56	23ZGQ-42	ZLQ30-3.6
	单机流量	21.0	21.0	30.0
	水泵台数(台套)	7	7	5
	总流量(m³/s)	147	147	150
	设计扬程(m)	5.6	4.2	5.0
	转速(r/min)	150	187.5	125
	叶轮直径(m)	2.8	2.32	3.1
	水泵效率	85%	84%	86%
电机	电机型号	TL1600—40/3250	TGB1400—32/2490	TL1800—48/3250
	单机容量(kW)	1 600	1 400	1 800
	总装机容量(kW)	11 200	9 800	9 000
	极数	40	32	48
	电机传动形式	立式直联	卧式直联	立式直联
	定子直径(m)	4.0	2.56	4.0
	电机散热方式	管道	闭路循环及机座壁散热	管道

注：参照已建泵站数据。

选用 ZLQ30-3.6 型立式轴流泵，装机 5 台套，总装机容量 10 000 kW，设计抽水能力 150 m³/s。机组中心间距 8.0 m，站身长 31.5 m，总宽 43.4 m。进口底板高程 7.5 m，叶轮中心高程 11.5 m。

三种泵型在设计抽水能力基本相同的情况下，尽管 ZLQ30-3.6 型立式轴流泵基础埋深大一点，但由于地基土质好，开挖量增加不大，站身总宽度较小，有利于上、下游段连接，土建工程量相对前二种泵型基本相等。从装机容量分析，28CJ-56 型立式轴流泵显然偏大，技术经济指标偏低。从装置效率分析，23ZGQ-42 型贯流泵流道短，但水泵效率比 ZLQ30-3.6 型泵低，效益并不明显。从管理运用方面分析，泵站以 4～6 台最优。23ZGQ-42 型贯流泵机组台数偏多；ZLQ30-3.6 型立式轴流泵机组台数适中，该泵型已在江苏泵站工程中普遍采用，管理有经验，配件通用性强，性能可靠。

鉴于上述分析，采用 ZLQ30-3.6 型立式轴流泵，配 TL1800—48/3250 型同步电机，计 5 台套，电机功率 1 800 kW，总装机容量 9 000 kW，单机容量 30 m³/s，总抽水能力为 150 m³/s。详见表 2.8、表 2.9。

表 2.8 ZLQ30-3.6 型轴流泵工作性能表

叶片安装角度	流量 Q (m³/h)	流量 Q (L/s)	扬程 H(m)	转速 n(r/min)	功率 N(kW) 轴功率	功率 N(kW) 电机功率	效率 η(%)	叶轮直径 D(mm)
+4°	119 419	33 172	4.28		16 00		87	
	127 138	35 316	3.61		1 415.5		88.3	
	136 447	37 902	2.71		1 173.7		85.8	
+2°	106 708	29 641	4.69		1 584.8	1 800	86	
	118 285	32 857	3.61		1 317		88.3	
	128 956	35 821	2.53	125	1 033.1		86	3 100
+0°	95 353	26 487	4.96		1 501.2		85.8	
	109 209	30 334	3.61		1 215.8		88.3	
	122 144	33 929	2.26		878.2		85.6	
-2°	95 580	26 550	4.51		1 240.2	1 400	87.1	
	101 257	28 127	3.52		1 099.3		88.3	
	114 426	31 785	2.03		742.5		85.2	

续表

叶片安装角度	流量 Q (m³/h)	流量 Q (L/s)	扬程 H(m)	转速 n(r/min)	功率 N(kW) 轴功率	功率 N(kW) 电机功率	效率 η(%)	叶轮直径 D(mm)
−4°	84 002	23 334	4.51	125	1 196.9	1 400	86.2	3 100
	94 446	26 235	3.38		993.5		87.5	
	105 797	29 388	2.03		688.1		85	
−6°	74 012	20 559	4.51	125	1 064.4	1 250	85.4	3 100
	86 954	24 154	3.16		886.1		86.4	
	95 807	26 613	2.03		633.6		83.6	

表 2.9 ZLQ30-3.6 型轴流泵工作性能表

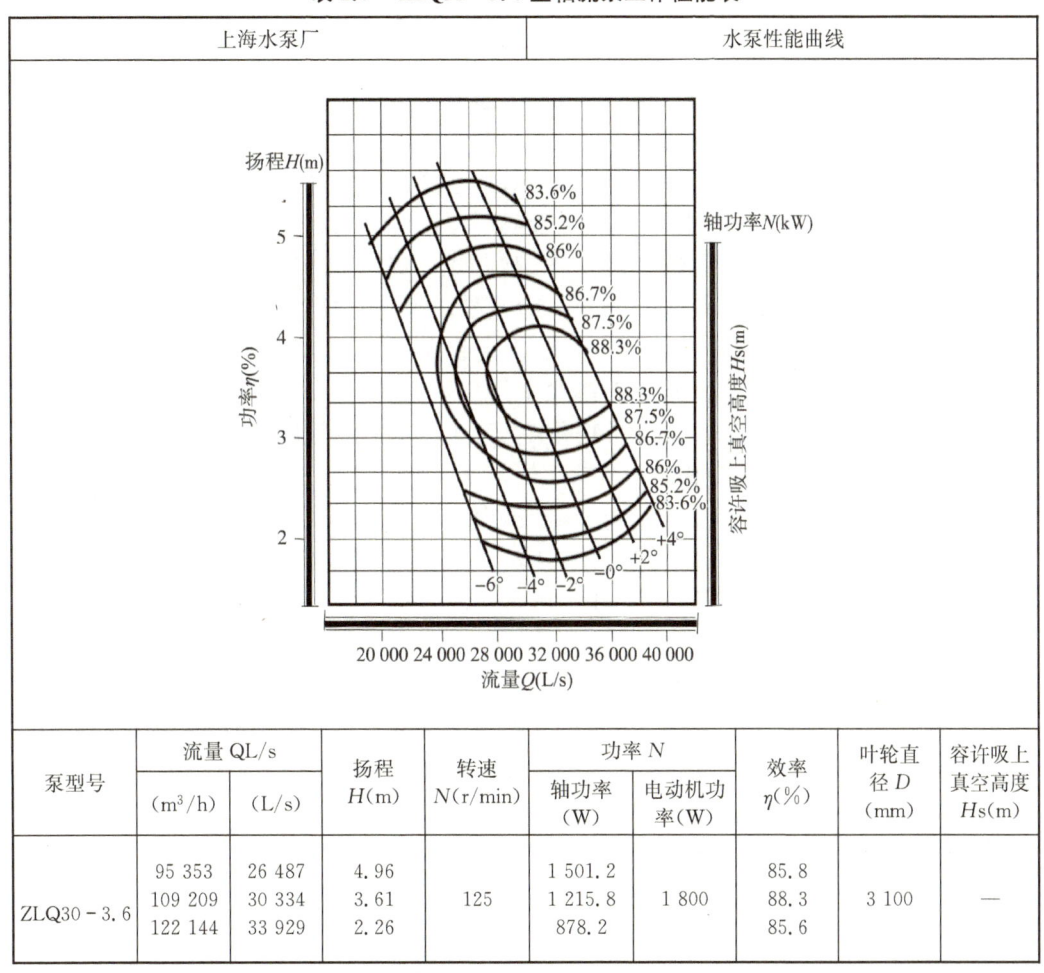

泵型号	流量 Q L/s (m³/h)	流量 Q L/s (L/s)	扬程 H(m)	转速 N(r/min)	功率 N 轴功率(W)	功率 N 电动机功率(W)	效率 η(%)	叶轮直径 D(mm)	容许吸上真空高度 Hs(m)
ZLQ30-3.6	95 353	26 487	4.96	125	1 501.2	1 800	85.8	3 100	—
	109 209	30 334	3.61		1 215.8		88.3		
	122 144	33 929	2.26		878.2		85.6		

鉴于刘老涧泵站机泵采取国际竞争性招标，应具备技术上的先进性，尽量减少机泵台数，节约投资。为此，在原设计拟定的泵型基础上，提出单机流量 37.5 m³/s，相应配套电机容量 2 200 kW，计四台套，总装机容量 8 800 kW。

2.5 水工设计

2.5.1 站身结构设计

2.5.1.1 站身布置

本站设计扬程小于 5 m，因此，采用站身直接挡水的堤身式块基型结构，5 台机组安装在两块底板上，站身顺流方向长 31.9 m，横向南、北两块底板宽度各为 25.7 m、17.7 m，总宽度 43.42 m。

水泵叶轮中心安装高程的确定：水泵系 ZL30-7-S 型轴流泵改制，汽蚀余量未能提供，暂参同类泵型已建泵站叶轮淹没深度，并考虑多年运行中叶轮汽蚀情况，选定叶轮淹没深度为 3.5 m，站下最低抽排水位为 15.0 m，叶轮中心装置高程定为 11.5 m。

机组中心距为 8 m，进水侧中墩厚 1.0 m，临土侧边墩厚 1.5 m，缝墩厚 1.2 m；出水侧中墩厚 0.8 m，临土侧边墩厚 1.4 m，边缝墩厚 1.1 m。站身主厂房长 43.42 m，宽 12.4 m，为框架填充墙结构，北侧布置检修厂房与主厂房同宽、同高，长为 15.25 m，地坪高程均为 23.17 m。厂房按抗震要求设计，屋盖采用预应力"I"字形组合结构，下缘高程 36.8 m，吊车梁顶高程 33.5 m，采用 30/5T 桥式起重机。厂房南侧设门厅，为二层楼建筑，框架填充墙结构，楼下设值班休息室，楼上设会议室，一楼地坪高程为 22.6 m，二楼楼面高程 26.8 m，檐口高程 30.9 m。吊物孔设置于北边墩外的检修厂房内，物件可径直吊达水泵层，联轴层边墩亦设门相通，并在 2# 与 3# 机组间设置小吊物孔。为便于泵站运行管理，堆放油筒、工具材料等以及减少边墙土压力影响，在检修厂房及门厅地坪下设置地下室。地下室地坪高程 19.7 m 在联轴层边墩中布置门洞与之相通，并在工作桥下临下游侧墙上设置门窗以利通风采光。与主厂房毗连的为副厂房，系砖混结构，内设控制室、高压开关柜及站用电柜等电气设备。副厂房地坪与主厂房同高，檐口高程 27.6 m，净跨 5.75 m，与主厂房同长度。北侧与检修厂房毗连的为励磁变压器室、材料工具间及休息室。副厂房西侧设置真空破坏阀室，与主厂房同长，净宽 3.66 m，地面高程 22.75 m，亦为砖混结构。站身下游侧设置检修门及拦污栅，并配套移动式门机启闭检修门、YLQ-Ⅱ型移动耙斗式清污机。设计中考虑到启用机及清污机在一台机组中不同时使用，因此，合做桥及其轨道，桥面高程 21.9 m，桥面宽 3.6 m，使站身结构布置紧凑，以节省工程经费。清污机卸污，可在南引桥上直接卸入引桥下的运输车内，并设置斜坡便道运污。在北引桥上设置机库，可放置移动式门机及清污机以利保养。站身上游侧设净空 4.5＋2×0.75 m 公路桥，桥面高程 22.0 m，利用现有简易站站前大道及上游引河北堤，形成站内交通回路。刘老涧泵站站身剖面设计如图 2.3 所示。

2.5.1.2 站身抗滑稳定

站身底板坐落在第四层土上，该层土在高程 −6.0～10.0 m，为棕黄局部褐黄灰白色粉质黏土，含砂姜及黑色铁锰结构。在高程 3～5 m 及 0.0 m 上下，砂姜含量高达 60%～70%，标准贯入锤击数 $N=27$ 击，为建筑物的良好持力层。

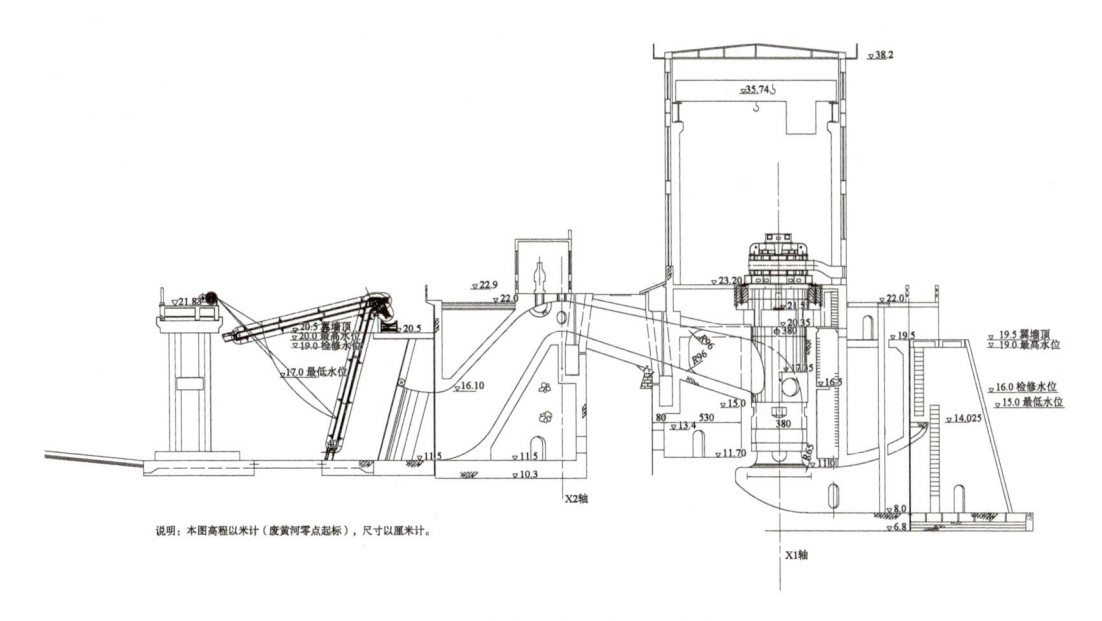

图 2.3　刘老涧泵站站身剖面设计图

站身底板系中间平直进出水段上翘结构,为简化计算,滑动面取底板底部轮廓线,力矩转动中心取进水侧齿墙端 A 点。

本站 5 台机组(初步设计后经修改为 5 台机组)分设两块底板上,取装置 2 台机组的北块底板作为稳定分析的依据,其计算结果见表 2.10。

表 2.10　站身抗滑稳定计算成果表

计算情况	水位组合 $H_上$(m)	水位组合 $H_下$(m)	偏心距 e(m)	地基反力(kPa) P_{max}	地基反力(kPa) P_{min}	不均匀系数 η	抗滑安全系数 K
1. 完建期 A	无水	无水	0.049	196.3	192.8	1.02	—
2. 完建期 B	11.5	7.5	−0.983	192.1	132.2	1.45	13.81
3. 设计	19.5	15.0	−0.653	121.2	94.7	1.28	3.45
4. 校核	20.0	15.0	−0.724	121.3	92.2	1.32	3.10
5. 地震期	19.5	16.0	2.022	147	66.0	2.22	2.08
6. 检修期	19.0	16.0	0.628	115.2	90.9	1.28	4.66

2.5.1.3　防渗设计

1. 防渗布置

站基有效深度内土质大部分为粉质黏土,取渗径系数为 3~5,底板顺流方向长 31.9 m,最大挡水水头 5.0 m,为了减少站身底板渗透扬压力,在上游设置 20 m 长的防渗铺盖。地下轮廓水平投影总长度 $L=51.92$ m,渗径系数 $K=L/\Delta H=51.92/5.0=10.4$。如考虑铺盖与站底板间止水失效情况,其渗径系数 $K=31.9/5=6.4>5$ 也满足渗径要求。站下游设长 5 m 反滤器。

两块底板伸缩缝间设水平止水,并在泵房前后墙各设一道垂直止水,底部与水平止水衔接，顶部设置至上、下游最高水位以上 0.5 m。

站身两侧及翼墙后回填土，系基坑开挖土，以粉质黏土为主，侧向防渗长度布置与站基地下轮廓长度一致。站身与上、下游第一节翼墙沉降缝间，均设置紫铜片垂直止水，下游第一节翼墙长度范围内，在墙前护坦上设置宽 4 m 反滤器，以利导渗，上下游翼墙间沉降缝亦布置沥青油毡卷止水，以防墙后填土流失。

2. 渗流稳定

渗透压力采用改进阻力系数法计算，地基渗流分段情况见地下轮廓布置图，各段渗流坡降见表 2.11。

由计算成果可知，水平段及出口段的最大坡降为校核期的 18 段及出口段，分别为 0.13、0.08，根据《水闸设计规范》，水平段允许坡降为 0.25～0.35，出口段允许坡降为 0.5～0.6，最大坡降均小于规范允许值，满足渗流稳定要求。

表 2.11 渗流坡降计算成果表

计算情况各段坡降 J	$\Delta H=1$ m —	完建期 B $\Delta H=4$ m $H_上=11.5$ m $H_下=7.5$ m	设计 $\Delta H=4.5$ m $H_上=19.5$ m $H_下=15.0$ m	校核 $\Delta H=5$ m $H_上=20.0$ m $H_下=15.0$ m	地震期 $\Delta H=3.5$ m $H_上=19.5$ m $H_下=15.0$ m	检修期 $\Delta H=3$ m $H_上=19.0$ m $H_下=16.0$ m
(1) 进口段 $L=0.45$ m	0.080	0.320	0.360	0.400	0.280	0.240
(2) 水平段 $L=0.5$ m	0.024	0.096	0.108	0.120	0.084	0.072
(3) 垂直段 $L=0.5$ m	0.024	0.096	0.108	0.120	0.084	0.072
(4) 水平段 $L=19$ m	0.018	0.072	0.081	0.090	0.063	0.054
(5) 垂直段 $L=0.5$ m	0.012	0.048	0.054	0.060	0.042	0.036
(6) 水平段 $L=0.5$ m	0.000	0.000	0.000	0.000	0.000	0.000
(7) 垂直段 $L=0.8$ m	0.013	0.052	0.059	0.065	0.046	0.039
(8)—(9) 斜坡段 $L=12.66$ m	0.013	0.052	0.059	0.065	0.046	0.039
(10) 水平段 $L=1.3$ m	0.009	0.036	0.041	0.045	0.032	0.027
(11) 垂直段 $L=0.5$ m	0.012	0.048	0.054	0.060	0.042	0.036
(12) 水平段 $L=1.9$ m	0.013	0.052	0.059	0.065	0.046	0.039
(13) 垂直段 $L=0.5$ m	0.012	0.048	0.054	0.060	0.042	0.036
(14) 水平段 $L=7.32$ m	0.012	0.048	0.054	0.060	0.042	0.036
(15)～(16) 斜坡段 $L=8.95$ m	0.026	0.104	0.117	0.130	0.091	0.078
(17) 垂直段 $L=0.5$ m	0.024	0.096	0.108	0.120	0.084	0.072
(18) 水平段 $L=1$ m	0.026	0.104	0.117	0.130	0.091	0.078
(19) 出口段 $L=0.95$ m	0.016	0.064	0.072	0.080	0.056	0.048
$J_{\max}$	—	0.32	0.36	0.400	0.280	0.240

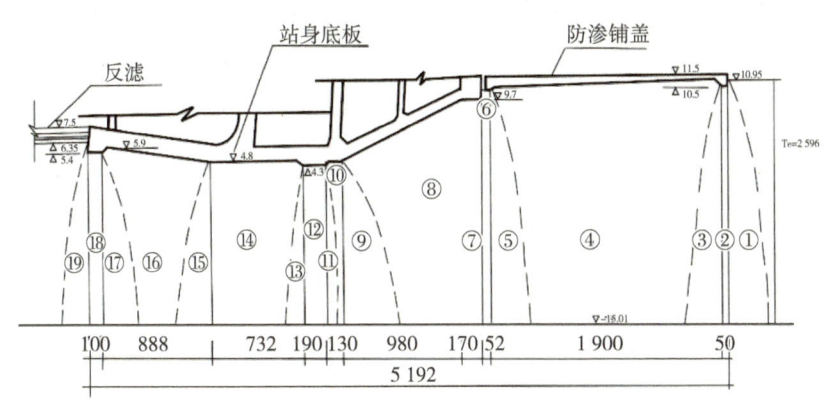

图 2.4　刘老涧泵站站基地下轮廓布置图

高程单位：m，尺寸单位：cm

2.5.1.4　其他设计

门厅、检修厂房及工作桥引桥墩基础，均在基坑南、北开挖线范围，考虑到黏性土还填后固结时间长，为防止地基不等沉陷而引起厂房裂缝，设计中将基础埋设于开挖线以下的原状土上，采用柱下阶梯形单独基础，在高程 15.6 m 以下为浆砌块石结构，以上为钢筋混凝土结构，并在高程 19.0 m 上下设基础梁连接，加强基础间的整体性及砌制墙体。

拦污栅墩位于下游反滤器部位，平面顺站身大中墩直线延伸，纵向与底板成 75°倾角。该墩临站身侧地基反力大，做成梯形底板以调整地基反力的不均匀性，墩身为浆砌块石结构，搁置拦污栅的斜面用混凝土抹平。

门厅、检修门、工作桥引桥、拦污栅墩基础地基反力详见表 2.12。

表 2.12　门厅、检修间、工作桥引桥、拦污栅墩基础地基反力表

部位		基础尺寸(m×m)	基底高程(m)	基底平均反力(kPa)
门厅基础	边柱	1.56×2.7	4.80	325.0
	中柱	5.5×2.7	4.80	360.0
检修间基础	角柱	2.2×2.2	4.80	334.2
	空箱	7.4×8.25	4.80	260.0
南引桥(门厅处)基础		1.7×1.7	4.8	315.6
北引桥(检修间处)基础	边柱	1.7×1.7	4.8	318.0
	中柱	2.7×2.7	4.8	312.0
	边柱	1.7×1.7	8.5	256.5
	中柱	2.7×2.7	6.2	285.8
拦污栅墩		—	—	93.15

2.5.2 上下游翼墙设计

翼墙平面布置为反翼墙形式,即自站身向上下游直线延伸一定距离后,以圆弧曲线插入岸边,这种布置形式水流条件较好。上下游翼墙平面收缩角及扩散角均采用15°,翼墙转弯角为75°;转弯半径,上游翼墙采用7.0 m,下游翼墙采用10.0 m。

站身底板面高程进口侧为7.5 m,出口侧为11.5 m,上下游第一节翼墙底板面高程与其相应配平。翼墙顶高程,上游设计为20.5 m,下游设计为19.5 m,高于上下游最高水位0.5 m,墙后填土高程与翼墙顶高配平。

第一节翼墙墙身挡土高度,上翼墙为9 m,下翼墙为12.0 m。站址位于8度地震区。连拱空箱式结构在位于8度地震区不宜选用;钢筋混凝土扶壁式结构安全可靠,但价格稍高。因此,从经济角度考虑,选用浆砌块石结构,对衡重式结构及重力式结构进行方案比选,详见表2.13。

从方案比选表中可以看出,衡重式翼墙平均地基反力比重力式翼墙大20%左右,地基反力不均匀系数亦稍大,下游翼墙地基最大反力达416.4 kPa;但衡重式翼墙衡重平台以下土方不需开挖,经比选每米造价比重力式翼墙省10%左右。为此,选用浆砌块石衡重式翼墙结构。

从施工技术角度看,衡重式翼墙衡重平台以下为第三、第四层土,系粉质黏土夹少量砂姜,黏性土具有能陡坡开挖的特点,因此,施工是可行的;设计中满足8度地震要求;翼墙基础坐落在密实的黏性土上,地基承载力足够;地基反力不均匀系数稍大,完建期重心偏墙后,由于墙后有高填土,底板砌置深度大,后趾反力高,对地基稳定性有利。

上、下游第二、三节翼墙挡土高度低,均选用重力式浆砌块石翼墙结构。第二节翼墙基底高程,上翼墙为12.0 m,下翼墙为9.0 m;上、下游第三节翼墙基础均坐落在第三层土上,其基底高程均为14.3 m。

表2.13 翼墙结构方案比选表

方案比选			上游 衡重式	上游 重力式	下游 衡重式	下游 重力式	备注
断面形式(浆砌块石结构)							高程从废黄河零点起算,单位为m;其余单位为cm。
基底压力(kPa)	完建期	最大	233.60	180.20	416.40	245.20	上游水位:与底板齐平 下游水位:与底板齐平
		最小	131.20	127.70	115.60	198.20	
		平均	182.40	153.95	266.00	221.70	
	运用期	最大	161.30	129.20	263.60	220.10	上游水位: 墙前19.50 m 墙后19.50 m 下游水位: 墙前16.00 m 墙后17.00 m
		最小	51.40	47.60	72.80	62.40	
		平均	106.35	88.40	168.20	141.25	

续表

方案比选		上游		下游		备注
		衡重式	重力式	衡重式	重力式	
不均匀系数 η	完建期	1.78	1.41	3.60	1.24	—
	运用期	3.14	2.70	3.62	3.50	
抗滑安全系数 K	完建期	1.87	2.15	2.34	2.40	—
	运用期	1.30	1.10	1.14	1.10	
工程量(m³)	浆砌块石	26.37	24.81	53.81	45.60	浆砌块石:100#
	混凝土	6.035	8.67	7.395	14.22	混凝土:150#
	土方	168.20	318.18	270.90	626.16	土方:开挖方与回填方之和
经济指标(每米造价)		6 152元(88.47%)	6 933元(100%)	11 219元(90.88%)	12 345元(100%)	—
评述		衡重式挡土墙工程造价较重力式省10%左右,且土方开挖少。				—
选用方案		衡重式				—

2.5.3 闸门及拦污栅设施设计

2.5.3.1 下游检修门

设计水位:进水侧16.0 m,出水侧7.21 m(即无水)。

启闭条件:汽吊。

门顶高程12.53 m,门底高程7.21 m。

闸门系三主梁实腹式平板门,高5.32 m,宽3.49 m,厚0.51 m。主梁为工字钢与钢板的组合梁,梁高51 cm,水平次梁为C20槽钢,边梁和纵隔为150a工字钢,每扇门自重4.60 t。

闸门面板置在出水侧,边梁通过两条通长的钢滑块支撑在门槽上。闸门止水P型及J型橡皮均布置在出水侧。闸门两侧布置四个φ150侧轮导向。闸门采用双吊点,设在门顶部两端。

2.5.3.2 清污设施

检修门前设置一道拦污栅,每两孔设一扇,每扇宽7.4 m,厚0.32 m,分上、下两扉,上扉高7.12 m,下扉高7.7 m,上、下扉之间用螺栓连接。拦污栅设计压差取1 m水头。每扉顶、底梁用C32a槽钢,其余水平梁用C20a槽钢,边梁采用C32a槽钢,纵梁采用I32a工字钢。栅条断面尺寸为10 mm×50 mm。每扇栏污栅自重9.5 t。

拦污栅倾斜放置,与水平方向成75°夹角。边梁直接搁置在闸墩上。纵梁后设置12根撑杆支撑在中墩上,纵梁底端另设置一支撑。

清污采用机械清污,清污机采用YLQ-Ⅱ型,与移动式门机同轨布置,并使用门机供电电源。

2.5.4 交通桥改、扩建设计

1982年建刘老涧简易站时,在出水池上建设了标准汽-10级交通桥一座,共8跨,跨径6.0 m,净跨5.4 m。桥面总宽5.1 m,净宽4.2 m,两侧安全带各为0.45 m,由5片钢筋混凝土T形梁组成。桥墩为0.6 m厚浆砌块石结构。该桥属刘老涧简易站配套工程。

1993年1月15日,江苏省建设委员会下发了《关于淮安、泗阳、刘老涧抽水站和骆马湖南堤加固工程初步设计的批复》(苏建重〔1993〕008号),对刘老涧站上游引桥进行改扩建。扩建时拆建北桥台,向北接长五跨。原桥改建,桥面高程由21.0 m抬高至22.0 m,将T形梁起吊后,桥墩接高1 m,并加高南桥台。

刘老涧泵站工程于1996年4月12日通过水下验收,上游引桥投入使用。1999年,该桥权属江苏省刘老涧闸站管理所。

2.6 电气设计

2.6.1 电气一次

2.6.1.1 电源

刘老涧泵站设计装有5台(初步设计后经修改为4台机组)TL1800—48/3250同步电机,功率1 800 kW,电压6 kV,电流205 A,转速125 r/min,功率因数0.9(超前)。根据电网容量和、供电可靠性、输电距离等因素,电网供电主电源选用110 kV,备用电源为35 kV。备用电源的作用是非抽水期主变停用后供给必需的站用电和站区生活用电。

2.6.1.2 站用电、所用电

该站站用电主要为主机励磁用电,每台机励磁容量为50 kVA,励磁用电容量共为250 kVA,另外装有2台30 kW排水泵、2台22 kW供水泵,照明用电20 kW左右,还有检修、行车、通风、直流、通信和正常生活用电等。经过计算选用500 kVA、6/0.4 kV站用变压器一台。在机组停机、主变又退出运行时,必要的站用电约200 kVA,故选用200 kVA、35/0.4 kV所用变压器一台,作为备用。

2.6.1.3 主要电气设备选择

高压开关柜选用带防误操作的GG-1A(F)型开关柜,低压开关柜选用PGL1型产品,继电保护屏为PK限型,操作台为落地式。

2.6.1.4 防雷与接地

在主厂房层顶装设避雷网,防直接雷击,避雷网与主厂房接地装置相连,所有电气设备外壳均采用接地保护方式。其接地电阻≤4Ω。

为保护旋转电机不受雷电侵入波的损坏,采用专用阀型避雷器和静电电容器来保护高压电机及其他电气设备免遭大气过电压之损害。

变电所的防雷与接地保护由变电所设计时考虑。

2.6.1.5 电气设备布置

本站电气设备布置在主厂房出水流道侧副厂房内,以使主厂房内显得宽敞、明亮、整齐,是一种比较好的布置方案,副厂房内设高压开关室、低压开关室、励磁室和中央控制室,并互相分开。各种电气设备的安全距离,操作检修距离均符合规范要求,这种布置运行方便、安全可靠。

2.6.2 电气二次

2.6.2.1 继电保护

1. 主电机保护

(1) 电流速断保护:保护电动机定子绕组的相间短路,瞬时动作于断路器跳闸。

(2) 过负荷保护:防御电动机运行中出现过负荷的保护,延时动作于断路器跳闸。

(3) 低电压保护:防御电动机运行中电压短时间降低到某种程度或中断的保护,延时动作于断路器跳闸。

(4) 励磁保护:当励磁突然消失,为防止反电势使转子产生大的感应电势从而对电机及可控硅产生破坏而设置的保护,瞬时动作于断路器跳闸。

(5) 快速熔断器保护:瞬时动作于断路器跳闸。

上述保护作用于断路器跳闸的同时,还相应断开励磁系统的灭磁开关。

2. 6 kV进线保护

(1)电流速断保护,瞬时作用于跳闸。

(2)过电流保护,延时作用于跳闸。

3. 站用变压器保护

(1) 电流速断保护,防御变压器线圈和引出线的相间短路,瞬时作用于跳闸。

(2) 过负荷保护,防御变压器运行中出现过负荷的保护,延时作用于跳闸或信号。

2.6.2.2 励磁

机组采用可控硅励磁装置,型号 KGLF11-300 A/170 V,包括励磁变压器,由主机成套供应。

2.6.3 控制方式与信号系统

2.6.3.1 控制方法

刘老涧泵站设计采用集中强电控制并采用数据处理系统,机组开停机、变压器开关分合闸、机组励磁调节均可在控制台上进行操作,为了便于机组调试和应付机组突然事故,在高压开关柜上设置了开停机按钮,在主机旁设置了开停机按钮箱。

2.6.3.2 信号系统

信号系统采用集中装置方式,信号显示布置在操纵台上。

2.6.4　直流系统

刘老涧泵站设计直流系统采用镍镉蓄电池。

2.6.5　通信装置

变电所、机组调度及站内通信选用 20 门程控交换机一套。

2.7　辅机设计

2.7.1　油系统

泵站润滑油系统由主机组排油管路和变频机组稀油站供排油管路组成。稀油站主要用于变频机组卧式轴瓦冷却和润滑，设备型号为 XYZ-25G，油箱容积 1 m³，公称压力 0.4 MPa，公称流量 25 L/min。

2.7.2　压缩空气系统

刘老涧站压缩空气系统主要为低压压缩空气系统。低压系统主要设计为真空破坏阀提供动力气源，并为站内清洁吹扫和小容量的风动工具提供气源。气压 0.6～0.8 MPa。设活塞式空压机 2 台，其生产率为 1 m³/min，压力为 0.8 MPa，两台空压机互为备用，设低压贮气罐一只，容积为 1 m³，低压贮气罐的容积是基于真空破坏连续开启二次考虑确定。

2.7.3　供水系统

泵站技术供水系统的冷却水系统采用闭路循环供水方式，负责主电机上下导轴承和推力轴承、变频发电机组轴承润滑冷却。主电机轴承单机冷却水量 9.5 m³/h，水压 0.20 MPa，变频机组稀油站冷却水量 4 m³/h，水压 0.20 MPa。系统设有 2 台循环供水泵（互为备用）、2 台冷水机组。技术供水泵和冷水机组均布置在主厂房和副厂房之间。主泵主轴密封和水导润滑的润滑水技术供水采用泵站深井泵地下水源。

2.7.4　水力量测系统

刘老涧泵站水力量测系统主要设计测量项目有上、下游水位及水位差。在上、下游翼墙处，各设超声波水位计 1 套，可测量上、下游水位和水位差。

2.8　泵站试运行

1996 年 4 月 30 日至 5 月 3 日，经省水利厅、省项目办批准成立的试运行启动委员会在工程现场，批准并进行了单机组试运行及 4 台机联合试运行。

2.8.1 试运行

2.8.1.1 试运行前准备

4月25日,宿迁市城南变向刘老涧站变电所线路首次供电,并分别冲击所变及主变,情况基本正常,仅相序不对,该次供电允许短时间单机启动试车;5月1日上午,大兴变110 kV正式向刘老涧站35 kV供电,允许4台机开机。

2.8.1.2 试启动

4月27—28日,1#~4#机组均分别进行了试启动,单机连续运行时间在30至60分钟。本次启动暴露出一些问题,如机组反转、1#机6 kV开关拒合、投励时曾过流跳闸等;安装单位及有关厂家对此进行了整改及进一步调试。

2.8.1.3 试运行

5月1—3日,4台机组分别进行了单机组连续试运行及联合试运行。1#机因水草多,流道进口水位低于最低运行水位而缩短运行时间。

2.8.1.4 机组测试

(1) 电机运行平稳时水平振动数值,见表2.14。

表2.14 机组试运行水平振动数值表

机组号	1#		2#		3#	4#	
叶片角度(°)	−6	+2	−2	+2	0	−2	+2
振动值(μm)	15	50	30	35	20	15	25

(2) 电机径向振动数值,见表2.15。

表2.15 机组试运行径向振动数值表

机组号	3#	4#
叶片角度(°)	−2	+2
振动幅值(μm)	0	0

(3) 机组停机:1#机组停机后反转历时15 s,最大反转速度90 r/min,相应扬程为2.6 m。

(4) 联合运行时,上、下游水位分别为18.40 m、15.90 m,各叶片角度时轴功率、定子电流值见表2.16。

表2.16 各叶片角度时轴功率和定子电流数值表

机组		1#	2#	3#	4#
−2°	功率(kW)	1 900	1 500	1 900	1 600
	电流(A)	170	138	170	142

续表

机组		1#	2#	3#	4#
0°	功率(kW)	1 850	1 700	2 200	1 850
	电流(A)	162	150	190	156
+2°	功率(kW)	—	2 000	2 400	2 200
	电流(A)	—	176	210	178

注：+2°为单机运行时测定值，其他为 4 台联合运行时测定值。

(5) 测流情况

第一次：2#～4# 机在叶片角度为 −2° 时，流量为 108 m³/s，上游水位为 18.35 m，下游水位为 15.72 m。

第二次：1#～4# 机在叶片角度为 −2° 时，流量为 135 m³/s，上游水位为 18.54 m，下游水位为 15.30 m。

经与综合特性曲线对照，试运行工况下的水力参数与模型试验成果基本吻合。

2.8.2　试运行中存在的问题

经两次试运行及正式试运行，本站机电、土建工程存在的主要问题及处理意见如下。

(1) 主泵：叶片调节机构有甩油现象；1# 机组调节角度时，有异常声响；3# 机叶片角度数值显示不准；各台机数码显示器有偏差。

(2) 主机：型式试验由机电承包商提出方案报批后实施。应更换 2 只顶转子电磁阀。

(3) 6 kV 高压柜：操作机构不可靠，有跳跃现象；1#、4# 手车进退困难，且不易到位；发电联络刀开关合不到位。

(4) 控制保护：控制台部分仪表指示不准确，光字试验按钮串电，4# 机插件误信号，保护屏内部跳线。应补齐光字牌正式标签，重新进行控制、信号、保护、测量整体校验。

(5) 励磁：4 台励磁屏各插件参数需进一步整定；应补充损坏配件；按规范核实励磁变压器温升，如超标，应采取更换或降温措施。

2.8.3　试运行结论

综合上述试运行情况，除操作台和保护柜有缺陷，机组在启动、停机和持续运行时，各种设备工作协调，停机后无异常现象，试运行情况正常或基本正常。其中，主机组在试运行工况下，主要电气参量和各部温度正常。试运行检验通过。

第三章

泵站加固改造与试运行

2019年8月,江苏省发改委批准对刘老涧泵站进行加固改造;2020年12月,改造工程基本完成。2020年7月2—3日,泵站加固改造工程建设处组织了预试运行;2020年7月15日,组织了泵站机组启动试运行。2020年9月21—28日,水利厅验收委员会对泵站工程进行机组启动验收。2022年7月16—17日,加固改造工程单位工程完工验收。

3.1 安全鉴定

3.1.1 概况

刘老涧泵站自1996年建成投运至2016年,累计抽水约117.62亿 m^3,变频发电约4 300万 kW·h,保证了苏北地区农田灌溉、工业及通航用水,创造了巨大的经济效益和社会效益。经过长达20年运用,该站存在装置效率下降、机电设备严重老化、原水泵结构设计不合理、机组运行故障频发、大修周期缩短等安全隐患问题,经安全鉴定,评定为三类泵站。

3.1.2 工程检测

3.1.2.1 土建安全检测

2015年7月,江苏省水利建设工程质量检测站对刘老涧泵站土建安全进行了现场检测,检测报告结论如下。

(1) 站身墩墙外观总体良好,未发现明显结构变形。站身墩墙现有强度推定值32.0 MPa,满足设计要求;混凝土碳化深度最大值已超过钢筋保护层厚度最小值。

(2) 上游交通桥外观总体良好,局部混凝土破损、钢筋外露锈蚀,桥台与墩墙伸缩缝存在开裂变形现象。上游交通桥墩墙现有强度推定值33.2 MPa,满足设计要求;上游交通桥混凝土碳化深度最大值未达到钢筋保护层厚度最小值。

(3) 下游工作桥外观总体良好,墩墙水变区存在露石现象,排架及梁板混凝土局部破损、钢筋外露锈蚀,桥台与墩墙伸缩缝存在开裂变形现象。下游工作桥排架现有强度推定值 23.6 MPa,满足设计要求;下游工作桥排架混凝土碳化深度未达到钢筋保护层厚度,工作桥梁板混凝土碳化深度最大值已超过钢筋保护层厚度最小值。

(4)上下游翼墙浆砌石墙体基本完好,无明显破损和变形现象,各节翼墙间伸缩缝正常,垂直度较好,无异常沉降。

(5)上下游灌砌石护坡水变区局部空洞;混凝土护坡除上游南侧平台局部破损外,其余护坡基本完好,无明显裂缝、塌陷等缺陷。

3.1.2.2 金属结构安全检测

2015 年 7 月,江苏省水利建设工程质量检测站对刘老涧泵站金属结构安全进行了现场检测,检测报告结论如下。

(1)下游拦污栅未经喷锌防腐处理,容易被腐蚀;抓斗式清污机捞草效果较差,建议更换成回转式清污机。

(2)上游清污机、检修闸门基本完好,建议加强维修养护。

3.1.2.3 主机组安全检测

2014 年 11 月,江都引江机械电气检测有限公司对刘老涧泵站主机组及电气设备进行了现场检测,检测报告结论如下。

(1)主水泵:机组运行时摆度大,振动明显,汽蚀严重,噪音大,且有异常。水导轴承间隙大,轴承止口磨损、变形,橡胶瓦脱落、底座损坏,轴颈处外径磨损量大;填料函处轴颈锈蚀严重,磨损不均,填料函内水环锈蚀损坏;叶片与叶轮室间隙大,间隙汽蚀严重,叶片磨损、剥落严重;叶轮头与主轴连接轴销脱落、断裂,且锈蚀严重;叶片调节机构拉杆断裂、损坏,叶片实际角度与指示值偏差较大,在机组启停时有抬轴现象,分离器渗漏油严重;叶轮外壳下哈夫不锈钢带局部脱落,上下哈夫接合部位发生错位,汽蚀严重,有穿孔现象,并有 3 处贯穿性裂纹及多处非贯穿性裂纹;导叶体止口损坏,各部件连接螺栓锈蚀、磨损、剥落;大弯管磨损锈蚀严重。

(2)主电机:主电机线圈绝缘材料为沥青云母、石棉、玻璃丝经有机胶胶合浸渍而成,防潮性能差,在高电压作用下,电晕、电离、电介质极化等电化现象较明显,绝缘材料分子破坏很大,直接影响绝缘强度;机组运行温度波动较大,使导线、绝缘层和包扎件等有不同程度的膨胀变化,造成胶漆鼓胀、破裂和松动,主电机绕组绝缘失去弹性,棒体膨胀翘边现象不断扩大,使电动机使用寿命减少;电机整相绕组试验,从电流-电压曲线看,约 2 000 V 时出现电流急增点 Pi1,且起始游离电压 3 000 V 下介质损耗 $\tan\delta$ 达到 8.61%,额定电压下介质损耗 $\tan\delta$ 达到 14.82%,已超标,定子绕组电容增加率达 9%,已超标,绝缘呈老化现象;主电机长期在高温下运行,矽钢片变形严重,呈波浪形,波谷达 2 mm,明显松动;定子风道通风不畅,易产生高温。

(3)高、低压开关柜及主机励磁控制柜:高压开关柜内部电气设备性能正常,但属于淘汰产品,"五防"装置性能不稳定;低压开关柜柜体无锈蚀、保护良好,空气断路器、电工仪表等电气设备安装规范、电缆未出现老化现象,大部分表计显示正常,绝缘电阻符合要求。

(4)户内真空断路器:真空断路器绝缘电阻合格;导电回路电阻部分偏大,不符合要求。

（5）高压电力电缆：高压电力电缆绝缘电阻、直流耐压及泄漏电流符合要求。但使用年限较长，且电缆沟内电缆较多、空间狭小，存在一定安全隐患。

（6）主变压器：高低压绕组吸收比值偏低；主变压器绕组直流电阻符合要求；主变压器高低压侧绕组直流耐压符合要求，低压侧绕组泄漏电流符合要求。

（7）六氟化硫断路器：本体锈蚀较重，无微水在线监测装置；回路电阻值偏大。

3.1.3 安全鉴定意见

2015年7月，江苏省水利厅组织对刘老涧泵站进行了安全鉴定，鉴定意见和建议如下。

1. 建筑物

（1）站身：站身主要构件混凝土强度等级满足设计要求，碳化深度普遍较小，泵站站身的抗滑稳定安全系数、地基应力不均匀系数和地基承载力均满足规范要求。主要构件承载能力满足要求。站身安全类别评定为一类。

（2）工作桥和交通桥：基本完好，局部混凝土破损、钢筋外露锈蚀，桥台与墩墙伸缩缝存在开裂变形现象，混凝土强度满足要求。交通桥构件承载能力满足要求。工作桥和交通桥安全类别评定为二类。

（3）上下游翼墙和护坡：上下游翼墙墙体基本完好，无明显破损和变形现象，各节翼墙间伸缩缝正常，垂直度较好，无异常沉降。上下游翼墙的抗滑稳定安全系数、地基应力不均匀系数和地基承载力均满足规范要求。上下游翼墙和护坡安全类别评定为一类。

综合评定建筑物安全类别为一类。

2. 机电设备

（1）主水泵：抽检的主水泵汽蚀严重，振动、摆度大，轴颈磨损严重，叶轮间隙大，叶片调节机构拉杆损坏，叶轮外壳、导叶体损坏严重。安全类别评定为四类。

（2）主电机：主电机矽钢片变形、松动，定子绕组介质损耗超标，电容增加率超标，绝缘老化。安全类别评定为三类。

（3）主变压器：主变压器三相电阻不平衡率不满足要求，绝缘电阻吸收比偏低，绝缘老化。安全类别评定为三类。

（4）高低压开关设备：高压开关柜属淘汰产品，"五防"装置性能不稳定，安全类别评定为四类。低压开关柜性能良好，安全类别评定为一类。户内真空断路器导电回路电阻部分偏大，不符合要求，安全类别评定为三类。六氟化硫断路器锈蚀严重，回路电阻值偏大。安全类别评定为三类。

综合评定机电设备安全类别为三类。

3. 金属机构

（1）检修闸门：闸门止水基本完好，外观良好，门体无明显变形，焊缝无明显缺陷，表面涂层基本完整。安全类别评定为一类。

（2）拦污栅：下游拦污栅油漆脱落严重，栅条锈蚀严重，局部栅条受撞击变形弯曲。安全类别评定为三类。

（3）清污设备：上游回转式清污机外观基本完好，表面涂层基本完整，未发现锈蚀及变形现象,传动装置转动灵活,运行正常。安全类别评定为一类。下游抓斗式清污机主要结构部件基本完好,但结构形式不适用,现场运行效果差,安全类别评定为三类。

综合评定该站金属结构安全类别为二类。

综上所述,根据《泵站安全鉴定规程》(SL 316—2015),评定刘老涧泵站建筑物为一类,机电设备为三类,金属结构为二类,综合评定刘老涧泵站为三类泵站。刘老涧泵站是重要的提水泵站,建议对设备应尽快进行更新改造,以消除工程隐患,确保工程安全运行。

3.2 水泵装置性能及进水条件优化研究

刘老涧泵站在安全鉴定评定为三类泵站后,江苏省骆运水利工程管理处委托扬州大学开展了针对水泵装置性能及进水条件优化研究,分别于 2016 年 9 月形成了《刘老涧抽水站进水条件优化设计数值模拟研究报告》,2017 年 6 月形成了《刘老涧抽水站水泵装置性能预测与优化设计数值分析研究报告》,2018 年 2 月形成了《刘老涧抽水站装置模型试验报告》。

3.2.1 泵站进水条件优化设计数值模拟研究

该研究针对刘老涧抽水站工程现状,根据泵站特征水位组合和流量、扬程要求,结合刘老涧抽水站抽水工况下的引渠和前池等进水设计和水工布置的现状,在分析泵站进水建筑物水力设计要求和建立进水建筑物水力设计优化评价指标的基础上,运用计算机技术和计算流体动力学(CFD)方法,建立包括引渠、前池、进水流道等在内的三维数值计算模型,开展包括引渠、前池、进水流道等在内的全流道进水设计数值模拟,进行引渠输水特性现状分析,比较前池不同断面上的流场,分析进水流道进口和出口断面的流速分布,并分析计算了水泵进水条件,为泵站技术改造提供参考依据。该研究取得的主要成果如下。

(1) 结合刘老涧抽水站水泵装置全流道数值计算结果,在设计工况下,原型 3 水泵装置采用类似于 TJ04ZL—06 号水泵模型,在叶片角度+2°、叶轮直径 3 150 mm 和 125 r/min 转速下,单机流量达到 39.139 m^3/s,对应的泵站流量为 157 m^3/s;在进水池最高水位 16.85 m 下,引渠弯道外侧流速大于内侧流速,在泵站翼墙和前池两侧产生低速回流区,不同机组的进水条件存在一定的差异,最南侧水泵机组的进水条件最差。此时,进水流道进口断面轴向流速分布均匀度均值为 85.19%,加权平均流角均值为 18.786°;进水流道出口断面轴向流速分布均匀度均值为 94.00%,加权平均流角均值为 2.938°;簸箕形进水流道的平均水力损失为 0.177 m。

(2) 在对应于进水池设计水位 15.85 m 和泵站流量 157 m^3/s 工况下,与最高水位 16.85 m 相比,簸箕形进水流道进口和出口断面的流场分布类似,但由于引渠水深变浅,过水断面变小,引渠流速增大,泵站进水条件变差。此时,进水流道进口断面轴向流速分布均匀度均值为 84.23%,加权平均流角均值为 19.414°;进水流道出口断面轴向流速均匀度均值为 93.79%,加权平均流角均值为 3.542°;簸箕形进水流道的平均水力损失为 0.177 m。引渠引水条件下,水泵装置进水条件变差,进水流道的平均水力损失为0.183 m。

结论：刘老涧抽水站在引渠引水工况下，无论是在进水侧最高水位，还是在设计水位条件下，与水泵装置单独计算时的情况相比，进水流道的进水条件和水泵的进水条件变差，引起进水流道的水力损失增大。

3.2.2 水泵装置性能预测与优化设计数值分析研究

该研究针对刘老涧抽水站工程现状，根据泵站特征水位组合和流量、扬程要求，进行了泵站技术改造水泵选型研究和对比分析，在建立水泵装置内部流动数值分析数学模型和内流分析与优化设计评价体系的基础上，利用计算流体动力学方法，通过 CFD 数值模拟方法，开展不同叶片角度、不同叶轮直径情况下，包括进出水池、进出水流道和模型水泵在内的模型泵装置全流道数值分析，从进出水流道内部流态、水泵进水条件、进出水流道水力损失、水泵装置效率等方面，进行了刘老涧抽水站水泵装置性能预测和优化设计，取得的主要成果如下。

(1) 根据刘老涧抽水站设计扬程3.70 m、单泵流量37.5 m³/s的设计要求，依照水泵相似律理论，从水利部天津水泵模型同台试验成果中选择了 TJ04-ZL-06 水力模型和 TJ05-ZL-02 水力模型，与现泵站采用的 ZBM791-100 水力模型相比，在相同的叶片角度范围内，TJ04-ZL-06 水力模型的平均效率达到85.84%，TJ05-ZL-02 水力模型的平均效率为85.70%，而 ZBM791-100 水力模型的平均效率只有83.58%，新选两种模型在相同扬程下的流量普遍比 ZBM791-100 水力模型的流量大、效率高，性能指标高，充分显示了近20年来我国水泵模型开发和研制的成果和水平。

结论1：水利部天津同台试验成果中 TJ04-ZL-06 水泵模型已在南水北调和省内外许多泵站成功应用，流量大、效率高，满足刘老涧抽水站特征扬程和流量要求，有利于提高水泵装置效率，降低水泵转速，改善水泵汽蚀性能，推荐采用。

(2) 模型泵装置数值计算结果表明如下。

① 在保持原簸箕形进水流道和虹吸式出水流道型线与尺寸不变的情况下，配合类似于 TJ04-ZL-06 水力模型组成的刘老涧抽水站水泵装置，对应于原型泵叶轮直径3 100 mm、转速150 r/min、叶片角度为0°的设计方案，在设计扬程3.70 m工况下，原型泵装置的流量为47.3 m³/s，远超出模型泵装置37.5 m³/s的设计流量要求，装置效率偏低。

② 在保持原簸箕形进水流道和虹吸式出水流道型线和尺寸不变的情况下，配合类似于 TJ04-ZL-06 水力模型组成的刘老涧抽水站水泵装置，对应于原型泵叶轮直径3 100 mm、转速125 r/min、叶片角度为0°的设计方案，在设计扬程3.70 m工况下，对应的原型泵装置流量为32.99 m³/s，不能满足设计流量37.5 m³/s的要求。

③ 在保持原簸箕形进水流道和虹吸式出水流道型线和尺寸不变的情况下，配合类似于 TJ04-ZL-06 水力模型组成的刘老涧抽水站水泵装置，对应于原型泵叶轮直径3 100 mm、转速125 r/min、叶片角度为+2°的设计方案，在设计扬程3.70 m工况下，换算到原型泵装置的流量为35.45 m³/s，不能满足设计流量37.5 m³/s的要求。

④ 在保持原簸箕形进水流道和虹吸式出水流道型线和尺寸不变的情况下，配合类似于 TJ04-ZL-06 水力模型组成的刘老涧抽水站水泵装置，对应于原型泵叶轮直径

3 100 mm、转速 125 r/min、叶片角度为+4°的设计方案,在设计扬程 3.70 m 工况下,换算到原型泵装置的流量为 39.187 m³/s,能满足设计流量 37.5 m³/s 的要求。考虑到刘老涧抽水站采用的是全调节叶轮,应当使叶片角度能够在较大范围进行调节。如果设计工况下的叶片角度为+4度,则叶片角度向上调节的范围就会较小,不方便大范围内开展水泵装置优化运行和经济运行。为保证刘老涧抽水站在技术改造后叶片角度有较充分的调节范围,应考虑适当加大原型泵叶轮直径、减小叶片角度的设计方案。

⑤ 在保持原簸箕形进水流道和虹吸式出水流道型线和尺寸不变的情况下,配合接近 TJ04 - ZL - 06 水力模型组成的刘老涧抽水站水泵装置,对应于刘老涧抽水站原型泵叶轮直径 3 150 mm、转速 125 r/min、叶片角度为+2°的设计方案,设计工况下的水泵进水条件比较理想,水泵进口轴向流速分布均匀度为 95.36%,入泵水最大偏流角为 4.507°,加权平均偏流角为 2.794°;对应于原型泵装置流量 37.5 m³/s 时,进水流道的水力损失为 0.154 m,虹吸式进水流道的水力损失为 0.498 m;在最大扬程和设计扬程 3.7 m 工况下,对应的原型泵装置流量为 39.139 m³/s,满足泵站单机流量 37.5 m³/s 的设计要求,装置效率达 73.20%;在装置平均扬程 3.40 m 工况下,对应的原型泵流量为 40.241 m³/s,装置效率为 72.10%。保持原型泵叶轮直径 3 100 mm 不变,转速 136.4 r/min、叶片角度为 0°的设计方案,在最大扬程和设计扬程 3.7 m 工况下,对应的原型泵装置流量为 39.51 m³/s,满足泵站单机流量 37.5 m³/s 的设计要求,装置效率达 74.20%;在装置平均扬程 3.40 m 工况下,对应的原型泵流量为 42.92 m³/s,装置效率为 72.80%。

结论2:在刘老涧抽水站技术改造中,保持原簸箕形进水流道和虹吸式出水流道型线和尺寸不变,采用 TJ04 - ZL - 06 水力模型,保持原型泵叶轮直径 3 100 m 不变,转速从 150 r/min 降低到 136.4 r/min,可满足泵站设计流量要求,获得较高的装置效率,建议采用。

(3) 根据《泵站设计规范》(GB 50265—2010)中的进水流道设计要求,在分析刘老涧抽水站进水流道优化设计可能性的基础上,开展了进水流道优化设计,数值计算结果如下。

① 采用常规设计方法开展肘形进水流道水力设计,在设计工况下,经过优化后的肘形进水流道提供的水泵进水条件也比较理想,水泵进口轴向流速分布均匀度为 95.48%,入泵水流最大偏流角为 5.284°,加权平均偏流角为 2.998°;对应于原型泵装置流量 37.5 m³/s 时,优化设计的肘形进水流道的水力损失为 0.163 m,与优化设计的簸箕进水流道的水力损失 0.154 m 相比,其水力损失增大 0.009 m。采用类似于 TJ04 - ZL - 06 的水力模型、叶轮直径 3 150 mm、转速 125 r/min、叶片角度为+2°的设计方案,保持原虹吸式出水流道不变,与优化设计的肘形进水流道组成水泵装置,其数值计算结果显示,在最大扬程和设计扬程 3.7 m 工况下,对应的原型泵流量为 38.477 m³/s,满足泵站单机流量 37.5 m³/s 的设计要求,装置效率为 72.60%;在装置平均扬程 3.40 m 工况下,对应的流量为 40.131 m³/s,装置效率为 71.90%。在原有刘老涧抽水站簸箕形流道的控制尺寸限制和较小的流道高度情况下,肘形进水流道的优化设计取得了较好的效果。

② 从减小进水流道型线变化对泵房结构安全的影响出发,以及最大限度地减少对泵房原结构的改动和破坏,本研究根据已有簸箕形进水流道型线进行专门的肘形进水流道设计尝试。计算结果表明,专门设计的肘形进水流道在设计工况下,水力损失为 0.285 m,水泵进口断面的轴向流速分布均匀度为 90.77%,入泵水流最大偏流角达 5.697°;在

3.70 m设计扬程工况下,流量勉强满足要求,装置效率仅70.08%,与前述簸箕形进水流道和优化设计的肘形进水流道相比,水力损失大,内部流态差,装置效率低3.12%。

结论3:在刘老涧抽水站现有水工结构尺寸的限制条件下,肘形进水流道的水力性能不及原簸箕形进水流道,还需切除大块的钢筋混凝土结构,危及泵房的整体稳定与安全。因此,在刘老涧抽水站技术改造过程中,建议保持原簸箕形进水流道型线和尺寸不变,不对其做任何改动。

(4) 根据《泵站设计规范》(GB 50265—2010)中的出水流道设计要求,结合刘老涧抽水站虹吸式出水流道的结构特点,假定虹吸式出水流道隔墩起始位置向出水侧移动0 m、3 m和6 m三种情况,开展隔墩起始位置对刘老涧抽水站模型泵装置性能影响的数值模拟和性能预测。数值计算结果表明,保持簸箕形进水流道不变,采用类似于TJ04-ZL-06的水力模型、叶轮直径为3 150 mm、转速为125 r/min、叶片角度为+2°的设计方案,在泵装置设计扬程3.70 m和平均扬程3.40 m工况下,隔墩起始位置向出水侧移动3 m时,水泵装置效率有所改善,但对应于三种不同隔墩起始位置,在设计扬程附近的水泵装置效率相差不超过0.40%;在装置扬程低于2.0 m的工况下,将隔墩起始位置向出水侧方向移动,虹吸出水的水泵装置效率有明显提高,幅值略超1.0%。

结论4:在设计扬程和平均扬程工况下,改变虹吸式出水流道的隔墩起始位置,需要拆除部分原隔墩,将对流道的支撑和泵房安全与稳定产生不利影响,并且对提高泵站水泵装置效率的影响不明显。因此,在刘老涧抽水站技术改造过程中,建议保持原虹吸式出水流道型线和尺寸不变,不对其做任何改动。

(5) 针对刘老涧抽水站下游进水侧的拦污栅紧靠进水流道进口,由于清污效率低或清污不及时等,拦污栅前后水位差达0.6 m、进水流道隔墩两侧的水位不一致的现状,开展了进水流道隔墩两侧水位差对水泵进水条件影响的数值分析,研究进水流道进水口两侧水位差对簸箕形进水流道水力性能的影响。数值计算结果表明,簸箕形进水流道隔墩两侧存在水位差,会对水泵进水条件产生明显的不利影响,降低水泵进口断面轴向流速分布均匀度,增大入泵水流偏流角,影响水泵性能的充分发挥;簸箕形进水流道的水力损失随进口隔墩两侧的水位差增大而增大,当水位差达到0.60 m时,流道的水力损失增大0.025 m,导致水泵装置效率降低。

结论5:现刘老涧抽水站的清污不及时、清污效果差,在进水流道两侧形成水位差,恶化水泵进水条件,降低水泵装置效率,诱发水泵机组振动和噪音,加快水泵零部件的磨损和失效,危及泵站安全与稳定运行。因此,建议在刘老涧抽水站开展技术改造中,进行清污机更新换代,在泵站引河中新建清污机桥,改善水泵进水条件,提高水泵装置效率,保证泵站安全和稳定运行。

(6) 刘老涧抽水站水泵装置数值分析结果表明,保持原进、出水流道不变,采用TJ04-ZL-06的水力模型,保持原型泵叶轮直径3 100 mm不变,将原型泵转速从150 r/min降低到136.4 r/min后,在0°叶片角度下运行时,对应于最大和设计扬程3.70 m工况,刘老涧抽水站原型泵装置流量为39.51 m³/s,满足设计流量37.5 m³/s的要求,水泵装置效率较技术改造前提高5.80个百分点;在平均扬程3.40 m工况下,原型泵装置流量将达到42.82 m³/s,效率较技术改造前提高5.30个百分点。

结论6:在刘老涧抽水站技术改造中,保持原进、出水流道不变,采用TJ04-ZL-06

的水力模型,保持原型泵叶轮3 100 mm,转速降低到136.4 r/min组成的水泵装置设计方案,可望取得较好的工程效益、经济效益和社会效益。

(7)建议进行刘老涧抽水站技术改造模型泵装置试验,验证数值分析预测结果,从而更准确地掌握原型泵装置水力性能,为泵站技术改造工程设计和泵站优化运行提供可靠的参考依据。

3.2.3 泵站装置模型试验研究

该研究采用刘老涧泵站原进、出水流道,分别时TJ05-ZL-02和TJ04-ZL-06水力模型进行了刘老涧泵站水泵装置模型试验,获得了刘老涧抽水站模型水泵装置的能量、空化、飞逸特性、压力脉动和反向发电的试验数据(如图3.1和图3.2所示)。

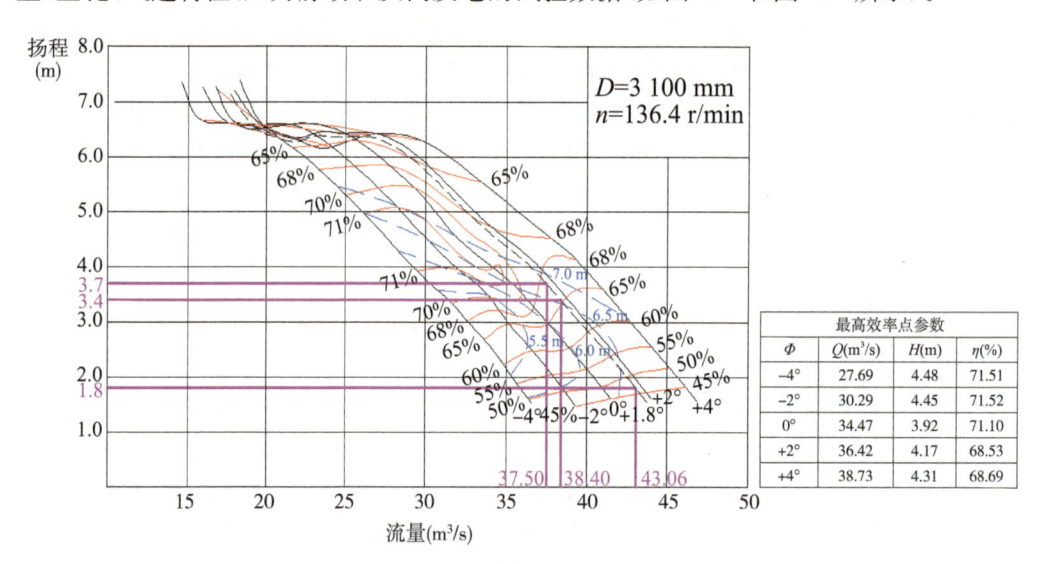

Φ	$Q(m^3/s)$	$H(m)$	$\eta(\%)$
−4°	27.69	4.48	71.51
−2°	30.29	4.45	71.52
0°	34.47	3.92	71.10
+2°	36.42	4.17	68.53
+4°	38.73	4.31	68.69

图3.1 原型水泵装置综合特性曲线(TJ05-ZL-02)

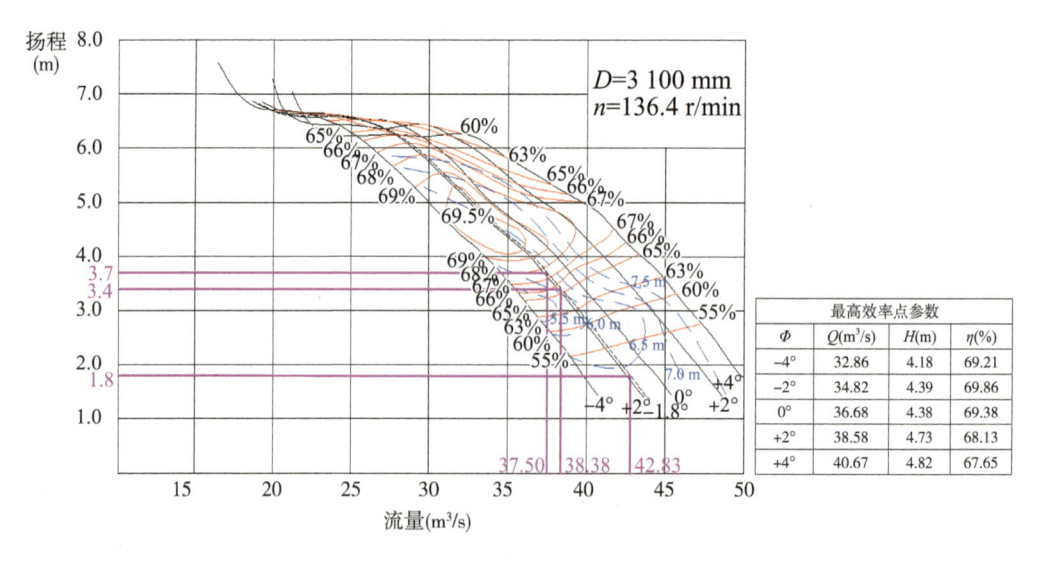

Φ	$Q(m^3/s)$	$H(m)$	$\eta(\%)$
−4°	32.86	4.18	69.21
−2°	34.82	4.39	69.86
0°	36.68	4.38	69.38
+2°	38.58	4.73	68.13
+4°	40.67	4.82	67.65

图3.2 原型水泵装置综合特性曲线(TJ04-ZL-06)

TJ05-ZL-02 的模型水泵装置能量试验结果表明：

(1) 设计净扬程 3.7 m、泵装置流量 37.50 m³/s 时，叶片安放角度为＋1.8°，装置效率为 66.90%；

(2) 平均净扬程 3.4 m、叶片安放角度＋1.8°时，泵装置流量 38.40 m³/s，装置效率为 65.10%；

(3) 最小净扬程 1.8 m、叶片安放角度＋1.8°时，泵装置流量 43.06 m³/s，装置效率为 46.50%。

TJ04-ZL-06 模型水泵装置能量试验结果表明：

(1) 设计净扬程 3.7 m、泵装置流量 37.50 m³/s 时，叶片安放角度为－1.8°，装置效率为 67.50%；

(2) 平均净扬程 3.4 m、正常运行角度－1.8°时，泵装置流量 38.38 m³/s，装置效率为 65.50%；

(3) 最小净扬程 1.8 m、正常运行角度－1.8°时，泵装置流量 42.83 m³/s，装置效率为 47.60%。

TJ05-ZL-02 模型水泵装置空化试验结果表明：叶片安放角为＋1.8°时，在设计净扬程 3.7 m 工况下，水泵汽蚀余量(NPSH)c 值为 6.23 m。

TJ04-ZL-06 模型水泵装置空化试验结果表明：叶片安放角为－1.8°时，在设计净扬程 3.7 m 工况下，水泵汽蚀余量(NPSH)c 值为 6.25 m。

TJ04-ZL-06 模型水泵装置压力脉动试验测试结果表明：各个工况下均能稳定运行，4 个特征工况扬程(1.8 m、2.5 m、3.0 m、3.7 m)中，设计工况 3.7 m 时压力脉动的频率脉动相对幅值最小。在设计工况扬程 3.7 m、运行角度－4°时，进水流道靠近叶轮处和导叶出口处反向发电试验相对幅值与能量试验的比值分别为 0.836、0.737；在设计工况扬程 3.7 m、运行角度 0°时，进水流道靠近叶轮处和导叶出口处反向发电试验相对幅值与能量试验的比值分别为 0.717、0.611；在设计工况扬程 3.7 m、运行角度＋4°时，进水流道靠近叶轮处和导叶出口处反向发电试验相对幅值与能量试验的比值分别为 0.528、0.610。

TJ05-ZL-02 模型水泵装置飞逸特性试验结果表明：叶片安放角越小，单位飞逸转速越高。叶片安放角－4°时，原型泵在最大净扬程 3.7 m 下的最大飞逸转速为电机额定转速的 1.53 倍。

TJ04-ZL-06 模型水泵装置飞逸特性试验结果表明：叶片安放角越小，单位飞逸转速越高。叶片安放角－4°时，原型泵在最大净扬程 3.7 m 下的最大飞逸转速为电机额定转速的 1.41 倍。

TJ05-ZL-02 模型水泵装置反向发电试验结果表明：当安装角度为＋1.8°时，对应水头为最小扬程 1.8 m 时，效率达到 39.60%，对应原型出力为 203.94 kW；对应水头为平均扬程 3.4 m 时，效率达到 40.30%，对应原型出力为 449.53 kW；对应水头为设计扬程 3.7 m 时，效率达到 39.10%，对应原型出力为 484.77 kW。

TJ04-ZL-06 模型水泵装置反向发电试验结果表明：当安装角度为－1.8°时，对应水头为最小扬程 1.8 m 时，效率达到 40.50%，对应原型出力为 199.67 kW；对应水头为平均扬程 3.4 m 时，效率达到 41.20%，对应原型出力为 451.67 kW；对应水头为设计扬程 3.7 m 时,效率达到 40.00%,对应原型出力为 491.17 kW。

3.3 工程安全复核

在对刘老涧泵站进行防洪高程复核计算、渗流复核计算、抗滑稳定复核计算、结构强度复核计算后,最终形成了以下主要结论。

(1) 泵站电机层高程满足防洪要求。

(2) 泵站站身地基渗流长度满足要求,出口坡降满足要求;出水流道段地基渗流长度满足要求,出口坡降满足要求。

(3) 上游第一节翼墙的抗滑稳定安全系数和地基应力不均匀系数均满足规范要求,地基承载力满足要求;上游第二节翼墙的抗滑稳定安全系数和地基应力不均匀系数均满足规范要求,地基承载力满足要求;下游第一节翼墙的抗滑稳定安全系数和地基应力不均匀系数均满足规范要求,地基承载力满足要求;下游第二节翼墙的抗滑稳定安全系数和地基应力不均匀系数均满足规范要求,地基承载力满足要求。

(4) 泵站站身上游段底板、下游段底板、边墩、中墩、隔墩、胸墙、电机层面板、电机层梁 L1、电机层梁 L2、电机层梁 L3、电机柱、工作桥面板 1、工作桥面板 2、井筒壁、井筒出水道、上游挡土墙上部、上游挡土墙下部、下游隔水墙 1 和下游隔水墙 2 等结构最大主拉应力在各工况下均超过了混凝土的允许拉应力,但经过配筋后,结构均满足强度要求;出水流道段底板、下游段底板、边墩、中墩、隔墩、上游挡土墙、下游挡土墙等结构最大主拉应力在各工况下均超过了混凝土的允许拉应力,但经过配筋后,结构均满足强度要求;拦污栅底板、1#墩、2#墩、导流板等结构最大主拉应力在各工况下均超过了混凝土的允许拉应力,但经过配筋后,结构均满足强度要求;清污机机墩、1#墩底板、2#墩底板、导流板、导流板搁梁、清污机梁 1 和清污机梁 2 等结构最大主拉应力在各工况下均超过了混凝土的允许拉应力,但经过配筋后,结构均满足强度要求。

(5) 站身交通桥结构强度均满足要求。

(6) 主泵房层高满足要求。

3.4 水工建筑物改造

3.4.1 存在的主要问题

3.4.1.1 混凝土结构破损、碳化

1. 站身交通桥及站下工作桥

站身交通桥墩墙为钢筋混凝土结构,两端桥台为浆砌石结构混凝土压顶。站身交通桥局部混凝土破损、钢筋外露锈蚀,桥台与墩墙伸缩缝存在开裂变形现象。

站下工作桥墩墙、排架及梁板均为钢筋混凝土结构,两端桥台为浆砌石结构混凝土压顶。工作桥墩墙水变区存在露石现象,排架及梁板混凝土局部破损、钢筋外露锈蚀,桥台与墩墙伸缩缝存在开裂变形现象。工作桥梁板混凝土碳化深度最大值已超过钢筋保

护层厚度最小值。

2. 站身墩墙

经多年运行,泵站站身墩墙存在不同程度的碳化现象,混凝土碳化深度最大值为 40 mm,最小值为 19 mm,保护层厚度最大值 61 mm,最小值 22 mm,混凝土碳化深度最大值已超过钢筋保护层厚度最小值。

3.4.1.2 引河护坡

泵站上、下游护坡平台以下为灌砌石结构,平台及平台以上为混凝土结构。上游站身护砌长度约 65 m,下游站身护砌长度约 200 m。

上游灌砌石护坡水变区局部空洞,南侧护坡平台混凝土局部破损较严重;下游灌砌石护坡水变区局部空洞。

3.4.1.3 引河淤积

经多年运行,河道泥沙沉积及河坡水土流失,造成上、下游引河淤积严重,上、下游引河总淤积量为 57 364 m³。

3.4.2 改造内容

3.4.2.1 混凝土结构修补、防碳化处理

1. 站身交通桥及站下工作桥

对站身交通桥及站下工作桥结构修补与碳化处理的主要方法如下:

(1) 对结构缺损部位清理后,采用 M30 水泥砂浆修补;对混凝土疏松露筋部位进行清理,对钢筋锈蚀率达到 10% 以上的,采用同规格钢筋补强;
(2) 对宽度大于 0.2 mm 的裂缝采用壁可法进行灌浆处理;
(3) 建筑混凝土表面清洗干净后,用 M20 微膨胀砂浆修补;
(4) 建筑整体用环氧腻子刮平后,用环氧厚浆一层封闭;
(5) 建筑喷真石漆及面漆各一层保护。

2. 上、下游墩墙

对站身上、下游墩墙进行防碳化处理的方法如下:

(1) 凿除墙体松损部位混凝土;
(2) 墙体表面清洗干净后,用 M20 微膨胀砂浆修补;
(3) 墙体整体用环氧腻子刮平后,用环氧厚浆一层封闭。

3.4.2.2 引河护坡整修

利用下游清污机桥施工围堰和上游交通桥施工围堰,对原上、下游引河护砌工程进行加固,具体方法如下:

(1) 拆除局部空洞部位灌砌石护坡,并按原结构恢复;
(2) 对平台及平台以下原护砌表面凿毛、清洗后,浇筑 12 cm 厚 C20 混凝土护坡;
(3) 平台以上增做连锁式护坡防护。

3.4.2.3 引河清淤

为保证刘老涧泵站上、下游引河的设计过水断面达到要求,利用上、下游施工围堰,采用干法施工,对上、下游引河清淤,按挖掘机配汽车运输方案实施。淤泥场设在下游引河东北侧,堆土高度3.0 m,占地面积28.7亩。图3.3为下游引河清淤现场。

图 3.3　下游引河清淤现场

3.4.2.4 下游清污机桥新建

考虑河道及下游拦污栅损失,本次改造在下游120 m处新建清污机桥,并安装回转式清污机及拦污栅,降低过栅损失,提高泵站运行效率。清污机桥内容详见本书4.4节。

下面主要对下游清污机桥的位置选取进行介绍。

针对刘老涧抽水站原清污装置靠近泵房,清污效率低、效果差,恶化水泵进水条件,诱发水泵机组振动和噪音,危及泵站安全与稳定运行的问题,建设单位委托扬州大学,在分析泵站进水建筑物水力设计要求和建立进水建筑物水力设计优化评价指标的基础上,运用计算机技术和计算流体动力学(CFD)方法,建立包括引渠、前池、进水流道等在内的三维数值计算模型,开展包括引渠、前池、进水流道等在内的全流道进水设计数值模拟,进行引渠输水特性分析,提出将清污设备放到引渠中的设计方案,开展清污机桥距泵站翼墙不同距离时泵站进水内部流动数值分析,研究清污机桥桥墩对进水流态的影响,分析不同清污机桥位置对泵站进水条件的影响,为合理选择清污机桥位置提供参考依据。

研究参照南水北调东线工程泵站清污机桥典型设计,提出了清污机桥墩数目和设计参数,开展了清污机桥墩距前池翼墙进口分别为 55 m、70 m、80 m、90 m、110 m、120 m、130 m、160 m 和 197 m 等不同距离,进水池水位为 15.85 m 时的三维几何建模和网格剖分,进行了泵站流量为 157 m³/s 时包括引渠、清污机桥墩和翼墙、泵站翼墙和前池、进水流道等过流部件的内部流动数值计算,分析清污机桥墩距前池翼墙不同距离时对泵站进水条件的影响,分析结果如下。

(1) 在进水池设计水位 15.85 m、泵站抽水流量为 157 m³/s、清污机桥墩距前池翼墙进口为 55 m 时,引渠中的清污机桥墩对泵站进水流态影响显著,桥墩引起的尾迹一直伸进泵站前池。此时,进水流道进口断面轴向流速分布均匀度均值降低到 82.56%,加权平均流角均值为 20.246°;进水流道出口断面轴向流速分布均匀度均值为 92.61%,加权平均流角均值为 3.542°;簸箕形进水流道的平均水力损失从无清污机桥时的 0.183 m 增大到 0.206 m。

(2) 在进水池设计水位 15.85 m、泵站抽水流量为 157 m³/s、清污机桥墩距前池翼墙进口为 90 m 时,与 55 m 时的情况相比,引渠中的清污机桥墩对泵站进水流态有所改善,但桥墩引起的尾迹仍然影响泵站前池流态。此时,流道进口断面轴向流速分布均匀度均值为 83.23%,加权平均流角均值为 19.726°;流道出口断面轴向流速分布均匀度均值为 93.01%,加权平均流角均值为 3.434°;簸箕形进水流道的平均水力损失为 0.200 m。

(3) 在进水池设计水位 15.85 m、泵站抽水流量为 157 m³/s 工况下,随着清污机桥向弯段方向移动,离泵站翼墙的距离越来越远,清污机桥墩引起的进水流态变化对泵站进水条件的影响越来越弱。数值计算表明,当清污机桥距泵站翼墙进口的距离达到 160 m 时,4 台水泵机组簸箕形进水流道的平均水力损失已降低到 0.171 m,仅比没有清污机桥大 0.003 m;随着清污机桥逐渐向泵站下游移动,簸箕形进水流道进口断面的流态持续得到改进,当该距离达到 197 m,即清污机桥的翼墙已与引渠直段进口齐平时,流道的平均水力损失与未设清污机桥时基本没有差别,表明清污机桥对泵站进水条件的影响已基本消失。

考虑到清污机桥翼墙对引渠流态的影响,本研究提出了取消清污机桥两侧翼墙的设计方案,开展了清污机桥墩距前池翼墙进口分别为 120 m、130 m 和 160 m 时,进水池水位为 15.85 m 时的三维几何建模和网格剖分,进行了泵站流量为 157 m³/s 时,包括引渠、清污机桥墩、泵站翼墙和前池、进水流道等过流部件的内部流动数值计算,与有翼墙时的计算结果进行对比。分析结果表明,取消清污机桥两侧翼墙后,引渠流态得到改善,相同计算条件下的流道水力损失减少,当清污机桥墩距泵站进水侧翼墙进口 120 m 到 160 m 之间变化时,进水流道的水力损失相差仅为 0.003 m。随着距离的增加,清污机桥对泵站进水条件的影响已基本消失。

根据研究成果,刘老涧泵站下游清污机桥应布置在引河平直段,且距站身不宜太近。同时,为了减少进水引渠转弯段偏流对清污机清污能力的影响以及便于对清污机的管理维护,清污机桥设置在距泵站进水侧翼墙进口 120 m 的位置,取消清污机桥两侧翼墙。有无翼墙时清污机桥墩布置分别如图 3.4 和图 3.5 所示。120 m 处清污桥对泵站进水条件影响数值分析三维造型如图 3.6 所示。

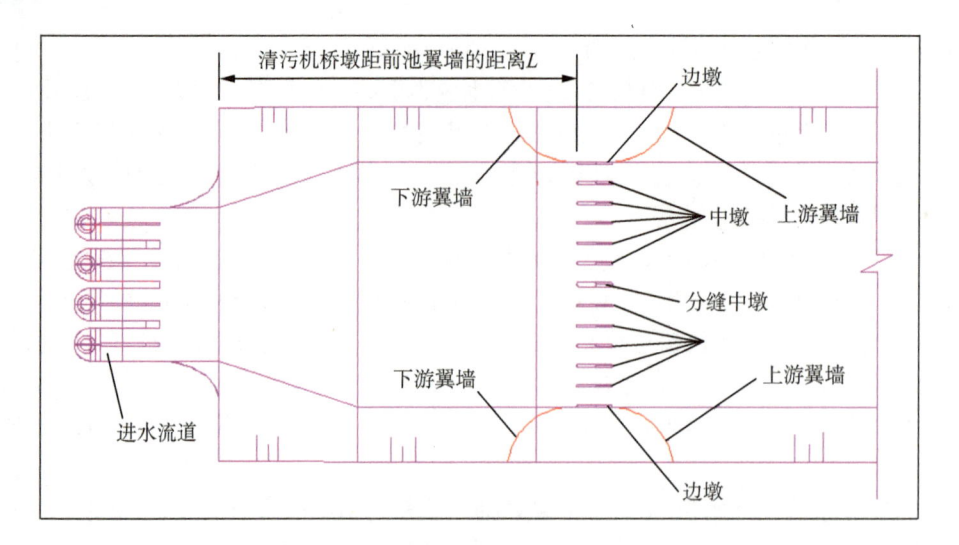

图 3.4　有翼墙时清污机桥墩布置示意图

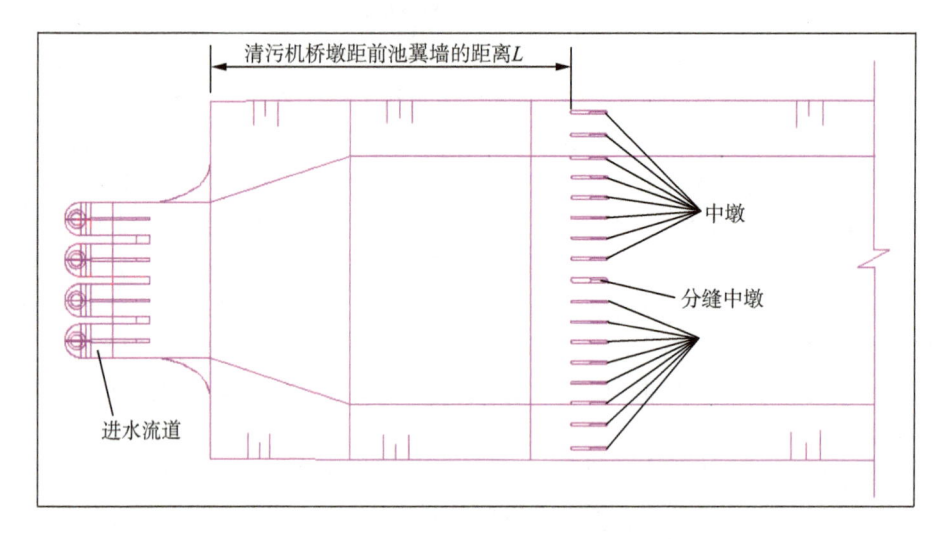

图 3.5　无翼墙时清污机桥墩布置示意图

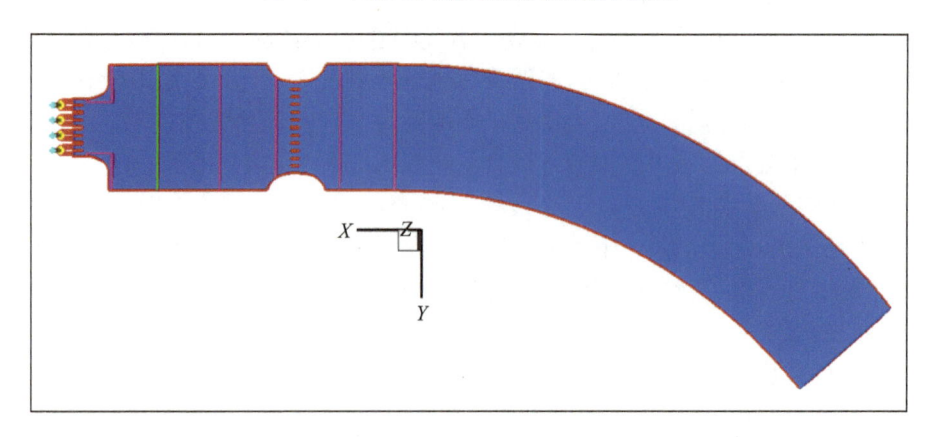

图 3.6　120 m 处清污桥对泵站进水条件影响数值分析三维造型

3.4.2.5　上游起吊便桥新建

为避免上游清污机格栅形成阻水，此次改造增设上游清污机起吊设备，需新建起吊便桥安放起吊设备。内容详见本书 4.5。

3.4.2.6　厂房外立面改造

因原泵站厂房建筑风格与刘老涧二站不同，为使区域环境协调，提升管理所整体观感，结合新建户内变电所、柴油发电机房等设施进行泵站外观改造，使新老建筑有机结合，有生长机理感，厂房以灰色竖向线条为主、横向线条为辅，使建筑外轮廓清晰美观，打造管理所入口建筑的背景感。

泵站厂房立面改造主要对外立面、内墙面、楼地面、屋面进行更新改造，总建筑面积约 1 585.6 m²。改造内容包括：外墙铲除原粉刷层，重新粉刷后喷涂外墙防水涂料，增设铝板线条，更换原有门窗；屋面铲除基层，重新按照现有规范做基层、保护层、防水层、雨水管等；内墙铲除涂料层，重新喷涂内墙涂料，完善踢脚线条等；楼地面结合设备更新重新做地砖楼面和防静电楼地面。

3.4.2.7　管理用房新建

新建管理用房主要为泵站厂房北侧增设柴油发电机房、35 kV 户内变电所。其中柴油发电机房（兼试验、维修）建筑面积 125 m²，35 kV 户内变电所建筑面积 306 m²。内容详见本书 4.6。

3.4.2.8　站区内道路、地坪增设与修复

站区内道路、地坪增设与修复主要内容为增设清污机桥北侧堤顶道路，满足下游清污机污物输送要求；对原变电所区域铺设地坪；因施工工场、取土区和弃土区均布置在站区内，施工期车辆输送频繁，损坏站区道路和地坪，故对站区沿河道路与工场布置区地坪进行修复。

3.5　主机组改造

3.5.1　存在的主要问题

3.5.1.1　主水泵

刘老涧泵站主水泵自 1996 年投入运行以来，虽经数次大修，但主要部件叶轮、叶轮室、导叶体、主轴等均未更换过，只是对叶片、叶轮室汽蚀损坏部分进行焊条补焊。水泵各部件损坏严重，水泵性能达不到设计要求，流量减少，功率上升，装置效率严重下降。主水泵存在的主要问题如下。

1. 水泵汽蚀

刘老涧泵站机组在运行过程中产生汽蚀现象的主要原因包括以下几个方面。

(1) 运行工况对汽蚀的影响

刘老涧泵站设计扬程为 3.7 m。抽水运行时,泵站下游水位多低于设计水位,特别是每年的 5、6 月份,运行工况点与设计工况点偏离较大,实际运行净扬程在 2.0～3.0 m 之间。当水泵在实际扬程小于设计扬程下运行时,会使叶片入口冲角加大,在叶片进口边产生脱流与漩涡,在叶片正面产生脱流,造成汽蚀破坏。

(2) 水流条件对汽蚀的影响

刘老涧站下游拦污栅紧贴于流道进水口,由于清污机效率低,造成栅前水头损失严重。同时,各进水口疏通程度不一,引起进口流态紊乱,使水泵机组汽蚀加剧。

因水流中杂物较多,无法及时清除,堆积于拦污栅前,导致拦污栅前后形成水位差,水泵进口水位降低,减小了水泵的淹没深度,泵在低水位下运行促使装置汽蚀余量减少,进一步加剧水泵汽蚀破坏。

2. 水导轴承

水导轴承材质为橡胶,耐磨性较差。运行过程中,水泵摆动冲击导叶体后传递到中座,中座由于不牢固产生振动,导致下导轴承螺栓松动脱落。同时,水泵主轴较长,轴径不足,下导轴承到电机导轴承的间距过长,挠度过大,泵轴摆度过大,导致导轴承出现发热磨损。

此外,机组长期在非设计工况下运行,机组振动加剧,导致水导轴承与导叶体配合安装的螺栓全部脱离,水导轴承内固定轴瓦的螺栓松动脱落,轴承底座损坏,水导轴承止口变形,止口磨损最大深度为 5 mm,加速了主轴轴颈及轴承的磨损。

3. 主轴

水泵主轴直径长 370 mm。长时间运行后,水导轴承磨损严重,增大主轴摆度,造成主轴轴颈锈蚀、磨损严重,磨损最大深度达 5 mm。同时,水泵填料函处也磨损严重,造成主轴摆度增大,主轴表面锈蚀,轴颈磨损不均匀,最大深度达到 4 mm。

4. 导叶体

长时间运行后,水泵导叶体固定螺栓松动,安装导轴承上、下止口均已损坏,导叶体与导轴承连接螺栓孔磨损严重,吊装螺纹孔严重锈蚀。同时,导叶体与中座连接的螺栓孔磨损严重,导叶体发生不同程度的周向位移,影响水泵基础稳定性。

5. 水泵中座

水泵中座由 4 个均布牛腿支撑,并埋设 4 根螺栓固定(图 3.7、图 3.8)。水泵长期运行后,由于固定螺栓偏少,中座固定不稳,水泵产生摆动冲击导叶体传递到中座,导致预埋件基础出现漏筋、混凝土脱落现象。同时,中座基准参数发生变化,影响大修后机组的安装质量。

6. 出水弯管

水泵出水弯管采用钢板焊接,下端与导叶体之间仅有轴向止动螺钉,无径向限位。因水泵启动时需翻越虹吸驼峰,扬程较高,弯管所受反作用力较大,导致弯管摆动幅度大,同时也带来了泵轴的摆度过大。

7. 叶轮外壳

水泵叶轮外壳材质为铸钢,为沿叶轮中心水平剖分的上下分瓣结构,上半叶轮外壳与导叶体下端连接(图 3.9),下半叶轮外壳固定在下座上。上、下叶轮外壳在剖分处用止

图 3.7 原中座基础

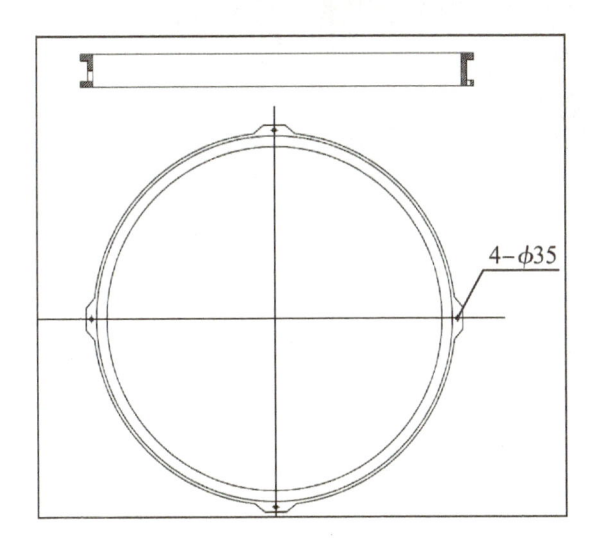

图 3.8 原中座安装示意图

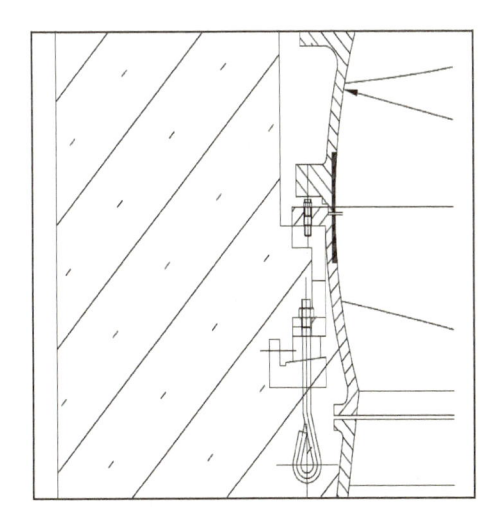

图 3.9 原叶轮外壳上下部分连接示意图

口作径向定位,轴向未连接。

经长期运行后,叶轮外壳汽蚀严重,呈蜂窝状。叶轮外壳汽蚀带宽度达到 6 cm,深度达 19.20 mm,面积 5 783.88 mm²,且一处有穿孔现象,穿孔直径 12.96 mm(图 3.10)。其中,下半叶轮外壳汽蚀最严重,不锈钢衬带有 3 处断裂、脱落,最大面积为 132 cm²。上半叶轮外壳有 3 处贯穿性裂缝,裂缝宽度 5 mm,长度 57 cm,还有多处裂纹。

图 3.10 叶轮外壳汽蚀带

因叶轮外壳上下承插止口深度过浅,轴向未连接,止口发生振动磨损松动,导致叶片与叶轮室剐蹭,磨损严重,甚至存在破裂现象。同时,下半叶轮外壳还与底座紧固螺栓发生松脱并产生断裂、错位,位移达 5 mm,也导致叶片与叶轮室剐蹭。

8. 叶轮

叶轮采用三片不锈钢叶片,叶片间隙最大为 3 cm,间隙汽蚀导致叶片呈蜂窝状,三只叶片均有磨损卷边、表面剥落情况,叶片最大磨损深度为 5 mm。叶片长期磨损、汽蚀以及叶型变化,致使叶轮失去平衡,叶片损坏加重,已难以继续安全运行。

此外,叶轮轮毂通过 4 个横向圆柱销与主轴连接,用来传递扭矩和承受横向剪切力(图 3.11)。经长期运行后,横销承载力不够,导致其全部脱落、断裂,叶轮与主轴之间的间隙达到 5 mm。

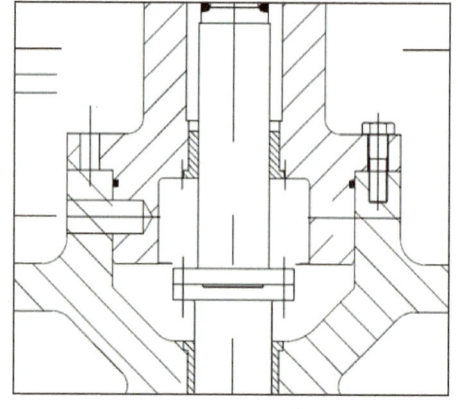

图 3.11 原叶轮与主轴连接示意图

9. 导叶帽

导叶帽材质为铸铁，采用两半件结构。由于导叶帽壁过厚，帽体过于笨重，拆卸困难，对下导轴承检修造成不便。

10. 叶片调节机构

水泵叶片调节形式为机械式全调节机构。经长期运行后，调节机构存在以下现象：上拉杆端部断裂，叶片角度显示传感器损坏，分离器油位显示装置损坏，底壳渗油，停机过程中抬拉小轴导致损坏调节器推力轴承等。

11. 其他主要零部件

经长期运行后，主水泵大部分部件如导水圈、压盖等均已严重锈蚀、损坏。

3.5.1.2 主电机

刘老涧泵站主电机为上海电机厂 1996 年出厂的 TL 2200—40/3250 型立式同步电动机（图 3.12），主要存在如下问题。

图 3.12 刘老涧泵站原电机组

（1）定子矽钢片变形严重，呈波浪形，波谷达 2 mm，且明显松动；通风沟通风不畅，导致温升偏高；铁芯局部变形、锈蚀严重。

（2）转子电缆接头绝缘损坏，铁芯局部严重变形、锈蚀；表面积尘、油污较多；磁极接头引线绝缘覆盖漆鼓胀、翘皮、脱落。

（3）由于机组运行温度波动较大，导线、绝缘层和包扎件等部件出现不同程度的膨胀变化，造成胶漆鼓胀、破裂和松动，主电机绕组绝缘失去弹性。

（4）电机滑环表面有划痕，碳刷磨损较快。

（5）电机垫板接触面积小，电机机架刚度不足，电机推力头、推力瓦和导瓦易磨损。

（6）上、下油缸甩油，顶车液压装置渗油。

(7) 主电机电气试验结果已不满足安全运行要求。

(8) 机组运行振动和噪声偏大。

3.5.1.3 励磁变压器

励磁变压器采用敞开式布置,钢丝网罩封(图 3.13)。经多年运行,变压器运行噪音大,安全性能下降,已超过生产商 20 年设计使用年限。

图 3.13　原励磁变压器

3.5.2　改造内容

刘老涧泵站多年运行平均扬程比规划平均扬程低,主要是区间用水量大和用水管理不善等原因造成的。南水北调东线一期工程实施后,随着梯级规模的扩大和供水制度的改革,沿线水位将有所抬高。因此,此次水泵改造的选型设计仍以规划水位为主,结合泵站现状,确定仍维持 4 台主机泵,单机设计流量仍为 37.5 m³/s。

主机组改造的思路是考虑将水泵及电机全部更换,原设备基础进行部分更改,机组中心线安装高程不变。

3.5.2.1　主水泵

1. 主水泵结构形式

原水泵结构设计为湿式结构,进水流道上检修人孔为开敞式设计。考虑土建主体结构保持不变,刘老涧泵站改造水泵结构仍为湿式结构。

2. 水泵安装高程复核

考虑到本工程为改造泵站,土建结构尺寸已经固定,叶轮中心线高程维持不变,为 13.0 m。根据刘老涧站装置模型试验结果,叶片安放角为 $-1.8°$ 时,在设计净扬程 3.7 m 工况下,水泵汽蚀余量 $(NPSH)_p$ 值为 6.25 m。

叶轮淹没深度 h_s 按下式计算:

$$h_s = \frac{P_a}{P_g} - h_c - \frac{P_r}{P_g} - K \times (NPSH)_p = 10.33 - 0.3 - 0.24 - 1.4 \times 6.25 = -0.71 \text{ m}$$

(3-1)

式中：$\frac{P_a}{P_g}$——标准条件下的大气压力水头，取 10.33 m；

h_c——进水流道水力损失，取 0.3 m；

$\frac{P_r}{P_g}$——常温清水的汽化压力水头，取 0.24 m；

K——汽蚀余量系数，取 1.4。

由以上计算结果可知，水泵叶轮中心需低于下游最低水位 0.71 m，本站下游最低运行水位为 15.8 m，原水泵安装高程可满足汽蚀性能要求，同时也满足进、出水流道淹没深度要求。

3. 水导轴承

改造后导叶体内和顶盖出轴处均设导轴承，作为水泵转子的两支撑点，承受水泵径向力，下导轴承的轴向位置接近转轮，上导轴承的轴向位置接近顶盖基础，支撑点的刚性好，转子部件运行稳定性好。水导轴承导轴瓦采用高分子材料研龙 TSTN 白色导轴瓦，增加耐磨性。内容详见本书 5.1.2.3。

4. 主轴

改造后主轴直径长度由 370 mm 加大到 400 mm，增加轴的刚度。同时，主轴轴档堆焊耐磨不锈钢层，增加耐磨性。内容详见本书 5.1.2.2。

5. 导叶体

改造后的导叶体安装位置调整好后，导叶体与中座之间采用 36-M30 的双头螺柱连接，并用 4 只 φ20 的定位锥销固定，确保导叶体与中座在运行的过程中不会因为振动而发生螺栓松动、磨损的现象。同时，导叶体吊装螺纹孔采用不锈钢堵头进行封堵并用环氧树脂填充，确保螺纹不受水汽锈蚀。

6. 水泵基础件改造

水泵基座改造内容主要包括：按新基座布置要求，凿除现有基座周边混凝土；拆除老基座，安装新基座；设置固定锚筋和混凝土结构钢筋，钢筋主要利用现有钢筋焊接搭接，采用药卷式锚固剂锚固。同时，将井筒内原直立检修爬梯更改为钢斜梯，以方便水泵检修人员进出。

水泵中座改造内容主要是对中座固定牛腿部位进行改造，即浇筑圈梁式牛腿，增加至 12 根地脚螺栓固定，地脚螺栓与钢筋搭牢固定焊接，增加中座基础的稳定性。由于浇筑圈梁式牛腿导致中座层被封闭，为方便检修人员下到进水伸缩节层，在井筒内进水伸缩节层上开 2 个 φ50 cm 检修通道孔供进人和通气使用。改造后中座安装示意如图 3.14 所示。

7. 叶轮外壳改造

改造后叶轮外壳材质为不锈钢，增强抗锈蚀、抗气蚀、抗磨损性能。同时，叶轮外壳上下两部分不仅通过止口连接，还采用 36 根螺栓紧固，防止轴向窜动导致水泵振动。改造后叶轮外壳上下部分连接如图 3.15 所示。

图 3.14　改造后中座安装示意图

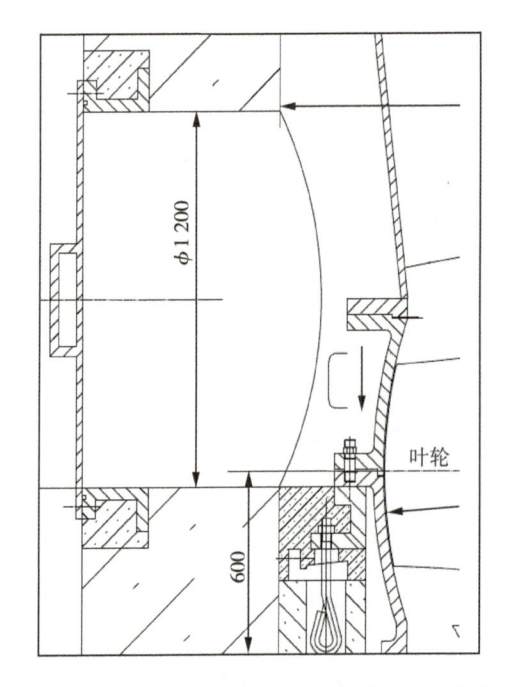

图 3.15　改造后叶轮外壳上下部分连接示意图

8. 出水弯管

改造后的出水弯管增加主轴向止动螺钉，加大弯管下端轴向受力支撑，增加 12 处径向限位块，确保弯管在受到水流冲击后能不产生晃动。同时，在出水弯管和导叶体之间设有弯管限位机构，减小水流扰动对出水弯管横向影响，并设有辅助支撑螺钉，起到轴向支撑和稳定的作用(图 3.16)。

9. 叶轮

改造后的叶轮轮毂与主轴采用 25 mm 的深止口定位，12 - M56×3 高强度合金钢螺

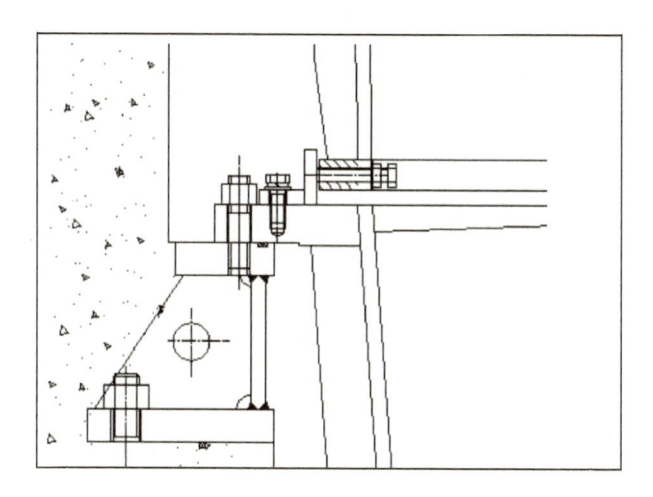

图 3.16　改造后出水弯管安装示意图

栓把合，径向配钻铰 4 只 50 mm×80 mm 的卡缝柱销，确保具有足够的轴向承载及径向剪切载荷，保证水泵运行安全可靠（图 3.17）。相关内容详见本书 5.1.2.1。

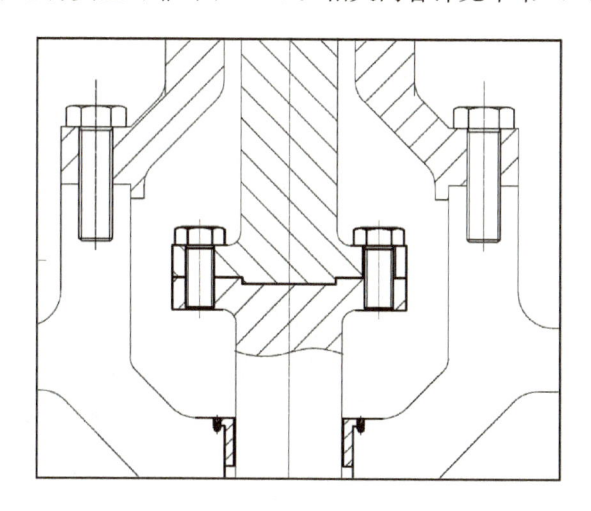

图 3.17　改造后叶轮与主轴连接示意

10. 导叶帽

改造后的导叶帽采用四半件结构，铸铝材质，一个成年人可搬动每块结构，大大减轻了下导轴承检修难度，提高了操作安全性。

11. 叶片调节机构

改造后的叶片调节机构采用内置式免抬轴水泵叶片角度调节器。相关内容详见本书 5.1.2.7。

3.5.2.2　主电机

考虑电机制造成本主要是定、转子费用，如果电机采用改造方案，费用会比更换电机的费用略低，但会存在新老电机结构件、间隙等环节不配套、不协调的现象，对于机组安全运行造成不利影响，所以改造的优势并不大。为保证泵站安全运行，彻底消除安全隐患，故本次改造对电动机进行更换，电机机座号与原机组相同。相关内容详见本书5.2。

3.5.2.3 励磁变压器

此次改造将励磁变压器更换为柜体式干式励磁变压器，并留有足够的裕度，以保证变压器的温升。相关内容详见本书5.4.1。

3.6 电气设备改造

3.6.1 存在的主要问题

3.6.1.1 35 kV 变电所

原 35 kV 变电所为户外式（图 3.18）。经多年运行，主变、所变以及断路器、隔离开关、电流互感器等户外设备出现老化、性能下降等问题，且部分电气设备为淘汰产品，不满足现行运行规范。

图 3.18 原 35 kV 变电所

（1）主变压器

原主变压器型号为 SF8-12500/35，由苏州吴江变压器厂制造，现已超过生产商 20 年设计使用年限。同时，经多年运行，主变压器出现以下问题：运行损耗大温度偏高，箱体、蝶阀绝缘垫、油枕等多处渗油，内部绕组绝缘存在老化现象，局部地方绝缘层弹性变小甚至发生脆裂，接头发热变色，高压绕组吸收比值偏低，三相电阻不平衡率不满足要求。

(2) 所用变压器

所用变压器型号为 S7-630/35,由苏州吴江变压器厂制造,该型号设备已属淘汰产品。经多年运行,所变出现铁芯老化、绝缘下降现象,箱体多处渗油,不满足节能环保要求。

(3) 六氟化硫断路器

经多年运行,设备外壳、操作机构锈蚀严重,本体锈蚀较重。同时,设备无微水在线监测装置,回路电阻值偏大。

(4) 35 kV 隔离刀闸

35 kV 隔离刀闸型号为 GW4-35。设备防腐性能差,锈蚀较重;转动部件密封结构不合理,防雨、防水性能较差;操作不灵活,触头弹性降低,接触电阻增大。

(5) 35 kV 电流互感器

互感器测量精度不符合供电部门相关要求。

3.6.1.2　站用变压器

原站用变压器型号为 S9-M-400/6.3,由连云港变压器有限公司制造。经多年运行,站变出现铁芯老化、绝缘下降现象,箱体多处渗油,不满足节能环保要求。

3.6.1.3　高压开关柜

原高压开关柜为 JYN2 型移开式交流金属封闭开关设备(图 3.19)。经多年运行,设备存在电气元件老化、母排室绝缘性能下降、电缆室接线桩头老化、"五防"装置性能不稳定等问题。

原高压开关柜内断路器型号为 ZN28-10,采用弹簧储能合闸,结构复杂,弹簧储能动作冲击振动大,常引发机械故障。

图 3.19　原高压开关柜

3.6.1.4　低压开关柜

原低压开关柜为 MNS 型低压抽屉式开关柜(图 3.20),整体状况良好。设备表计为普通数字仪表,数据不能上传,无法满足自动化控制和数据远传功能。

图 3.20 原低压开关柜

3.6.1.5 直流系统

原直流系统容量为 100 Ah,含 1 台馈线柜、1 台电池柜,采用铅酸蓄电池。馈线柜内设备较为拥挤,且容量无法满足改造后自动化监控设备用电需求。

3.6.1.6 自动化系统

自动化监控系统设备长时间未更新换代,设备稳定性下降;系统监控内容不全面,不能完整反映设备各项运行参数;通信线路老化,监控数据传输不稳定,难以适应安全监控需求。

视频监控系统中硬盘录像机读取数据不稳定,视频画面不清晰,信号易缺失。图 3.21 为原自动化监控室。

图 3.21 原自动化监控室

3.6.1.7 电缆

泵站原电缆主要为动力、控制和信号电缆,多为建站时敷设。经多年运行,电缆已老化,绝缘性能下降,护套大多出现龟裂现象,危及泵站安全运行。

3.6.2 改造内容

电气设备更新改造主要内容有:将35 kV户外变电所改为户内变电所,更换主变、站变、所变,更换6 kV高压开关柜,改造低压开关柜和直流屏,更换控制屏、辅机控制柜和励磁变压器,重新设计开发自动控制系统,更换视频监视系统,更换高低压电缆和控制信号电缆。

3.6.2.1 变电所

考虑到设备安全性高、用户维护检修方便,同时兼顾管理所的外观环境等因素,将原35 kV户外变电所改为户内变电所,原户外设备均不再使用。相关内容详见本书4.6.1。

更换主变压器、站用变压器、所用变压器,重新确定变压器容量。相关内容详见本书7.2.3、7.3.2和7.3.3。

3.6.2.2 高压开关柜

更换高压开关柜,采用铠装移开式开关柜,柜内装设真空断路器,配套弹簧操作机构。相关内容详见本书7.2.4和7.3.1。

3.6.2.3 低压开关柜

结合自动化控制要求,对原低压开关柜进行适当改造,更换部分表计为智能仪表,部分出线断路器增设电操机构。同时,因增设上游清污机起吊设施、下游清污机设备,原低压系统中没有备用回路,增加1台低压开关柜。具体内容详见本书7.3.4.1。

3.6.2.4 直流系统

考虑到泵站改造后监控设备增加,且原控制面板、充电模块、逆变电源、降压模块等均布置在一块馈线柜里,设备拥挤,改造时保留电池柜,改造时馈线柜,逆变容量适当增加。具体内容详见本书7.3.5。

3.6.2.5 自动化系统

自动化系统改造本着"结合现状、解决问题、不重复浪费"的原则,对整个自动化系统软件进行彻底升级改造,保留性能较高、运行稳定设备,更换老旧设备,保证系统性能优异,软硬件相互兼容,满足水利现代化技术需求。具体内容详见本书第8章。

3.6.2.6 电缆改造

电缆改造主要是更换所有高压、低压与控制信号电缆。低压电缆主要采用NHYJV-0.6/1.0、YJV-0.6/1.0规格电缆,高压电缆内容详见本书7.5。

3.7 辅机设备改造

3.7.1 存在的主要问题

3.7.1.1 水系统

1. 供水系统

刘老涧泵站建站时安装 2 台供水泵,从下游拦污栅内侧取水进行技术供水。因河道水质较差,堵塞供水管道,且水草、杂物多,易将泵口堵死。2000 年,泵站对供水系统进行改造,在主厂房南侧清水区建蓄水池一座,增设 250QJ125—32/2 型供水泵 1 台,但经沉淀后的河水仍含有较多泥沙。

2008 年,泵站安装两台型号为 MLS-10 的轴瓦冷却机(图 3.22),采用冷却水密闭循环的方式向机组提供技术供水,2 台机组互为备用,同时保留原供水系统。

图 3.22 原轴瓦冷却机组

2. 排水系统

排水系统主要为机组检修排水。由于泵站土建结构限制,检修排水只能将潜水电泵放置于进水流道内排除积水。

3.7.1.2 油系统

由于泵站回油管道内长期存油,经长期运行后,管道接头老化,出现渗、漏油现象。

3.7.1.3 清污系统

1. 上游清污系统

泵站上游流道出水口安装 8 扇 HQ－4×8.5 m 型回转式清污机,清污机配有拦污栅,栅体紧贴于流道出水口,用于泵站发电时打捞河道污物(图 3.23)。

经多年运行,清污机部分齿耙管损坏及锈蚀,拦污栅部分锈蚀。

图 3.23　原上游清污机

2. 下游清污系统

泵站每台机组进水流道口设有拦污栅,紧贴在流道中隔墩上,并配有 QLY 型移动耙斗式清污机(图 3.24)。

图 3.24　原下游清污机

经多年运行,清污机效率降低,无法有效清除栅前污物,导致拦污栅前后及隔墩两侧形成水位差,水泵进口水位降低,进水流态混乱,机组运行振动,水泵汽蚀,影响泵站安全稳定运行。

同时,下游拦污栅体局部有变形,栅体锈蚀严重(图3.25)。

图 3.25　原下游拦污栅

3.7.1.4　起重设备

泵站主厂房行车经多年运行,磨损严重,零部件老化,故障频发,操作中常出现操作不灵、吊钩卡死现象,已直接影响机组大修时的安全使用。

3.7.1.5　检修闸门

泵站下游检修闸门为实腹式平面钢闸门。闸门局部螺栓锈蚀,面漆局部存在氧化现象。

3.7.2　改造内容

3.7.2.1　水系统改造

1. 供水系统

考虑到泵站原技供水系统改造不彻底,循环供水系统和直接供水系统混合使用,运行管理很不方便,泵站电机轴瓦冷却供水改造将采用冷水机组冷却,配循环冷却水装置。填料函润滑用水将采用河水,原生活用水则作为备用水源。供水系统内容详见本书6.1.1。

2. 排水系统

排水系统改造主要是更换原检修排水泵以及部分排水管道。排水系统内容详见本书6.1.2。

3.7.2.2 油系统改造

油系统改造主要是更换润滑油系统设备，更换油管路。油系统内容详见本书6.2。

3.7.2.3 清污系统

1. 上游清污系统

考虑到拦污栅及清污机紧靠流道出水口，抽水运行时，清污机格栅造成阻水，从而增加水泵扬程，加大电机功率，造成资源浪费，此次改造将清污机墩凿毛、植筋、外延，并将清污机外移，上游新建清污机起吊桥，布置清污机起吊设备，用于抽水时吊起清污机，消除抽水时清污机阻水的不利影响。相关内容详见本书6.4.2。

同时，对回转式清污机进行维修改造，具体内容为将原清污机第一节（从机头数）与第二节之间按原清污机尺寸增加高度1 m的清污机分节，通过螺栓与原上下节连接固定，并相应调整牵引链条和回转齿耙。清污机耙齿材料更换成304不锈钢；主要运转件轴承铜套更换；清污机整机防腐出新；改造清污机相关的起吊结构及销定结构；皮带机皮带更换及接长；原有皮带机机架防腐出新；增加斜坡段皮带输送机。相关内容详见本书6.4.1.1。

2. 下游清污系统

考虑到河道及下游拦污栅损失，本次改造在下游120 m处新建清污机桥，并安装回转式清污机及拦污栅，清污效果好，降低过栅损失，解决了原泵站存在的问题。设备内容详见本书6.4.1.2。

下面主要对清污机的形式和布置方式的方案比选进行介绍。

（1）清污机形式选择

清污设备选择需要根据污物种类、污物量及引排水时间确定。选择泵站常用的液压移动抓斗式清污机和回转式清污机两种清污形式进行比选。

刘老涧泵站所处地域水网密布，泵站前污物多为成团漂浮、半漂浮的水草，形体较长，在水流作用下，互相缠绕成团。液压移动抓斗式清污时，抓斗宽度有限，只能在抓斗宽度内工作，且每抓一次，都要移动，单位时间内清污效率低，清污耙齿齿尖只能部分插入水草，每耙清污量低，效率差。回转式清污机清污方式连续不间断，可全断面清污，输送污物方便，清污效果好，效率高。

经过比选，综合考虑设备的清污效率、维护便利等因素，采用回转式格栅清污机。

（2）清污机布置方式选择

清污机选择什么布置方式对清污效果和机组运行和管理影响很大。选择对靠主水泵进水口布置和在下游引河清污机桥上布置两种常见布置方式进行比选。

清污机紧靠主水泵进水口布置时，水流流速大，水草易吸附缠绕在栅体上，清理困难，造成水流流态紊乱，影响机组运行效率。同时，紧靠进水口布置，水草等污物在清理转运时将造成站身污染，现场运行环境较差。此布置方式建设费用较低。

下游引河建设清污机桥并布置清污机方案，实现清污与运行分开布置，水草等污物在清污机桥处被拦截，水流速度慢，水草不易被栅体缠绕，清污效率高，主水泵进水口流态稳定，机组运行效率高。同时，在清污机桥上采用皮带输送水草等污物，对站身无污染，运行环境清洁美观。此布置方式建设费用较高。

经过比选，综合考虑机组安全运行和运行管理方便等因素，采用在下游清污机桥上布置回转式清污机的方式。

3.7.2.4 断流系统

原泵站真空破坏阀为气动式真空破坏阀，本次改造更换为电磁式真空破坏阀，因此原低压空气系统设备及管道拆除。具体内容详见本书6.3。

3.7.2.5 轴瓦冷却系统

电机轴瓦冷却系统采用ZWLQ-20型冷却装置3台套，其中2台工作，1台备用。具体内容详见本书6.5。

3.7.2.6 抽真空装置

更新原抽真空系统中的真空泵、汽水分离器及相应的阀件、表计和管路。具体内容详见本书6.8。

3.7.2.7 水力量测系统改造

为了及时准确地了解泵站和机组的运行状况，保证机组安全经济运行，并为日后的科研测试工作提供必要的数据和资料，本次改造更新水力量测系统，内容如下。

1. 上、下游侧水位测量，采用水位标尺，并装设超声波物位仪进行实时数据采集和监测。

2. 清污机前、后的水位测量，采用超声波水位计。

3. 测流装置。在河道上增加一台套超声波测流装置，内容详见本书9.4.2。

3.7.2.8 起重设备

针对主厂房行车存在的问题，此次泵站改造对其进行大修处理，以消除设备故障，保证设备安全运行。具体内容详见本书6.7。

3.7.2.9 检修闸门

检修闸门改造内容主要为油漆出新，更换止水橡皮、压板及紧固件等止水件，对闸门损坏的部分构件进行修复和维护。内容详见本书6.9。

3.7.2.10 金属结构防腐

金属结构防腐主要是对泵站下游侧检修闸门维修、油漆出新；对上游清污机进行喷锌及涂料防腐和出新；对下游进水口安全格栅以及清污机进行喷锌及外加涂料的复合涂装防腐。

金属结构防腐方法采用人工除去表面老化涂料及已经腐蚀的钢结构表面至露出金属光泽，对原喷锌层完好的不做处理，然后对腐蚀的金属结构表面进行喷锌处理后，对金属结构整体采用重新喷涂涂料方式防腐；主要工艺为表面喷锌层厚度160 μm，外加涂料厚度:环氧清漆 30 μm,环氧云铁防锈漆 80 μm,各色改性耐磨环氧面漆 100 μm。

3.8 泵站试运行

2020年7月2—3日,刘老涧泵站加固改造工程建设处组织参建单位及配套设备厂家对 4 台机组进行了泵站机组预试运行。机组预试运行按照《刘老涧泵站加固改造工程机组启动试运行方案》中相关要求对人员进行布置、开停机及相关设备操作进行。

3.8.1 预试运行

7月2日,11:40 第一次开 4# 主机,13:40 开 3# 主机,15:55 两台主机停机。7月3日,10:00 开 2# 机,10:18 开 1# 机,11:45 开 3# 机,12:20 三台主机全部停机。机组预试运行典型数据见表 3.1。

表 3.1 机组预试运行典型数据表

日期	时间	设备名称	叶片角度(°)	有功功率(kW)	无功功率(kvar)	定子电流(A)	定子电压(kV)	定子温度(℃)	推力瓦温度(℃)	上导温度(℃)	下导温度(℃)	上油缸温度(℃)	上游水位(m)	下游水位(m)	供水母管压力(MPa)
7.3	12:20	1#	−4	1 613	−539	149	6.65	63	39	36	33	30	18.34	16.01	0.3
7.3	12:20	2#	−4	1 638	−543	149	6.62	62	49	47	37	37	18.34	16.01	0.3
7.2	13:55	3#	−4	1 761	−587	163	6.59	73	45	37	37	32	18.32	15.92	0.3
7.2	15:38	4#	−4	1 622	−539	147	6.63	66	48	47	44	36	18.34	15.90	0.3

备注:主机励磁装置运行方式为恒功率因数($\cos \varphi = 0.95$)运行,表中温度量均为最高温度时数据;因有刘老涧新闸调节流量,故上下游水位变化不大。

3.8.1.1 预试运行中存在的问题

(1) 4 台机组推力瓦及导瓦温度偏高,经检查为循环供水装置出水流量不足导致,已组织冷水机组厂家将管道流量由 25 m³/h 改为 45 m³/h,供水压力恒定为 0.25 MPa。

(2) 主机开机过程中真空破坏阀抖动,已组织真空破坏阀厂家对设备调试。

(3) 主机监控界面存在相关参数显示不一致的情况,已组织自动化厂家进行调试。

3.8.1.2 预试运行结论

本次预试运行有效检测了 4 台机组及相关设备的运行情况,预试运行过程中,四台主机开停机可靠,35 kV 母线、6 kV 母线投运可靠,各辅机设备运行良好,满足机组启动试运行条件。

3.8.2 试运行

3.8.2.1 试运行前准备

2020年7月15日9:00,按《水利水电建设工程验收规程》(SL 223—2008)和《泵站设备安装及验收规范》(SL 317—2015)的要求,对机组启动试运行条件进行了严格审查,部

署了开机的相关内容和要求,审查了有关资料,认为:

(1) 与机组启动试运行有关的建筑物已全部完成,并已通过分部工程验收;

(2) 与机组启动试运行有关的金属结构安装完成,并经过试运转;

(3) 机组和附属设备以及油、水等辅助设备安装完成,经调整试验分部试运行,基本满足机组启动试运行要求;

(4) 必须的输配电设备安装完成,送(供)电准备工作已就绪,通信系统满足机组启动试运行要求;

(5) 机组启动试运行的测量、监视、控制和保护等电气设备及自动化控制系统已基本完成安装及调试;

(6) 有关机组启动试运行的安全防护和消防措施已落实,并准备就绪;

(7) 按设计要求配备的仪器、仪表、工具及其他机电设备已能满足机组启动试运行的需要;

(8) 机组启动试运行操作规程已经编制;

(9) 机组启动试运行人员的组织配备可满足机组启动试运行要求;

(10) 水位和引水量基本满足机组启动试运行要求。

最终一致认为泵站已具备试运行条件,同意泵站机组启动试运行,并确定 7 月 15 日上午 10:30,机组可正式启动并网发电,顺序为 3#、2#、1#、4#。确定 7 月 16 日上午 10:10,机组可正式启动抽水,顺序为 3#、2#、1#、4#。

3.8.2.2 试运行过程

1. 试运行操作方法

本次试运行进行了单机运行和全站联机运行,第二次开机采用自动化远程操作,其余开机采用现地控制。

2. 抽水开停机过程

2020 年 7 月 16 日,10:10 第一次开启 3#、2#、1#、4# 机组,14:47 停 3#、2#、1#、4# 机组;水文站在此期间完成测流工作。

2020 年 7 月 16 日,15:24 第二次开启 3#、2#、1#、4# 机组,18:34 停 3#、2#、1#、4# 机组。

2020 年 7 月 16 日,19:14 第三次开启 3#、2#、1#、4# 机组,2020 年 7 月 17 日 9:04 停 3#、2#、1#、4# 机组。

2020 年 7 月 17 日,9:35 第四次开启 3#、2#、1#、4# 机组,12:20 停 3#、2#、1#、4# 机组。

此次试运行中,1# 机累计开机 24 小时 23 分钟,2# 机累计开机 24 小时 15 分钟,3# 机累计开机 24 小时 22 分钟,4# 机累计开机 24 小时 12 分钟,4 台联合运行 13 小时 48 分钟。机组抽水试运行典型数据见表 3.2。

3. 发电开停机过程

2020 年 7 月 15 日,10:50 变频发电机开机成功,11:40 变频电动机开机成功,11:47 3# 主机并网发电,之后 2#、1#、4# 主机依次并网成功,15:50 分机组停止发电运行,单台机组发电功率在 180~400 kW 之间。机组预发电试运行典型数据见表 3.3。

4. 水情调度情况

机组启动试运行期间，配合省骆运水利工程管理处水文站调度，开刘老涧二站节制闸为下游补水。

泵站机组启动试运行期间，水源基本满足机组启动试运行的水量要求。泵站机组累计运行 97.2 台时，抽水量约 $0.126 \times 10^8 \mathrm{m}^3$。

表 3.2 机组抽水试运行典型数据表

日期	时间	设备名称	叶片角度(°)	有功功率(kW)	无功功率(kvar)	定子电流(A)	定子电压(kV)	定子温度(℃)	推力瓦温度(℃)	上导温度(℃)	下导温度(℃)	上油缸温度(℃)	上游水位(m)	下游水位(m)	供水母管压力(MPa)
7.17	04:00	1#	−4.06	1 654.78	−554.77	151.0	6.59	62	36.1	42	33	32.1	18.42	15.73	0.18
7.17	04:00	2#	−1.27	1 728.51	−592.68	159.0	6.59	60	47.5	47	30	39.0	18.42	15.73	0.18
7.17	04:00	3#	−4.05	1 671.17	−578.73	155.0	6.59	63	39.6	44	39	34.2	18.42	15.73	0.18
7.17	04:00	4#	−3.99	1 671.17	−557.02	153.0	6.59	64	40.2	38	44	35.7	18.42	15.73	0.18

表 3.3 机组发电试运行典型数据表

日期	时间	设备名称	叶片角度(°)	有功功率(kW)	无功功率(kvar)	定子电流(A)	定子电压(kV)	定子温度(℃)	推力瓦温度(℃)	上导温度(℃)	下导温度(℃)	上油缸温度(℃)	上游水位(m)	下游水位(m)	供水母管压力(MPa)
7.15	15:47	1#	−4.22	−182.27	249.89	47.8	3.82	37	34.2	32	28	29.6	18.31	16.01	0.18
7.15	15:47	2#	−1.05	−362.50	246.01	64.5	3.82	37	39.8	35	28	32.5	18.31	16.01	0.18
7.15	15:47	3#	−3.98	−233.47	192.65	46.5	3.82	30	31.1	32	29	28.5	18.31	16.01	0.18
7.15	15:47	4#	−3.95	−311.30	273.26	63.3	3.82	35	31.9	30	29	28.2	18.31	16.01	0.18

3.7.2.3 泵站试运行与装置试验比对

1. 能量性能

刘老涧泵站于 2020 年 7 月 16 日至 17 日进行了单机试运行和全站联合试运行，单机连续试运行 24 小时以上，全站 4 台机组联合试运行 6 小时以上。试运行结果表明，机组运行稳定，各部位温升正常。机组运行期间同时进行了泵站现场实测，实测结果见表 3.4。现场实测结果与模型装置试验数据对比见表 3.5。

表 3.4 现场实测结果

测次	日期	施测时间	机组编号/叶片角度	扬程(m)	功率(kW)	流量(m³/s)	机组效率(%)
1	7.16	10:50—10:56	全部−4°	2.69	6 368	140	57.96
2		11:32—11:40	全部−2°	2.74	6 919	152	58.99
3		13:40—14:02	全部 0°	2.88	7 814	158	57.07
4		14:21—14:36	全部+2°	2.92	8 557	169	56.52
5		16:02—16:21	全部−4°	2.74	6 361	148	62.48

续表

测次	日期	施测时间	机组编号/叶片角度	扬程(m)	功率(kW)	流量(m³/s)	机组效率(%)
6		11:00—11:16	全部-4°	3.42	6 933	141	68.16
7	7.17	11:25—11:35	全部0°	3.41	8 132	159	65.34
8		12:38—12:45	1#、4#，-4°	2.86	3 125	75.0	67.27

表 3.5　现场实测结果与模型装置试验数据对比表

开机台数	扬程(m)	叶片角度(°)	流量(m³/s) 实测	流量(m³/s) 模型试验	流量(m³/s) 差值	效率(%) 实测	效率(%) 模型试验	效率(%) 差值
4	2.92	+2	42.25	44.5	-2.25	56.52	58.3	-1.78
	2.88	0	39.5	41.0	-1.5	57.07	57.9	-0.83
	3.41	0	39.75	40.0	-0.25	65.34	63.9	+1.44
	2.74	-2	38	39.0	-1	58.99	59.2	-0.21
	2.69	-4	35	37.0	-2	57.96	59.9	-1.94
	2.74	-4	37	36.5	+0.5	62.48	60.2	+2.28
	3.42	-4	35.25	35.5	-0.25	68.16	66.9	+1.26
2	2.86	-4	37.5	37.0	+0.5	67.27	63.1	+4.17

注：试运行时上下游水位差虽然达到平均扬程 3.4 m 左右，但是此时上下游水位比设计水位低 0.5 m 以上，严重偏离了设计工况，应该对机组效率有较大的影响。

2. 机组运行稳定性及温升情况

在试运行过程中，具体运行检测数据如下。

（1）温度

① 电动机绕组最高温度为 75℃（报警温度 110℃，跳闸温度 115℃）；

② 电机上导轴承最高温度为 47℃（报警温度 70℃，跳闸温度 75℃）；

③ 电机下导轴承最高温度为 45℃（报警温度 70℃，跳闸温度 75℃）；

④ 电机推力轴承最高温度为 48℃（报警温度 50℃，跳闸温度 55℃）；

⑤ 上油缸最高温度为 39℃（报警温度 48℃，跳闸温度 50℃）；

⑥ 下油缸最高温度为 35℃（报警温度 48℃，跳闸温度 50℃）；

⑦ 供水母管最高温度为 25℃；

⑧ 机组各部位温度测量数据均显示正常。

（2）振动

① 立式机组支架水平振动值为 0.006～0.011 mm，垂直振动值为 0.008～0.011 mm。

② 泵房噪音：83.1～84.8 dB(A)。

③ 所有辅助设备运转情况良好，冷却水压（供水压力 0.20 MPa）、水量、水温正常。

3.7.2.4　结论

刘老涧泵站加固改造立式轴流泵机组试运行的测试结果表明，水泵在不同角度下的各项能量特性指标（流量、效率）、机组运行的稳定性（振动和温升等）和可靠性等均基本达到设计要求。

第四章

泵站建筑物

泵站建筑物为机组等各种机电设备以及运行管理人员提供良好的工作条件，主要包括厂房、进出水建筑物、下游清污机桥、上游起吊便桥、配套建筑物及上下游堤防与护坡等。本章重点介绍厂房、进出水建筑物、下游清污机桥、上游起吊便桥及配套建筑物。

4.1 厂房

4.1.1 厂房形式

厂房是安装水泵、动力机、辅助设备、电气设备等的建筑物，是泵站工程中的主体工程。合理设置厂房对降低工程投资、提高泵站效率、延长机电设备寿命以及为运行管理人员创造良好工作环境具有重要意义。

刘老涧泵站主要建筑物为1级，次要建筑物为3级，堤防工程为2级建筑物（与中运河堤防等级同）。站身采用钢筋混凝土堤身式块基型结构，簸箕形进水流道，虹吸式出水流道，真空破坏阀断流方式，出水流道与站身为分段式结构。站身由主厂房、副厂房、公路桥、工作桥四部分组成。站身底板顺水流方向长17.7 m，垂直水流宽度为37.4 m。站身底板底高程为6.8 m，底板顶高程为8.0 m；站身设有4孔，每孔净宽8.0 m，边墩宽1.2 m，中墩宽1.0 m，小隔墩宽0.6 m；胸墙厚0.4 m，底高程为10.42 m，顶高程为19.5 m。主厂房底高程为22.0 m，顶高程为39.0 m，长53.22 m，宽12.4 m；副厂房底高程为22.6 m，顶高程为28.4 m，长3.6 m，宽37.4 m。

4.1.2 厂房布置

根据泵站的挡水条件、上下游水位、水位变化条件、主机组结构、流道和出水管及其断流形式，以及土力学指标等，刘老涧泵站厂房结构可分主厂房、出水管、控制楼以及上下游导流翼墙等部分。

因刘老涧泵站采用井筒式泵，为湿式泵房，无水泵层，厂房主要分为电机层和联轴层。同时由于在运行中井筒式泵是充水的，因此不需设置排水廊道。

1. 电机层布置情况

电机层有主厂房(图 4.1)、副厂房(图 4.2)、检修间、控制楼等。主厂房南端设检修间;北端泵站控制楼集中布置中控室、6 kV 高压开关柜室、低压开关柜室、控制柜室、励磁屏室、直流屏室与变频机组室,开关柜下和柜后设电缆沟,与主厂房及户外变电所电缆沟连通。全长 90 m。副厂房内布置了断流装置和空调冷水机组控制室。

图 4.1 主厂房

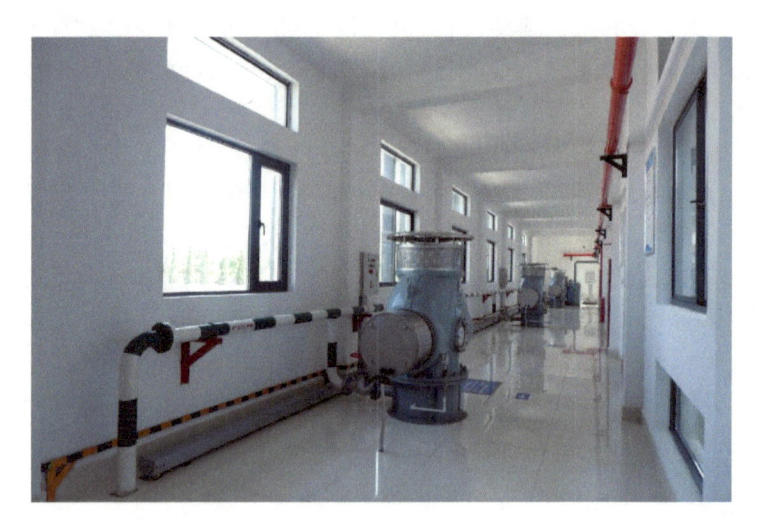

图 4.2 副厂房

2. 联轴层布置情况

联轴层(图 4.3)在电机层下,主要布置主机供水管道、辅机动力柜、辅机 PLC 柜、填料函供水泵滤水装置、水泵顶盖等。

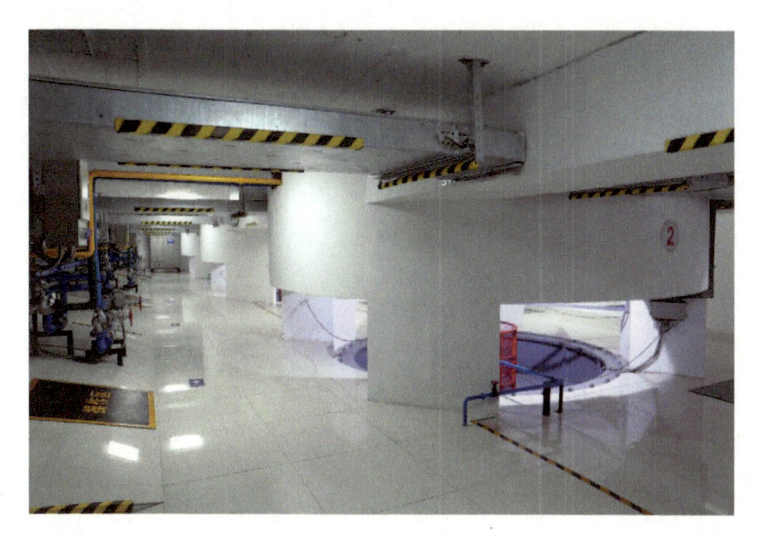

图 4.3　联轴层

4.2　进水建筑物

泵站进水建筑物主要包括进水涵闸、引渠、前池、进水池和进水管等,其水力设计是否合理直接影响水泵的进水条件,对改善水泵装置的能量性能和空化性能至关重要。为保证泵站的安全与经济运行,进水建筑物除需满足一般水工设计的要求及尽可能节省土建投资外,还应满足保证进水能力、水流平顺稳定、水力损失小、避免回流及漩涡等水力设计的要求。

刘老涧泵站进水建筑物包括引河、前池、进水池、进水流道和下游清污机桥(图 4.4)。

图 4.4　泵站进水建筑物

4.2.1　引河

刘老涧泵站引河是连通水源(或排水区)与泵房的中运河河道,在下游运河转弯处至下游清污机桥处。作用是:使泵房尽可能接近灌区(或容泄区),以减小输水渠道的长度;为保证水流平顺地进入前池创造必要的条件;避免泵房与水源直接接触,简化泵房结构,便于施工;满足引水流量、行水安全及河道不冲不淤等要求。

4.2.2　前池

前池的水力设计要求保证水流顺畅、扩散平缓,无脱壁、回流或漩涡现象,尽可能节省土建投资。前池内的不良流态将严重影响进水流道内的流态,影响水泵进水条件,引起水泵能量性能和空化性能下降,诱发或加重水泵的空化与振动,导致前池内的局部泥沙淤积和不良流态的恶性发展。

前池有正向进水前池与侧向进水前池之分。侧向进水前池的水流与进水池水流方向正交或斜交,易形成回流或漩涡,流态分布不均匀,仅在地形条件比较狭窄、正向进水难以布置的情况下才考虑采用。刘老涧泵站采用了侧向进水前池,也是基于上述原因。刘老涧泵站前池是引渠和进水池之间设置的连接段,目的是使引渠底宽与泵站进水池的宽度相等。作用是保证水流在从引渠流向进水池的过程中能够平顺地扩散,为进水池提供良好的流态。因此,前池的流态直接决定了进水流道进口的优劣。

4.2.3　进水池

刘老涧泵站为块基型泵站,进水池与进水流道合二为一。

4.2.4　进水流道

进水流道是水泵装置的一个重要组成部分,其作用是使水流从前池进入水泵叶轮室的过程中更好地转向和加速,以满足水泵叶轮室进口所要求的水力设计条件。进水流道所提供的进水条件对水泵性能的发挥影响很大。进水条件的变化必然引起泵装置中水泵工作状况的变化,若进水流态不良,不仅会降低水泵效率,而且会降低水泵的空化性能。因此,进水流道的水力设计将直接影响水泵的工作状态,在泵站设计和技术改造工作中,开展进水流道水力设计优化十分重要。

适用于立式水泵装置的进水流道形式主要有肘形进水流道、簸箕形进水流道和钟形进水流道。肘形进水流道在我国的大型泵站中应用最早也最为广泛,其特点是高度较大而宽度较小,可得到很好的水力性能,但存在挖深较大的缺点。钟形进水流道的特点是高度较低,宽度较大,对于站址地质条件较差的泵站有重要的意义;缺点是形状复杂,施工不便,对宽度的要求非常严格,设计不当时,易在流道内产生涡带。簸箕形进水流道在荷兰等欧洲国家应用广泛,流道高度较小、宽度较大,挖深在肘形进水流道和钟形进水流道之间,对宽度的要求没有钟形流道那样严格,不易产生涡带,施工也方便。表 4.1 为簸箕形进水流道的基本参数,图 4.5 为簸箕形进水流道型线图。

表 4.1　簸箕形进水流道基本参数表　　　　　　　　　　单位：mm

叶轮直径 D	a	b	c	d(最小值)	e	f
1 000	1 345	895	820	2 250	1 025	2 500
1 200	1 560	1 040	950	2 600	1 189	2 900
1 300	1 740	1 160	1 050	2 900	1 334	3 250
1 400	1 875	1 250	1 150	3 150	1 434	3 500
1 500	2 000	1 355	1 250	3 400	1 553	3 800
1 700	2 200	1 490	1 350	3 750	1 705	4 150
1 800	2 450	1 630	1 500	4 100	1 868	4 550
2 000	2 630	1 755	1 600	4 400	2 008	4 900
2 200	2 955	1 970	1 800	5 000	2 250	5 500
2 500	3 318	2 200	2 000	5 500	2 538	6 200
2 800	3 690	2 460	2 250	6 250	2 815	6 900
3 000	4 030	2 680	2 450	6 800	3 070	7 500

说明：表中，a 为喇叭管进口直径，b 为吸入室后壁距，c 为进水流道进口高度，d 为进水流道至泵轴线的长度，e 为进水流道的喇叭管进口中心线处的 1/2 宽度，f 为进水流道进口段的 1/2 宽度。

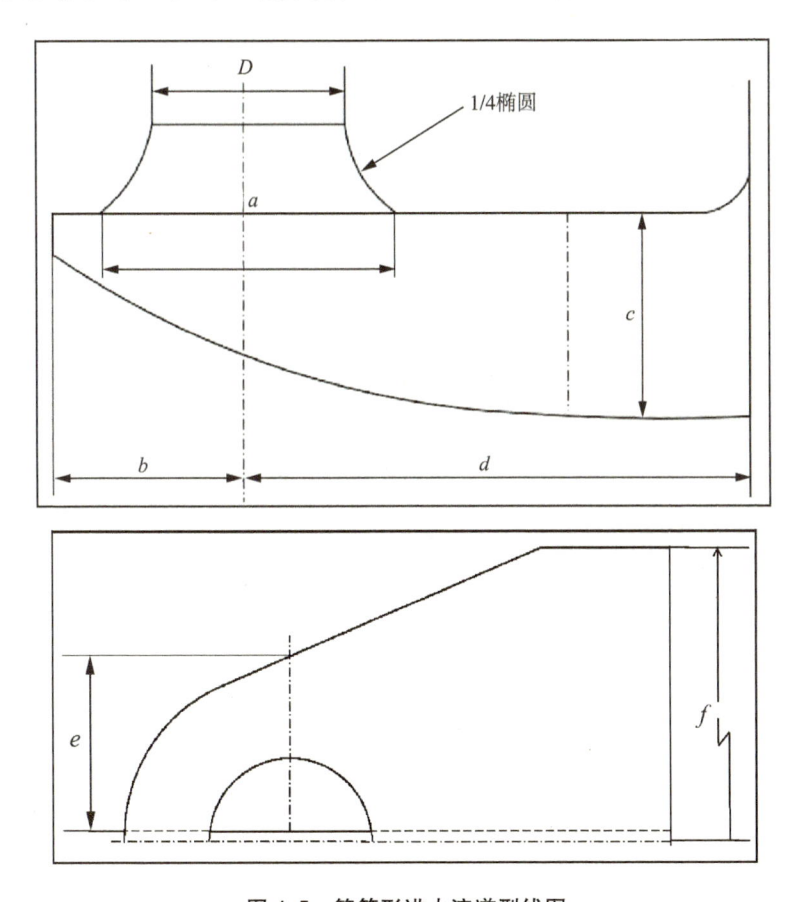

图 4.5　簸箕形进水流道型线图

刘老涧泵站是我国首座采用簸箕形进水流道的大型泵站,它的外形比常用的肘形进水流道简单,施工较容易,它的高度比肘形进水流道低,可有效地防止漩涡的产生,同时可减少开挖深度。在泵站建设过程中,专业人员对簸箕形进水流道水力设计进行优化,并针对优化前后的流道型线,分别在中国农机院和江苏理工大学(江苏大学),开展专门的水泵装置模型试验。为了增加刘老涧泵站流道设计的准确性,减少模型试验的费用和周期,采用数值模拟的方法对拟采用的进水流道进行优化水力计算,为此采用 K-ε 紊流模型求解全三维 N-S 方程计算进水流道内的流场,根据轴流泵对水泵进口断面流场的要求,即进泵水流均匀分布并与该断面垂直,对进水流道进行水力计算。从轴流泵设计要求看,$V_u=100\%$ 和 $\theta=90°$ 为理想值,优化计算的目的是选出最接近理想值的进水流道。

对计算的进水流道进行多次修改,流道的水力性能有了明显的改善,得到计算结果均匀度为 85.82%、平均夹角为 81.13° 的选用流道。最后选用的进水流道如图 4.6 所示。

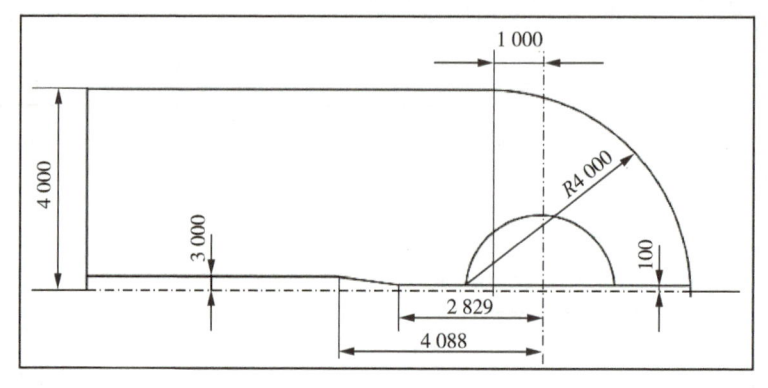

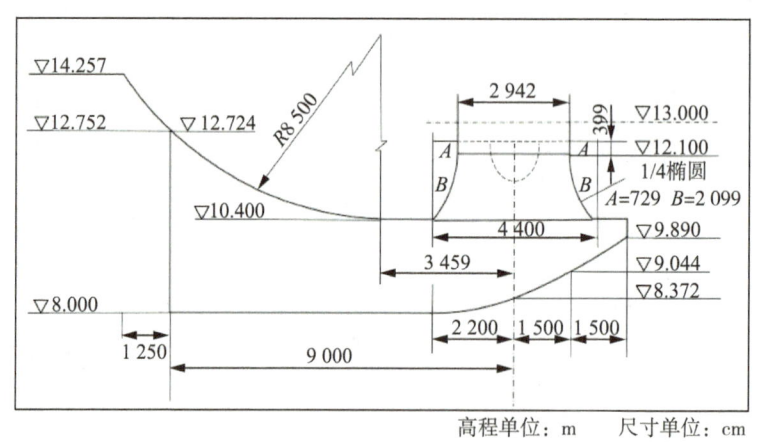

图 4.6 刘老涧泵站簸箕形进水流道图

4.3 出水建筑物

泵站中水从叶轮甩出,经出水流道到出水管,最后到达出水池或者压力水箱。出水池为开敞式,压力水箱为封闭式。

刘老涧泵站出水建筑物包括出水流道、出水池、起吊便桥(图4.7)。

图 4.7　泵站出水建筑物

4.3.1　出水流道

出水流道是水泵装置的一个重要组成部分，其作用是使从水泵叶轮获得能量的水体在流向出水池的过程中更好地转向和扩散，要求不发生脱流和漩涡，最大限度地回收水流动能，尽量减少水头损失。常见的出水流道有直管式出水流道、虹吸式出水流道和斜式出水流道等类型。虹吸式出水流道利用真空破坏阀破坏虹吸，切断水流，运行管理比较方便和可靠，便于穿越堤防，并不危及防洪堤的安全，在出水池水位变幅较小的大、中型低扬程泵站上应用较多，在我国已建的许多大型泵站上得到了广泛的应用。

虹吸式出水流道立面尺寸的设计有两方面的要求：①驼峰断面的底部高程略高于出水池最高运行水位，是为了在出水池最高水位时能挡水；②流道出口断面的顶高程略低于上游最低水位，是为了淹没出流，减少动能损失。作为利用虹吸原理工作的流道，在水泵运行过程中，虹吸式出水流道内驼峰附近的压力为负压。为保证不发生汽蚀，应对流道内压力最低处的负压有一定的限制，一般要求驼峰断面顶部的负压不大于 75 kPa。从工程实际应用的情况看，一般要求出水池水位的变幅不大于 4~5 m。显然，若出水池水位变幅比较大，则不适宜采用虹吸式出水流道。

刘老涧泵站出水流道采用虹吸式出水流道，由上升段、驼峰段、下降段组成，能够很好地适应出水池水位较低的情况。其作为水泵出水导叶与出水池之间的过渡段，作用是使水流在由水泵出口流向出水池的过程中更好地转向和扩散，尽可能多地回收水流动能。采用虹吸式出水流道的水泵装置扬程一般都比较低,流道的水力损失占装置扬程的比例大,直接影响到水泵装置效率的高低,影响到泵站长期运行时工程经济效益的发挥。

4.3.2 出水池

刘老涧泵站出水池是用来连接出水流道和中运河的扩散型水池,主要起消能稳流的作用,把出水流道射出的水流平顺而均匀地引入中运河,以免冲刷河道。其设计满足以下要求:①稳定,即抗渗稳定、整体稳定、结构稳定,地基牢固、不均匀沉陷小;②流态好,水力损失小;③施工和运行管理方便;④节省投资。

4.4 下游清污机桥

4.4.1 清污机桥结构方案比较

下游清污机桥结构设计方案受泵站抽水发电较频繁、引河宽、水深大等因素影响。为保证清污机桥结构设计方案的合理性,需进行方案比选。

根据工程的抽水特点,清污机桥结构拟采用两个方案比选。

方案一为平板混凝土基础墩墙方案。该方案优点是工程施工安装简便,工程质量容易保证;缺点是需在下游引河中打施工围堰,由于引河宽、河水深,工程量较大。方案二为钻孔灌注桩基础方案。该方案是在水上搭建施工平台打灌注桩基础,水中安装清污机桥机架,机架与灌注桩承台采用固支连接。该方案的优点是不需要打施工围堰,施工期间对泵站运行的影响也小;缺点是施工难度大,特别是工程地基为坚硬黏土,砂姜含量大,灌注桩钻孔难以实施,需采用旋挖桩施工,同时,水中支架安装不太容易控制,精准度把握难度较大。两个方案的结构分别见图4.8和图4.9。

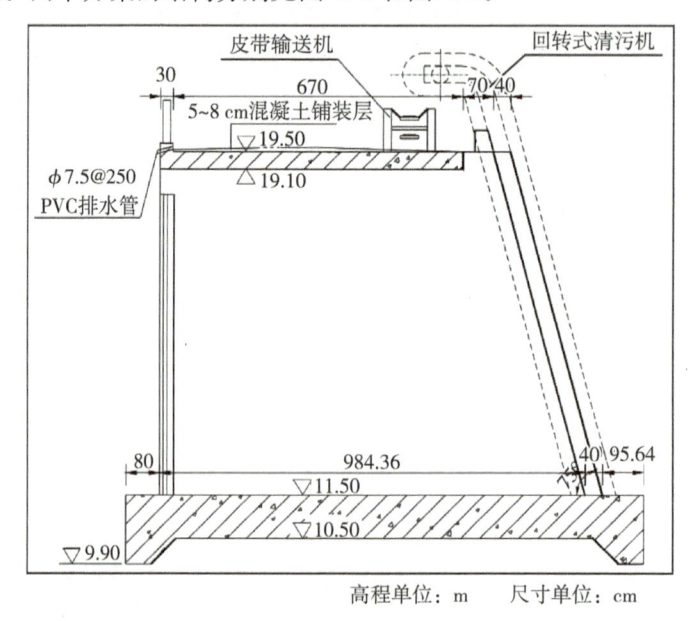

图 4.8 平板混凝土基础墩墙方案

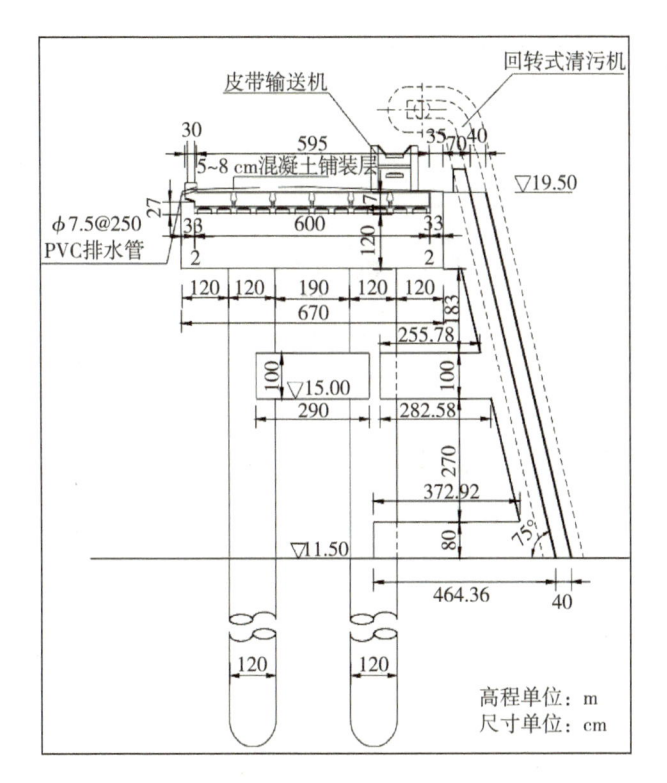

图 4.9　钻孔灌注桩基础方案

两种方案主要工程投资比较见表 4.2。经技术、经济分析,两种方案综合比较情况见表 4.3。

表 4.2　两种方案主要工程投资比较

项目方案	混凝土墩墙方案				灌注桩基础方案			
	工程量	单位	单价(元)	投资(万元)	工程量	单位	单价(元)	投资(万元)
C25 混凝土底板	1 279.42	m³	470	60.13	—	—	—	—
C25 混凝土桥墩	1 044.13	m³	655	68.39	—	—	—	—
C25 混凝土桥面板	346.39	m³	870	30.14	—	—	—	—
钢筋制作安装	271.85	t	5 600	152.24	—	—	—	—
施工围堰(打、拆)	26 660	m³	30	79.98	—	—	—	—
C25 混凝土灌注桩	—	—	—	—	1 532.07	m³	1 031	157.88
C25 混凝土支架	—	—	—	—	251.35	m³	1 380	34.69
C25 混凝土墩帽	—	—	—	—	280.49	m³	990	27.77
C25 混凝土桥面板	—	—	—	—	208.82	m³	1 350	28.19

续表

项目方案	混凝土墩墙方案				灌注桩基础方案			
	工程量	单位	单价(元)	投资(万元)	工程量	单位	单价(元)	投资(万元)
钢筋制作安装	—	—	—	—	256.58	t	5 600	143.68
合计	—	—	—	390.88	—	—	—	392.21

表 4.3 两种方案综合比较

项目方案	平板混凝土基础墩墙方案	灌注桩基础方案
工程投资	工程投资稍微节省	工程投资略大
施工难度	便于工程施工安装	施工有难度,地基砂姜含量大,灌注桩钻孔难以实施,需采用旋挖桩施工
质量控制	质量容易保证	水中支架安装精准度控制难度大,质量难以把握
综合比较	两个方案工程投资相近,在工程施工难易程度和工程质量保证等方面,混凝土墩墙方案优势突出	—

经综合比较,混凝土墩墙方案的优点较为明显,建设采用该方案。

4.4.2 清污机桥布置

下游清污机桥采用墩墙承台、板式桥面结构。全桥 12 跨,单跨净宽 4.16 m,中墩厚 65 cm,边墩厚 60 cm,桥长 60 m。

下游清污机桥采用平板板式基础,底高程 10.50 m,顶面高程 11.50 m,顺河方向长 11.5 m。桥面顶高程 19.5 m,宽 6.5 m。

下游清污机桥两侧设斜坡挡墙与堤顶连接,清污机桥安装回转式清污机 14 台套,皮带输送机 1 道。河底桥两侧 30 m 范围内采用灌砌块石护底。对河坡平台及平台以下浇筑 12 cm 厚 C20 混凝土护坡,平台以上连锁式生态护坡防护。站下清污机桥工程布置见图 4.10。

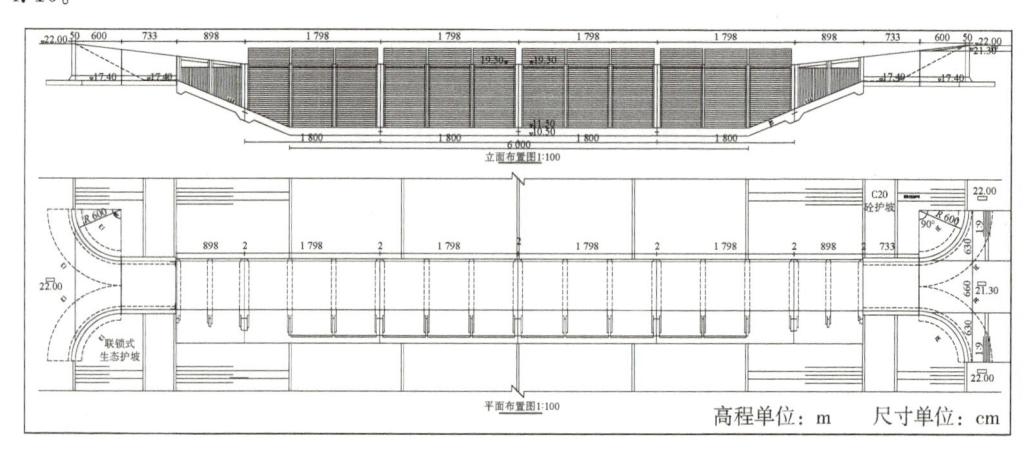

图 4.10 下游清污机桥工程布置图

清污机桥到站身设 5.0 m 宽接线道路,道路结构为 22 cm 水泥混凝土面层,下铺 20 cm 水泥稳定碎石及 80 cm 8%灰土路床(图 4.11)。

图 4.11　下游清污机桥

4.5　起吊便桥

出水侧清污机用于刘老涧泵站反向发电时清理污物,但是在抽水时拦污栅形成阻水,从而增加水泵扬程,加大电机功率,造成资源浪费。泵站出水侧起吊便桥,用于抽水时吊起清污机,消除抽水时清污机阻水的不利影响。为便于起吊,将清污机墩凿毛、植筋、外延,并将清污机外移。上游出水侧清污机改造布置见图 4.12。

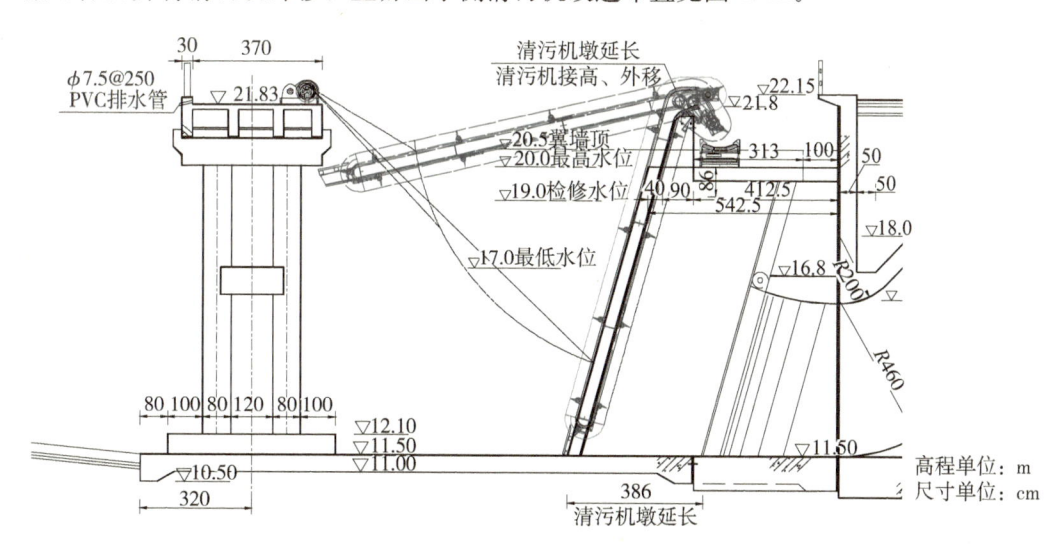

图 4.12　出水侧清污机改造布置图

起吊便桥设在护坦末端,便桥宽 4.0 m,上部结构为 6 跨钢筋混凝土板梁结构,桥板分三块,尺寸为 17.3 m×20 m×17.3 m,下部结构采用条形基础,双柱排架式桥墩。基础平面尺寸为 4.8 m×2.4 m,基础上设两根 ϕ80 cm 立柱与帽梁连接,两立柱在高程 17.0 m 处设 60 cm×80 cm 联系梁,帽梁底高程 20.0 m,截面高度 80 cm,宽 150 cm。起吊便桥布置见图 4.13。

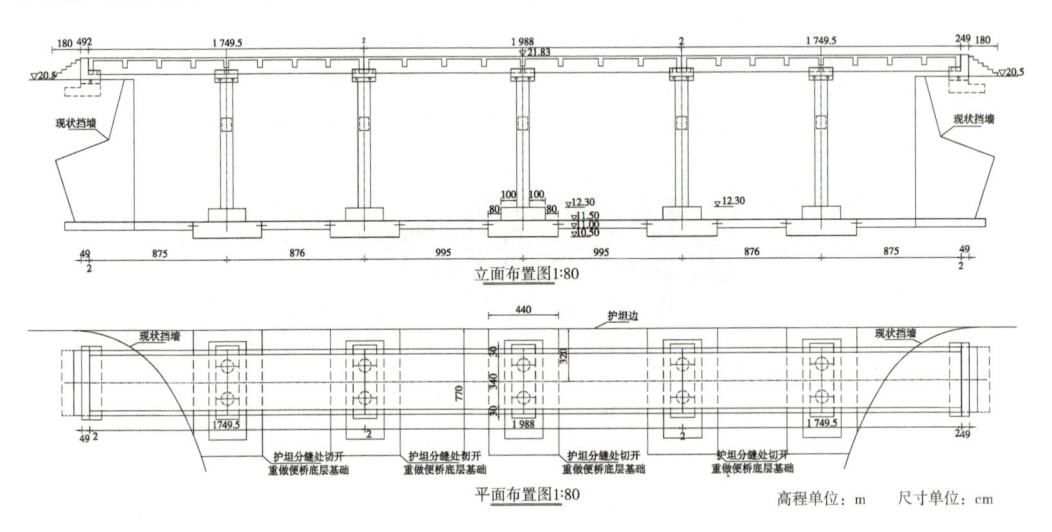

图 4.13　上游起吊便桥布置图

4.6　配套建筑物

泵站配套建筑物主要为站北侧 35 kV 户内变电所、柴油发电机房及站上游交通桥。

4.6.1　35 kV 户内变电所及柴油发电机房

35 kV 户内变电所及柴油发电机房为泵站加固改造工程新建建筑物,35 kV 户内变电所建筑面积 306 m²,柴油发电机房(兼试验、维修)建筑面积 125 m²,两座房屋建筑风格与厂房建筑风格相一致,具有生长机理感,使管理所入口建筑更具背景感。

1. 建筑布置

柴油发电机房为一层,建筑高度(檐口)约 5.75 m。35 kV 户内变电所为一层,建筑高度(檐口)约 7.9 m。

2. 结构类型

配套用房采用钻孔灌注桩基础,上部建筑荷载通过承台传至钻孔灌注桩,再由桩传至地基,避免大开挖造成对原建筑物的破坏。

建筑采用单层框架、现浇混凝土屋面板结构,这样能满足较大跨径及开间的结构空间,充分满足设备布置需求。

建筑采用加气混凝土砖墙围护结构,该墙体具有较好的节能保温性能,且抗渗性能较好。

3. 抗震设防

配套用房在一类、二类、二 a 类环境中的结构合理使用年限为 50 年,采用的设计基准期为 50 年。

(1) 抗震设防烈度:建筑物抗震设防类别为丙类,抗震设防烈度为 8 度,设计基本地震加速度为 0.20g。

(2) 抗震等级:框架抗震等级为二级。

(3) 抗震构造措施:梁柱按抗震等级二级施工。

4. 防水设计

屋面防水(Ⅱ级防水):屋面构造采用高分子卷材防水层(SBS),厚度为 4 mm,主体屋面为钢筋混凝土屋面。

外墙面防水:外墙做聚合物防水砂浆粉刷。

5. 消防设计

工程性质为水利工程建筑物,日常使用人数很少,建筑物出入口数量、疏散宽度等均满足消防要求。

4.6.2 站上游交通桥

刘老涧泵站上游交通桥位于 105 县道仰光线,距刘老涧泵站约 660 m。2021 年对该桥拆除重建。

新建站上游交通桥荷载等级为公路-Ⅱ级。桥面采用 20 m 跨径预应力空心板结构,共 5 跨,采用先简支后连续的结构形式,桥板厚度 95 cm。桥面总宽 8.0 m,净宽 7.0 m。

1. 原交通桥存在问题

(1) 桥面系主要病害为:桥头路面开裂错台,桥面铺装破损、脱皮露骨,护栏破损露筋,排水孔堵塞。

(2) 上部结构主要病害为:梁板蜂窝麻面、开裂、钢筋锈蚀、混凝土破损,主要出现在孔跨边梁,同时风化较严重;2 孔跨出现单板受力状态。

(3) 下部结构主要病害为:墩帽混凝土破损。

(4) 桥面宽度已不能满足交通需求,结合拟建 8 m 桥面,现状桥墩桩距不满足设计要求。

2. 交通桥设计

(1) 总体布置

新建站上游交通桥在原桥位兴建,桥梁总长根据站下引河断面确定,为 117 m,其中两侧搭板长度各为 8.0 m。105 县道现状道路总宽为 7 m,桥面总宽结合现有道路宽度确定为 8.0 m,净宽 7.0 m。桥下无通航要求,桥面高程与两岸堤顶高程相同,为 22.0 m,桥面横坡坡度为 1.5%。

(2) 桥面结构

新建站上游交通桥桥面采用 20 m 跨径预应力空心板结构,共 5 跨,采用先简支后连续的结构形式。桥面净宽 7 m,防撞护栏为 2 m×0.5 m,桥面铺装层采用 10 cm 厚 C40 混凝土桥面现浇层,上设防水层及 10 cm 厚沥青混凝土。预制空心板长 1 996 cm,板高 95 cm,中板宽 99 cm,边板宽 99.5 cm,内挖方孔,预制板中距 100 cm。

预应力钢筋采用低松弛高强度钢绞线,公称直径 15.2 mm,公称面积 140.0 mm²,抗拉强度标准值 1 860 MPa,弹性模量 1.95×105 MPa,松弛率 3.5%,松弛系数 0.3。

混凝土强度等级:预制空心板、铰缝和桥面现浇层为 C50,封端混凝土为 C40。

(3) 基础设计

站上游交通桥河底高程为 14.0 m,桥梁基础采用 φ130 cm 钻孔灌注桩,计算确定跨中桩底高程−12.0 m,桥台桩底高程−8.0 m,帽梁顶高程 20.7 m,截面高度 120 cm,宽 175 cm。两侧桥台处河坡平台及以上顺河方向上、下游 20 m 范围内采用生态连锁式护坡。

站上游交通桥灌注桩基础桩长计算结果详见表 4.4。

表 4.4 站上游交通桥灌注桩基础桩长计算结果表

边跨桩底高程(m)	主跨单桩的承载力容许值(kN)	主跨单桩设计竖向荷载(kN)	桥台桩底高程(m)	桥台单桩的承载力容许值(kN)	桥台单桩设计竖向荷载(kN)
−12.0	3 759.00	2 630.18	−8	3 422.40	2 346.9

(4) 伸缩缝、支座设计

新建站上游交通桥上部结构为 5 m×20 m 的装配式预应力混凝土先简支后连续空心板梁桥(图 4.14),根据桥梁上部结构荷载,每块空心板梁选用 4 个圆形橡胶垫块,选用 GYZD250 圆形板式橡胶支座和 GYZD250F4 圆形聚四氟乙烯滑板式橡胶支座,共计 140 个。两侧桥台处采用 D80 型伸缩缝,共计 2 条,总长 16 m。

站上游交通桥结构布置见图 4.15。

图 4.14 站上游交通桥

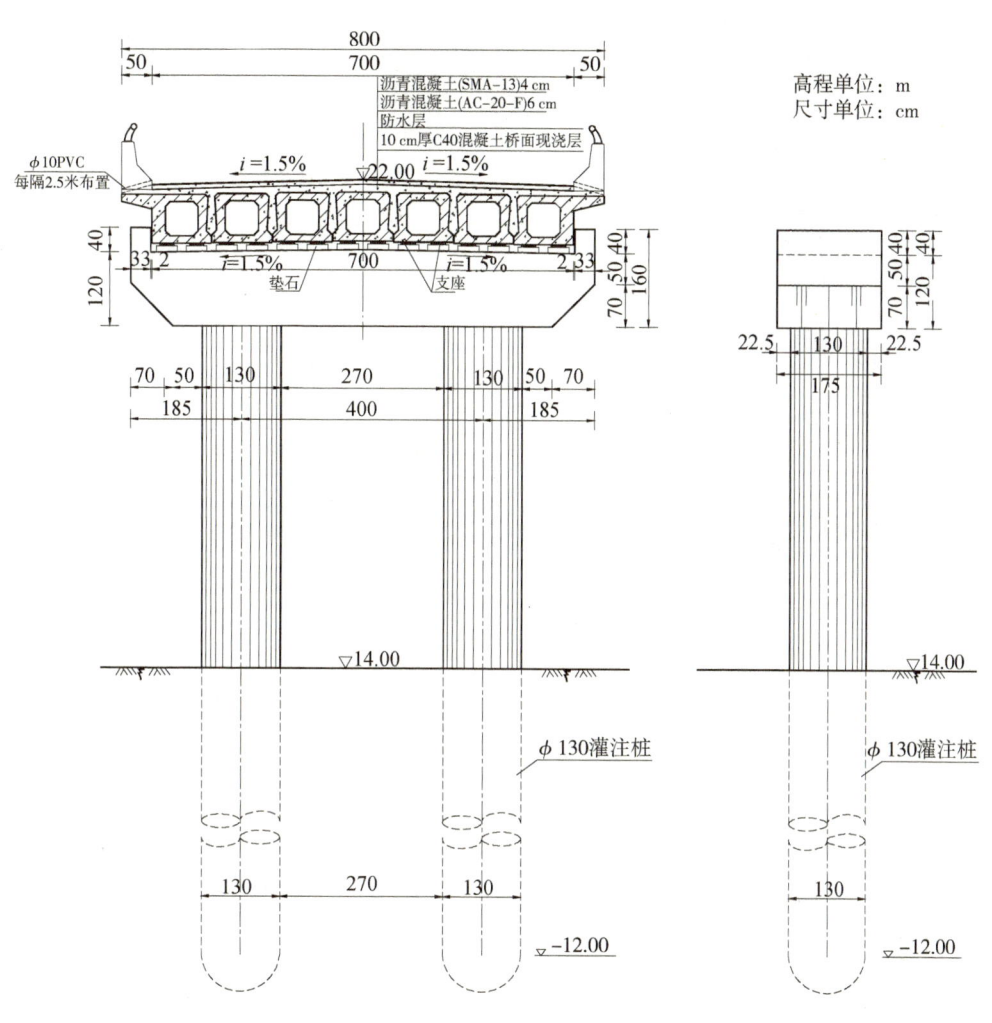

图 4.15 站上游交通桥结构布置图

第五章

主水泵机组

主水泵机组是泵站的主体设备,包括主水泵、主电机、励磁装置等。

5.1 主水泵

刘老涧泵站水泵为立式井筒式,型号为3100ZLQ38-4.2立式全调节轴流泵,设计扬程3.7 m,水泵叶轮直径3 100 mm,采用簸箕形进水流道,虹吸式出水流道,真空破坏阀断流方式,水泵与电机通过联轴器直接连接。抽水时从机组顶端俯视方向看水泵旋转方向为顺时针旋转,发电时同视角看为逆时针旋转。

5.1.1 主水泵性能参数

1. 流量

流量是指水泵在单位时间内所能抽送的水量,一般用体积流量来表示,单位为m^3/s。水泵铭牌上的流量,是指"额定流量",使用水泵时,应力求水泵的流量和额定流量相符或接近。刘老涧泵站单机设计流量为37.5 m^3/s,装机4台套,总设计流量为150 m^3/s。

2. 扬程

扬程是指被抽送的单位体积的液体从水泵进口到出口所增加的能量,单位为 m。对一台水泵而言,扬程并不是一个常数,当水泵转速不变时,扬程一般随过泵流量的增大而减小,即泵的扬程大小只和过泵流量有关,而和管路系统、水池水位变化等外界条件无直接关系。水泵扬程是吸水扬程和压水扬程之和。刘老涧泵站主水泵设计扬程为3.7 m。

3. 转速

转速是指水泵叶轮每分钟的旋转次数,单位为 r/min。水泵铭牌上的转速,称为"额定转速"。水泵只有在额定转速下工作时,流量、扬程、功率才能得到保证。转速改变时流量、扬程、功率也改变。可见,水泵的出水量与转速成正比,扬程与转速的平方成正比,功率与转速的立方成正比。在条件允许的情况下,也可用改变转速的方法来调节水量。刘老涧泵站主水泵的设计转速为136.4 r/min。

4. 功率

功率是指泵在单位时间内做功的大小,单位为 kW。刘老涧泵站主水泵配套单机功率为 2 200 kW。

5. 效率

效率是标志水泵传递功率的有效程度,它是水泵有效功率和轴功率的比值。效率是水泵的一项重要技术经济指标。因为水泵存在着机械、容积、水力等各种损失,所以水泵的有效功率总是比轴功率小。因此,泵内损失功率越小,泵的效率就越高,相反,泵内损失功率越大,泵的效率就越低。刘老涧泵站的主水泵设计效率为 67.50%。

6. 比转速

比转速又称比速,是水泵的相似准则。它不是一台水泵的真正转速,而是指和该水泵几何形状相似并在特定条件下运行的另一台想象中泵的转速。同一轮系的泵,其比转速必然相等。一般来说,离心泵比转速较低,流量较小,扬程较高;而轴流泵比转速较高,流量较大,扬程较低。刘老涧泵站设计比转速为 1 039。

7. 水泵轴向力

水泵轴向力是水泵在运转时,在其转子上产生的一个很大作用力,此作用力的方向与水泵转轴的轴心线相平行。水泵的主轴向力为 53 t(含水泵最大水推力 33 t 及水泵转子重力 20 t),此力由电机承受;水泵进水底座基础承受重力 5 t;中座承受重力 30 t;上座承受重力 17 t。

5.1.2 主水泵的结构

刘老涧泵站采用立式全调节轴流泵。水泵由叶轮、主轴、导轴承、主轴密封、泵体部件、基础件、叶调机构等组成。立式全调节轴流泵结构如图 5.1 所示。

5.1.2.1 叶轮

叶轮直径 3 100 mm,由叶片、轮毂体、叶片转动机构等组成(如图 5.2 所示)。

叶片数量为 3 片,采用 ZG0Cr13Ni4Mo 不锈钢单片整铸,具有良好的抗汽蚀性能及抗磨性能。

叶片轴密封采用进口"λ"形耐油橡胶密封圈密封,可保证水不进入轮毂体内,轮毂腔内的润滑剂也不会泄漏到外面,并且能保证叶片灵活转动,无卡阻现象。密封材料为耐油橡胶。

叶片转动轴轴承采用耐磨性能良好的 ZCuSn5Pb5Zn5(青铜)材料制作,采用自润滑方式,无污染。

轮毂体采用 2C20SiMn 铸钢整铸。轮毂体外球面与叶片内球面间隙均匀,最大正角度时非球面部分间隙控制在 1～2 mm,保证叶片转动灵活,并降低通过此间隙的漏水量。轮毂体内腔安装叶片调节操作机构,保证叶片在整个调节角度范围内不产生干涉、卡阻现象。

轮毂与主轴相连,采用 25 mm 的深止口定位,12 - M56×3 高强度合金钢螺栓把合,径向配钻铰 4 只 50 mm×80 mm 的卡缝柱销,确保具有足够的轴向承载及径向剪切载荷。

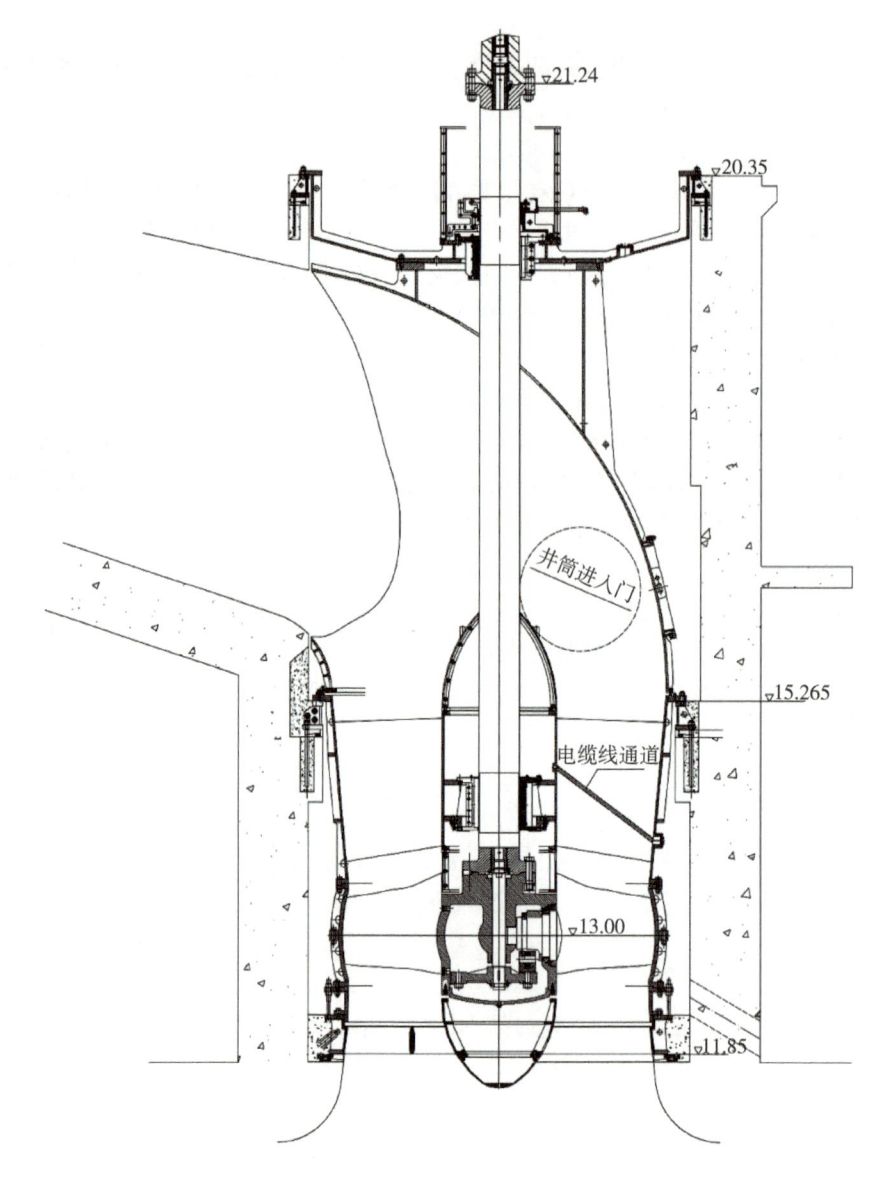

图 5.1　立式轴流泵结构示意图

叶片转动机构(图 5.3)由转臂、连杆、耳柄、操作架、下调节杆及连接件等组成。连杆采用 45 号锻钢制造,转臂、耳柄、操作架采用铸钢制造,确保调角的可靠性、稳定性。下调节杆与调节杆连接在一起。调节杆在叶片调节器的作用下,上下移动,将拉(推)力通过下调节杆传递给操作架,带动操作架上下移动,带动连杆拐臂机构动作,从而带动叶片转动,达到调节叶片角度的目的。操作架上移,叶片向正角度方向调节;操作架下移,叶片向负角度方向调节。

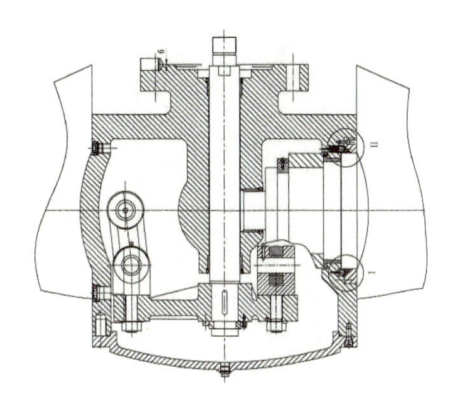

图 5.2　叶轮结构示意图

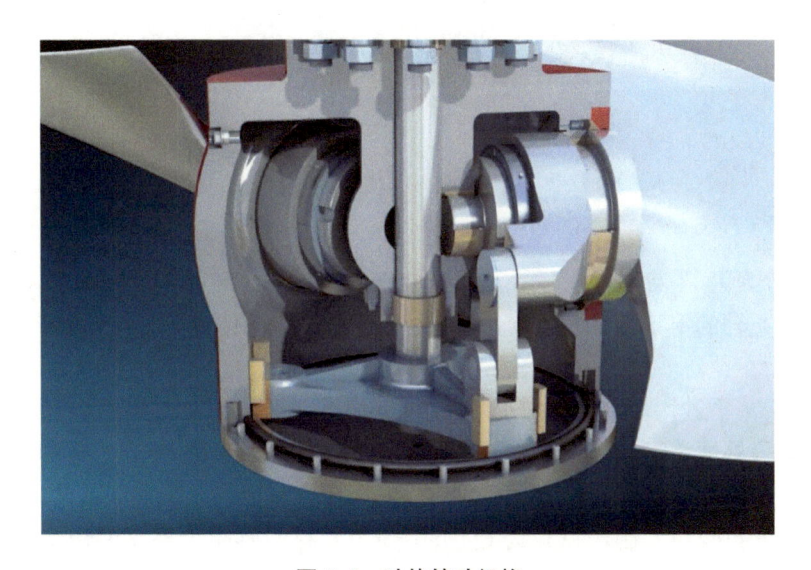

图 5.3　叶片转动机构

5.1.2.2　主轴

主轴（图 5.4）采用 45 号中碳结构钢整体锻造，具有足够的强度和刚度，能承受任何工况条件下可能产生的作用在泵轴上的扭矩、轴向力和径向力。泵轴的导轴承、填料密封轴颈表面堆焊不锈钢，能更有效地提高耐磨性和抗锈蚀能力。泵轴中间设通孔并确保叶片调节杆能灵活地操作，保证无卡阻现象。

主轴长 7 630 mm，主轴直径 400 mm，内径 160 mm。主轴与叶轮、水泵主轴与电机轴之间的连接均为刚性连接，连接螺栓材料采用高强度材料 35CrMo 制造。其中，水泵主轴与电机轴之间采用止口配合，铰制螺栓紧固并传递扭矩。主轴与叶轮之间采用止口配合，卡缝销传递扭矩。

水泵主轴的垂直位置调节，主要靠水泵基础或者电机基础的调整，让主轴上下少量移动，保证转轮叶片与转轮室的间隙符合规范要求。

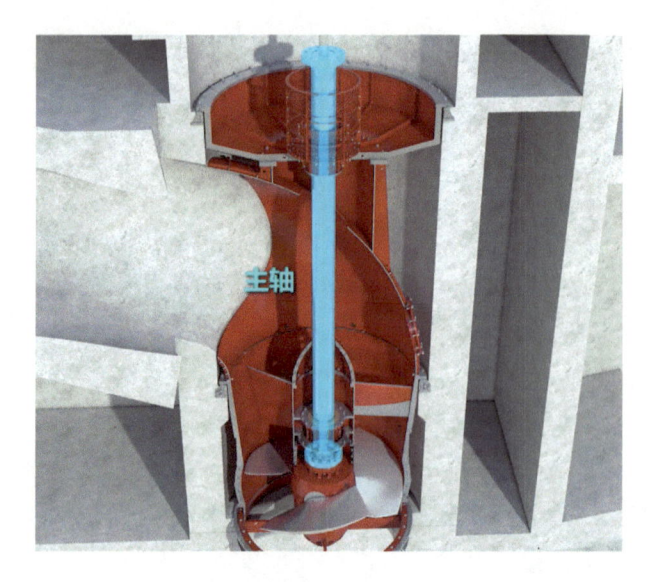

图 5.4 主轴

5.1.2.3 导轴承

导轴承分为上、下导轴承，上导轴承安装在顶盖上方，下导轴承安装在导叶体轮毂内，分别作为泵轴的上下两道径向支承，引导机组的转动部件准确地绕轴转动，承受转动部件的径向力。

导轴承为分半结构，两半件之间用螺栓紧固，并在结合面之间配作定位销。导轴承由三层组成，最外层为导轴承支座，中层为瓦衬，内层为轴瓦（图 5.5）。导轴承支座采用不锈钢 ZG1Cr18Ni9 制造。导轴瓦采用研龙轴瓦，具有耐磨、抗冲击力强、使用寿命长的特点。瓦衬为分块结构，制作材料为 QT450-10；瓦衬与轴承支座之间用三排径向螺栓紧固，瓦衬内表面开燕尾槽。瓦为板条结构，形状与瓦衬内表面燕尾槽一致，板条与槽之间具有一定的过盈量，装配时用液氮冷冻后嵌入槽内，导轴承两端装压盖，防止轴瓦轴向移动，保证研龙轴瓦在运行过程中不产生松动现象。

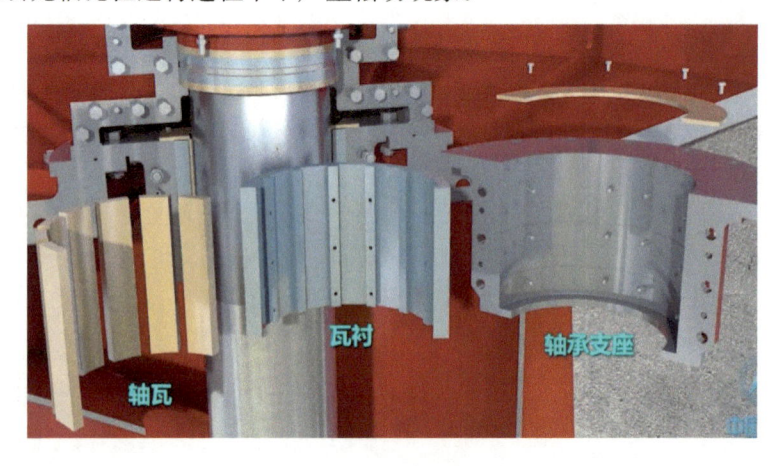

图 5.5 导轴承结构

5.1.2.4 主轴密封

主轴密封(图5.6)采用压盖式填料密封形式,含填料、填料盒、填料盒压盖等,防止泵内水流出及空气漏入泵内破坏真空环境。

填料选用105碳纤维,该填料具有良好的自润滑性能,对轴磨损小。同时主轴与之匹配的轴档堆焊了不锈钢,表面粗糙度不大于0.8,利于填料使用寿命的提高,因而从两方面保证了填料使用寿命长,大于8 000运行小时。

图5.6 主轴密封

填料盒、填料盒压盖均为分半结构,方便安装。填料盒采用HT250制造,设有装配填料的腔和积水盘,填料在运行过程中渗漏出来的少些积水可通过排水管排出,保证了泵房的干燥整洁。填料压盖采用ZG06Cr19Ni10不锈钢制造,所有紧固密封用的压盖螺栓、螺母等采用不锈钢制造。

5.1.2.5 泵体部件

泵体部件,主要包括进水伸缩节、叶轮室、导叶体、导叶过渡套、导叶帽、出水弯管、顶盖等。

1. 进水伸缩节

进水伸缩节(图5.7)采用Q345-B钢焊接件,由进水底座、压环、导管、密封圈等组成,作用为方便机组安装,消除因制造和安装产生的轴向误差。其中,导管上端与叶轮室

图5.7 进水伸缩节

连接,下端插入进水底座;导管与进水底座之间用橡胶密封圈密封,密封圈用压环压紧,在导管与进水底座之间设置有12根支撑螺杆连接固定。

2. 叶轮室

叶轮室材质采用 0Cr13Ni4Mo 不锈钢铸件,提高转轮室抗汽蚀能力。叶轮室(图5.8)为上下分段结构,上下两半段之间采用精配合的深止口固定,采用 36 根 M30 螺栓紧固,定位销定位。叶轮室与导叶体之间采用法兰连接,法兰密封采用橡胶密封圈。

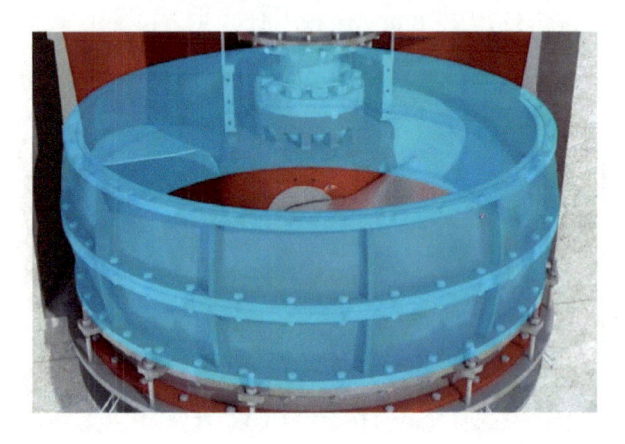

图 5.8 叶轮室

3. 导叶体

导叶体采用铸焊结构,其中导叶片采用 ZG20SiMn 单片整铸,其余材质为 Q235-B 钢焊接件。

导叶体(图5.9)安装于中座上,导叶体的上法兰下平面与中座上平面之间用橡胶密封圈封水,保证井筒内的水不漏到水泵层。导叶体下悬挂着叶轮室及进水伸缩节导管,导叶体与叶轮室之间采用法兰连接,法兰密封采用橡胶密封圈。下导轴承安装在导叶体内。导叶体具有足够的强度和刚度,能抑制水泵运行中的摆动,能承受任何工况下导轴承传来的载荷。

图 5.9 导叶体

4. 导叶过渡套

导叶过渡套(图 5.10)采用 Q235-B 钢焊接件,分半结构,装于导叶体下端,与叶轮头留有 20 mm 左右的间隙,起过渡导流作用。

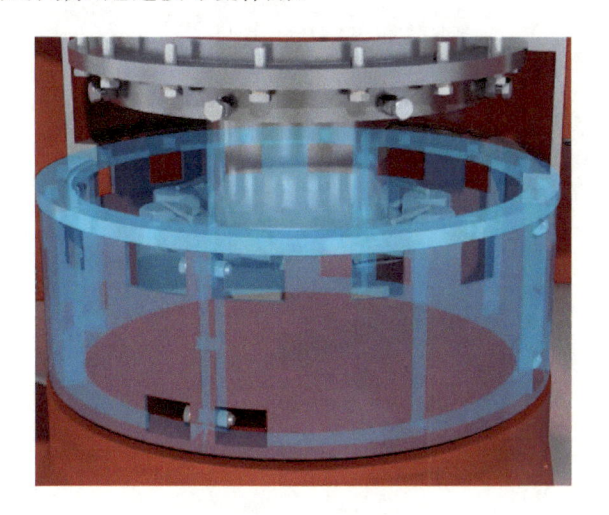

图 5.10　导叶过渡套

5. 导叶帽

导叶帽(图 5.11)材质为轻质铸铝,为四瓣结构,分半面用螺栓紧固,装于导叶体轮毂顶端,起导流作用。

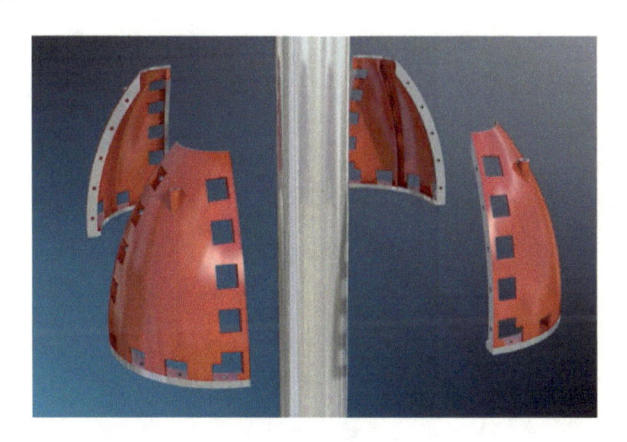

图 5.11　导叶帽

6. 出水弯管

出水弯管(图 5.12)采用 Q235-B 钢焊接件,为变截面弯管,转弯处内壁平滑,满足优良的出水性能。弯管设进人孔,以便于检修水泵时不需要对水泵解体,检修人员及导轴承即可进出。进人孔直径为 900 mm,门盖采用螺栓固定向外打开非铰链式门,门盖型线与弯管内流道完全吻合。

出水弯管与顶盖通过法兰连接,悬挂于上座上端,顶盖与上座法兰密封采用橡胶密封圈,顶盖与出水弯管法兰密封采用密封垫密封。出水弯管下法兰与导叶体上法兰之间留有 20 mm 间隙以消化制造、安装等因素产生的轴向误差,出水弯管下法兰的轴向及径向分别设有螺孔,径向用紧定螺钉与装于导叶体上法兰上的限位块靠实,轴向用紧定螺钉与导叶体上法兰靠实,保证弯管不产生径向摆动和轴向窜动。

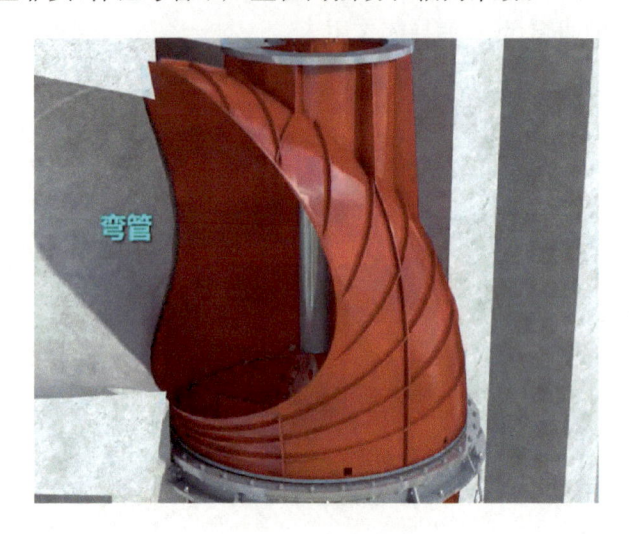

图 5.12 出水弯管

7. 顶盖

顶盖采用 Q235-B 钢焊接件,为水泵的重要支撑件,可承受最大水压力、径向推力和所有其他作用在它上面的力,以及支承主轴密封等部件,而不会产生过大的振动和有害的变形。

顶盖(图 5.13)装于上座上端,顶盖上部安装主轴密封和上导轴承,下部安装出水弯管。顶盖与出水弯管都设有穿轴孔,满足机组检修时,在不拆卸顶盖、出水弯管、导叶体的情况下,顺利抽吊出水泵主轴的要求。

图 5.13 顶盖

5.1.2.6 基础件

基础件包括上座(顶盖基础环)、中座(导叶体基础环)、进水伸缩节底座等。

1. 上座

上座采用 Q345-B 钢焊接件，上平面高程 20.35 m，为整体结构，吊入井筒调整好后浇注二期混凝土。基础用于承受出水弯管、顶盖、上座的重力，并考虑顶盖受到的浮力。

上座与顶盖之间采用螺栓连接，橡胶圈封水。上座内径 3 800 mm，最大外径 4 160 mm，保证顶盖上法兰以下部分、出水弯管、导叶体及以下各零部件能顺利进出井筒。

2. 中座

中座采用 Q345-B 钢焊接件，上平面高程 15.35 m，为分瓣结构。中座通过四个支撑脚固定在混凝土基础上，基础承受导叶体、叶轮室及中座的重力。导叶体安装于中座上，导叶体的上法兰下平面与中座上平面之间用橡胶密封圈封水，保证井筒内的水不漏到水泵层。

中座内径 3 500 mm，最大外径 4 030 mm，保证水泵零部件在中座以下部分的叶轮、转轮室、导叶体上法兰以下部分、进水伸缩节等能从井筒直接吊入或吊出，便于水泵的安装和拆卸。

3. 进水伸缩节底座

进水伸缩节底座采用 Q345-B 钢焊接件，为进水伸缩节组成部分，用于承受进水伸缩节、压环的重力。进水伸缩节导管与进水底座之间用橡胶密封圈密封，密封圈用压环压紧，在导管与进水底座之间设置 12 根支撑螺杆连接固定。

5.1.2.7 叶片调节机构

水泵在运行时，其效率受扬程高低的影响，为了使装置处在高效区运行，需要对水泵的叶片角度进行调节，以充分发挥水泵的效率。

大中型水泵叶片角度调节形式有全调节和半调节两种。全调节一般是在运行中或停机后，无需拆卸叶轮，通过叶片调节机构在一定范围内任意调节叶片的安放角。半调节一般是在水泵检修时，将叶片调整到一定角度，调节频次低、不方便、费时费力。刘老涧泵站水泵叶片角度采用全调节形式。

全调节机构分为液压式、机械式两种。液压式调节机构采用控制压力油的压力，使活塞上下移动，带动调节杆上升或下降，再通过轮毂内的曲柄连杆机构转动叶片，使叶片角度得到调节。机械式调节机构通过上部驱动机构，带动调节杆上下移动。刘老涧泵站采用液压式调节机构。

刘老涧泵站叶片调节机构主要由液压调节器、叶片转动机构两大部分组成，前者作为控制机构位于机组主轴的顶端，后者作为工作机构位于主轴末端的叶轮轮毂体内，两者之间用调节杆相连（调节杆穿过机组主轴）。

1. 液压调节器

刘老涧泵站液压调节器采用 MT-08 型调节器，为内供油液压系统，由湖北拓宇水电科技有限公司生产，如图 5.14。

（1）工作原理

液压调节器的基本工作原理是：利用液压泵将原动机的机械能转换为液体的压力能，通过液体压力的变化来传递能量，经过各种控制阀和管路的传递，借助液压执行元件（液压缸）把液体压力能转换为机械能，从而驱动工作机构，实现活塞和调节杆的直线往复运动及叶片转轴的旋转运动。

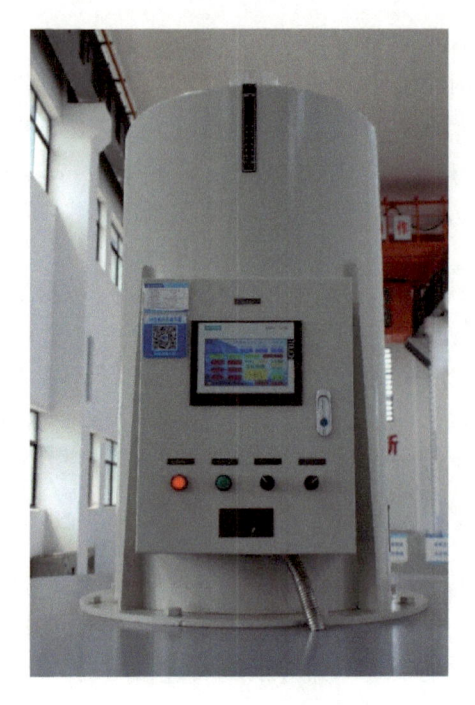

图 5.14　叶片角度调节器

（2）设备构成

MT-08 型液压调节器由高压油泵、电机、高压油管、油缸、活塞、控制阀、底座、外罩、传感器、控制箱、显示器等组成。按液压元件的工作性质不同，设备主要分动力元件、执行元件、控制元件、辅助元件和工作介质等五个部分，如图 5.15 所示。

① 动力元件

动力元件由油泵、电机和减速机组成，装于液压调节器的油箱内，其作用是把电机的机械能转换成液体的压能，它是液压传动中的动力部分。

油泵供油系统由油箱、电动齿轮油泵及各种阀门、滤网、自动化元件构成。在调节叶片角度运行期间，供油系统连续运行，向叶片调节控制机构提供足够的压力和流量，以便随时调节叶片角度。

② 执行元件

执行元件由油缸、活塞和活塞杆组成，位于液压调节器的中部，其作用是将液体的压能转换成机械能，供下部的工作机构使用。其中，油缸内的活塞连同调节杆一起在系统内做直线往复运动。

③ 控制元件

控制元件包括压力阀、流量阀和方向阀等，其作用是根据需要，无级调节液动机的速度，并对液压系统中工作液体的压力、流量和流向进行控制和调节。

④ 辅助元件

辅助元件为除上述三部分以外的其他元件，包括压力表、滤油器、蓄能装置、冷却器、管件各种管路接头（扩口式、焊接式、卡套式）、高压球阀、快换接头、软管总成、测压接头、管夹及油箱等，他们把相关设备连在一起，分布在调节器的各个部位。

⑤ 工作介质

工作介质为系统中液压传动的液压油,它经过油泵和液动机实现能量转换。

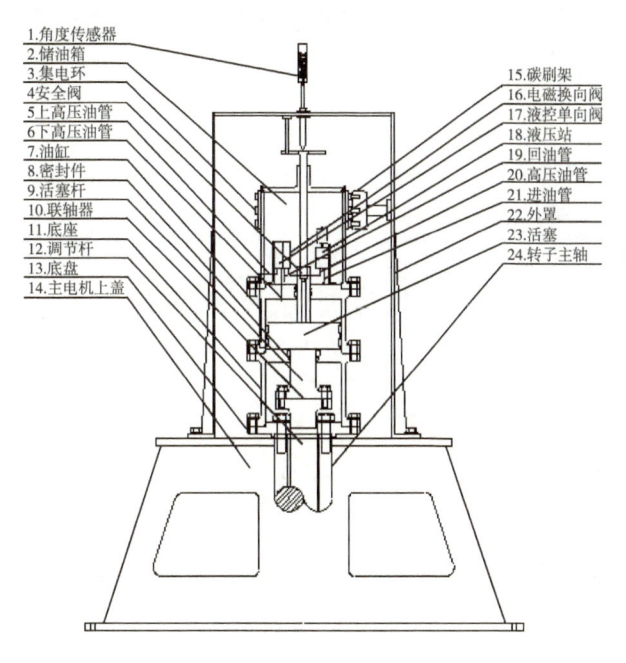

图 5.15　MT-08 液压调节器结构图

(3) 主要技术参数

MT-08 液压调节器主要技术参数如下。

① 电机功率:1 500 W。

② 电压:电机 DC24 V。

③ 电磁阀:DC24 V。

④ 电流:62 A。

⑤ 通讯接口:RS-485,并备有模拟量接口。

⑥ 调节力:80 t。

⑦ 叶片角度调节范围:-4°至 4°。

⑧ 液压油:46# 抗磨液压油。

⑨ 调节速度:2 度/58 s。

⑩ 工作压力:100 kg。

(4) 控制方式

① 智能控制

MT-08 液压调节器具有智能化控制系统,触摸屏操作画面备有用户"运行参数设置"输入画面(如图 5.16 所示),可对水泵叶片角度上、下限进行控制,对叶片角度分度值进行设定,对调节器液压站工作时间进行设定。

系统中水泵叶片运行角度设定选择自动时,当运行人员手动调至所需运行角度时按停止键,系统可将调节的当前运行角度自动录入"已设角度"。同时,系统有自动跟踪"已设角度"功能,当"当前角度"显示低于"已设角度"时,系统能自动启动延时补给功能,使

"当前角度"同"已设角度"相等时停止补给。延时补给的时间长短可在系统上设定。

② 手动及远程控制

MT-08液压调节器可通过控制箱现地进行水泵叶片角度上调、下调、停止等动作。控制箱面板上设有"远程/就地"转换开关。"远程"时"就地"限制操作,"就地"时"远程"操作禁止。

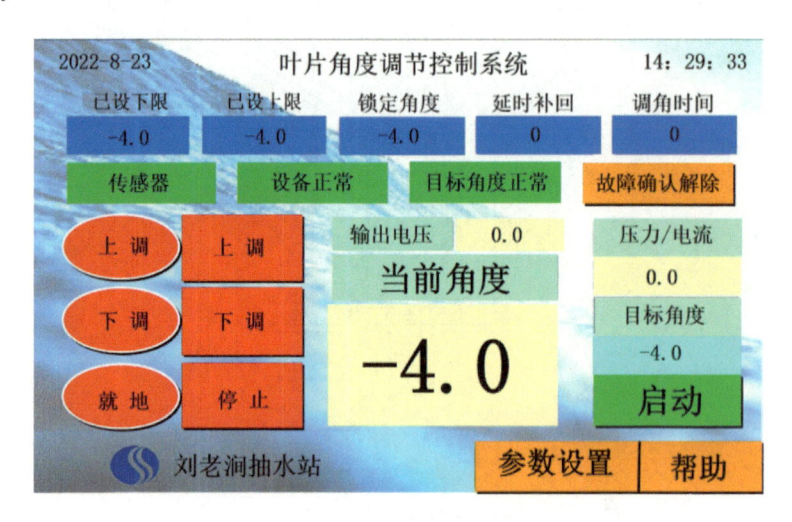

图 5.16 MT-08液压调节器操作系统画面

2. 叶片转动机构

叶片转动机构内容详见 5.1.2.1。

5.2 主电机

电机是泵站的动力机,用来驱动水泵。相对于柴油机来说,电机操作简单、管理方便、运行稳定、成本较低、环境污染小、易实现自动化,但其输变电线路及其他附属设备投资大,应用时受电源限制。本节主要介绍刘老涧泵站的主电机(图 5.17)性能参数、结构、工作特性等内容。

图 5.17 刘老涧泵站主电机

5.2.1 主电机的性能参数

刘老涧泵站采用 TL 2200-44/3250 型同步电动机 4 台套,由中电电机股份有限公司生产制造。总装机容量 8 800 kW,额定转速 136.4 r/min。

因电机具有抽水和发电功能,具备正转和反转运行要求,电机按长期工作在顺时针和逆时针两种运行方式进行设计,电机通风散热、轴承、紧固件以及机械性能等性能指标兼顾两种工况运行。

电机基本参数见表 5.1,括号中数据为发电工况数据。

表 5.1 电机基本参数

型号	TL2200-44/3250		
功率(kW)	2 200(750)	励磁电压(V)	139(99.2)
电压(V)	6 000(3 600)	励磁电流(A)	285(204)
电流(A)	248(80.2)	失步转矩(倍)	1.8
功率因数	0.9 超前(0.8 滞后)	堵转转矩(倍)	0.7
转速(r/min)	136.4(81.8)	标称牵入转矩(倍)	1.1
频率(Hz)	50(30)	堵转电流(倍)	5.5
效率	95%(93.3%)	绝缘等级	F
冷却方式	IC27	防护等级	IP21
安装型式	IM8425	油冷却器进水温度	≤33℃
定子重量(t)	13.6	上机架重量(t)	8.1
转子重量(t)	20.55	下机架重量(t)	5.37
总重(t)	51.4	最大吊运件重量(t)	20.55
电机所需风量(m³/s)	8	电机内部风压降(Pa)	250
上冷却器水量(m³/h)	6	上冷却器水压(MPa)	0.2~0.3
下冷却器水量(m³/h)	2	下冷却器水压(MPa)	0.2~0.3
上油缸油量(kg)	650	下油缸油量(kg)	200
电加热器(kW)	3	电加热器电源(V)	380
定子测温(点)	9	推力轴承测温(点)	8
上导瓦测温(点)	4	下导瓦测温(点)	4
上油缸测温(点)	1	下油缸测温(点)	1

5.2.2 主电机的主要特性

(1) 电动机在额定功率、额定电压、额定功率因数、额定转速时,效率保证值不低于 95%。

(2) 电动机在热状态下,端电压为额定值时,能承受 1.5 倍额定转矩,历时 15 秒不失去同步及发生有害变形和机械损伤。

(3) 电动机在系统不对称运行时,任何一相的电流不超过额定值,且负序电流分量与额定电流之比不超过 12%,能长期运行。

（4）电动机转子绕组能承受 2 倍额定励磁电流,持续时间 50 s。

（5）电动机在规定的使用条件及额定工况下,各部位温升允许值如表 5.2。

表 5.2　电机各部件温升允许值

部位	测量方法	允许最高温升(K)
定子绕组	检温计法	110
定子铁芯	检温计法	105
转子绕组	电阻法	110
集电环	温度计法	85

电动机在额定工况下,滑动轴承的最高温度采用埋置检温计法测量不超过 75℃。

（6）在额定电压下,电动机堵转转矩与额定转矩之比的保证值不小于 0.60,电动机堵转电流与额定电流之比的保证值不大于 6,电动机最大转矩与额定转矩之比的保证值不小于 2.0,电动机标称牵入转矩与额定转矩之比不小于 1。

（7）定子绕组绝缘能承受 21 kV、50 Hz 正弦波形的试验电压 1 分钟不击穿,转子绕组绝缘能承受 1.5 kV、50 Hz 正弦波形的试验电压 1 分钟不击穿。

（8）电动机机械特性

① 电动机能在最大飞逸转速历时 5 分钟而不产生有害变形,在停机过程中允许反向旋转,在最大 1.3 倍额定转速能安全运行 2 分钟不产生有害变形。

② 电动机机械结构强度能承受在额定转速及空载电压为 105％额定电压下,历时 3 秒的三相突然短路试验而不产生有害变形。同时能承受在额定容量、额定功率因数和 105％额定电压及稳定励磁条件下运行时,历时 20 秒的短路故障而无有害变形或损坏。

③ 在离电动机盖板上方 1 m 处噪声声压级 85 dB。

④ 定子和转子组装后,定子内圆和转子外圆半径的最大值与最小值与其平均半径之差不大于设计空气间隙的±5％,定子和转子间的气隙,其最大值与最小值与其平均之差不超过平均值的±8％。

⑤ 组装后转动部分的临界转速大于 120％的飞逸转速。

⑥ 电动机空载额定转速时,在轴承处测的振动双幅值不大于 0.06 mm。

5.2.3　主电机的结构

刘老涧泵站电动机由定子、转子、上机架、下机架、滑环与刷架、油水管路、测温装置及配套附属装置等组成。电机结构如图 5.18 所示。

5.2.3.1　定子

定子由机座、铁芯及定子绕组等组成。定子机座采用整圆结构,如图 5.19 所示。

机座由优质钢板焊接而成,其顶环垫板与上机架相连,底环与下机架相连。为了加强机座的刚度及固定铁芯,在中间设有 2 道环板和若干块筋板。机座外壁的 1 个大孔,作为来自铁芯的热空气进入风管的通道。

定子铁芯由导磁性能好、损耗小的优质 50W310 硅钢片交错地叠制而成。在轴向方向把铁芯分成数段,段间用通风槽板隔开,以形成通风沟,铁芯两端设有齿压板和齿压

图 5.18　电机结构图

片,通过螺杆将铁芯拉紧。

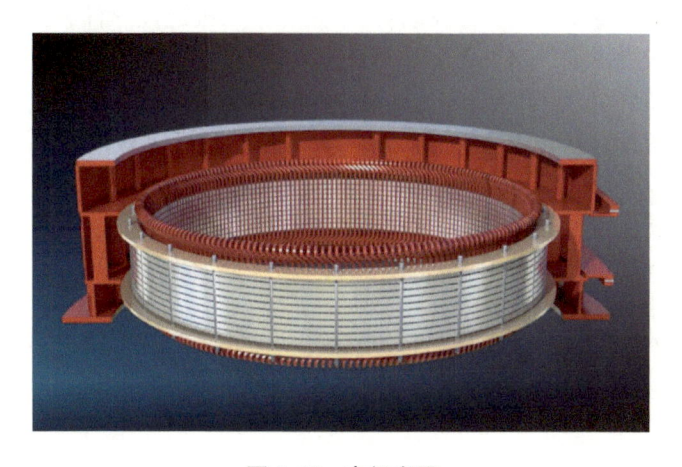

图 5.19　电机定子

定子绕组为圈式叠绕组,采用 F 级绝缘,股线用 2SYN40-5F 云母铜线。定子绝缘采用 6 kV F 级真空浸漆绝缘。定子绕组采用 Y 形连接,共有 6 根引出线,主引出线和中性点引出线各 3 根,中性点出线接线盒安装 3 只差动保护电流互感器和 1 只中性点避雷器并配备连接铜排、控制信号电缆及端子排。

定子装有测温元件,用以监视定子绕组的温度。

5.2.3.2　转子

转子采用凸极式,转子由磁极、磁轭、主轴、风扇等组成,如图 5.20 所示。

电动机的转子及同轴连接的转动部件,在停机过程中允许反向旋转,在最大反向飞逸转速下,转子能安全运行 2 分钟而不产生有害变形。

磁极由磁极铁芯、磁极线圈、阻尼绕组和拉紧铆钉组成。磁极铁芯由 1.5 mm 厚的薄

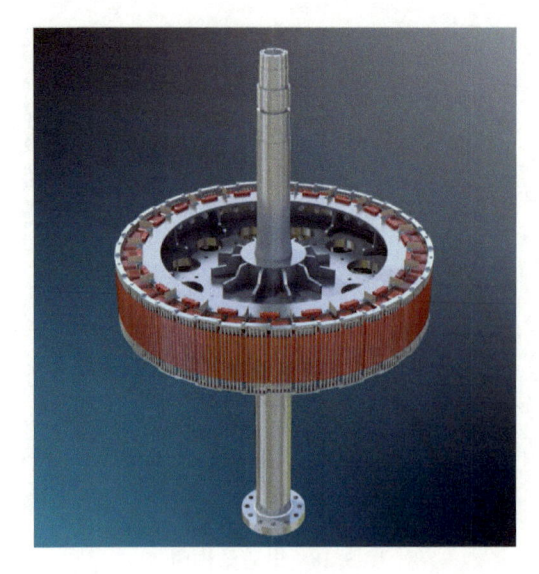

图 5.20　电机转子

钢板冲制而成的冲片叠压而成。叠压后,两端用磁极压板通过螺杆和拉杆将铁芯固定成一个整体。磁极线圈由铜带自下而上顺时针方向环绕而成,每匝间垫有匝间绝缘。

转子设有起动绕组,起动绕组满足电机连续 2 次全压异步起动要求。

磁轭采用过盈配合热套于主轴上,它是支撑磁极、传递力矩的主要部件。主轴采用优质 45# 合金钢锻制而成,具有足够的强度和刚度,是连接水泵和电动机的关键部件。

磁轭上下两端设置有增加风压的风扇,为整个风路循环的重要动力源。机组运行时,风扇强迫冷风去冷却定、转子线圈和铁芯,风扇叶片结构形式具有在正向抽水和反向发电工况下向外排风功能。

主轴顶端装有滑环、刷架,通过励磁装置向转子绕组提供励磁电流。

5.2.3.3　上机架

上机架(图 5.21)是电动机的负荷机架,它是用来支撑整个机组轴向负荷的部件,它由一个中心体和 4 条支臂组成,采用钢板焊接而成。上机架中心体内组合安装推力轴承和上导轴承,上机架的 4 条支臂与定子机座相连,其连接定位由螺栓和销钉来保证。

推导组合轴承装设于上机架中心体内,由推力头、镜板、推力瓦、上导瓦、挡油筒、油冷却器等组成。

推力瓦为弹性金属塑料瓦,共 8 块,呈环形均匀分布,采用带有柔性托盘的刚性支撑,机组运行时可自动建立楔形油膜,以保证轴承获得理想的工作特性。镜板为锻钢件,用螺栓和圆柱销固定在推力头上。推力瓦内均装设铂热电阻测温装置。

上导轴承(如图 5.22)由导轴承座、导轴瓦、支柱螺钉、螺母等组成。上导轴承的油膜厚度可通过调节支柱螺钉获得。导瓦内装设有铂热电阻测温装置,导轴瓦为巴氏合金瓦。

推力轴承及导轴承均对地绝缘,以预防轴电流烧坏轴承。油冷却器为内置式,由多根冷却管组成,冷却水工作压力为 0.2~0.3 MPa,使得油路自循环畅通、冷热分区明显,

图 5.21　电机上机架

图 5.22　上导轴承

确保轴承温度得到充分冷却。

5.2.3.4　下机架

下机架是由厚钢板焊接而成的辐射形机架,结构如图 5.23 所示。机架的中心体内装有下导轴承和油冷却器。下导轴承(图 5.24)由导轴瓦、支柱螺钉、锁定螺母、锁定片等组成。下导轴承油膜的大小可通过调节支柱螺钉获得。导瓦内装设有铂热电阻测温装置,导轴瓦为巴氏合金瓦。

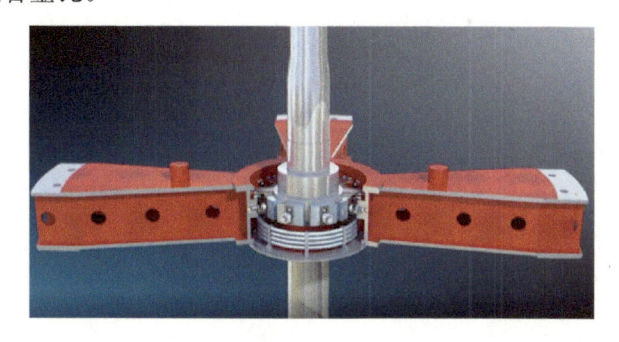

图 5.23　电机下机架

图 5.24　下导轴承

下机架承受电动机整体重量、水泵转动部分重量及水推力的全部作用力，满足安全使用要求。

油冷却器为内置式，由多根冷却管组成，冷却水工作压力为 0.15~0.2 MPa，保证轴承得到充分冷却。

5.2.3.5　滑环与刷架

电动机滑环室，采用具有恒压弹簧的刷握，既能保持碳刷在使用中有恒定的压力，又能方便更换碳刷。

滑环材料采用 1Cr18Ni9、表面粗糙度 1.6，配备碳刷盘、防护罩，防护罩采用卡扣式，方便开启，滑环摩擦产生的粉尘不会污染定子和转子线圈。

电机的电刷采用高抗（耐）磨、导电性能好的材料制成，刷握安装固定后，保证电刷运转磨损前后其压力保持一致，其压力始终保持在(0.015~0.025 MPa)±10% 范围内。电刷绝缘性能良好，刷架绝缘电阻均大于 1 MΩ。

集电环材料采用不锈钢，表面均已经抛光处理。集电环装置均考虑了维护方便，易更换、调整和清扫的原则，能够在电动机运转中直观检视。并且集电环及引线的绝缘耐油、不吸潮，电刷与电刷架（图 5.25）之间引线采用镀银编织铜线。集电环磨损指数达到 7 500 小时 1 mm；电刷环磨损指数达到 1 000 小时 2 mm。

5.2.3.6　测温装置

电动机设置有测温装置。定子装设 9 个测温元件，每块推力瓦、上下导轴瓦、上下机架油缸内各装设 1 个测温元件。测温元件采用 Pt 100 铂热电阻，以监测电动机上述部位的运行温度，定子、推力瓦、上下导瓦、上下机架油缸的铂热电阻信号引至现场仪表箱。

5.2.3.7　配套附属装置

电动机设置有电加热烘干装置，可在机组停机后对其通电加热，保持电动机绝缘

图 5.25　碳刷架

良好。

电动机设置有测速装置,滑环上方安装测速盘,测速元件安装固定在静止的电机罩上,测速传感器信号引至现场仪表箱。

5.3　变频机组

刘老涧泵站是省内最早利用机械变频技术对泵站机组反向发电改造的工程,创造了可观的经济效益。

5.3.1　原变频机组

1997 年,刘老涧装配了 20 世纪 80 年代生产的 50 Hz、2 200 kW 的发电机一台套和 30 Hz、2 300 kW 的电动机一台套以及其他附属设备(见图 5.26)。1998 年 5 月 12 日进行了变频发电试运行,取得成功。变频机组及配套设备参数见表 5.3。

图 5.26　原变频机组

表 5.3 原变频机组设备参数

设备名称	启动电机	生产厂家	上海电机厂
设备型号	JR	出厂时间	1984 年 5 月
装设地点	变频机房	设备作用	发电
其他主要参数	额定功率:180 kW 相数:三相 接法:△ 频率:50 Hz 转速:587 r/min 定子额定电压:380 V 定子额定电流:350 A 绝缘等级:B 级 转子额定电压:430 V 转子额定电流:263 A		
设备名称	变频电动机	生产厂家	上海电机厂
设备型号	TD173/53-6	出厂时间	1984 年 8 月
装设地点	变频机房	设备作用	发电
其他主要参数	功率:2 300 kW 绝缘等级:B 级 频率:30 Hz 转速:600 r/min 功率因数:$\cos\varphi=1$ 接法:Y 定子额定电压:3 600 V 定子额定电流:382 A 转子额定电压:84 V 转子额定电流:260 A		
设备名称	变频发电机	生产厂家	上海电机厂
设备型号	TF173/63-10	出厂时间	1984 年 9 月
装设地点	变频机房	设备作用	发电
其他主要参数	功率:2 200 kW 功率因数:$\cos\varphi=0.8$ 频率:50 Hz 转速:600 r/min 接法:Y 绝缘等级:B 级 定子额定电压:6 300 V 定子额定电流:252A 温升(定子):80℃ 转子额定电压:91 V 转子额定电流:247A 温升(转子):90℃		

原变频机组为 20 世纪 80 年代产品,经过 18 年的运行,设备已出现老化现象,机组振动较大,设备电气性能显著降低。变频机组采用的励磁变压器渗漏油严重;变频机组采用的励磁装置为非标产品,电气设备极度老化,安全性、可靠性降低。

5.3.2 变频机组改造

1. 机组容量选择

2014 年 11 月,刘老涧站实施了小水电增效扩容改造,对变频发电机组及配套辅助设备扩容改造。

通过对刘老涧站现有变频机组发电数据统计,在来水流量和水位差达到机组运行最佳工况条件时,变频机组发电机最大功率为 1 800 kW。刘老涧站机组全部投入发电运行时机组流量约为 90 m³/s,当流量超过 90 m³/s 时,剩余流量将通过节制闸排往下游河道。而如果能将这部分剩余流量用于刘老涧二站机组发电,则将实现水资源的利用并创造一定的经济效益。

对刘老涧泵站历年发电功率和水文统计资料进行分析可知,当来水流量在 200 m³/s 左右时,可实现两座电站机组全部投入发电运行。此时水头分布在 2.10~2.64 m 之间,上游水位分布在 18.30~18.94 m 之间,下游水位分布在 15.99~16.65 m 之间,刘老涧站机组发电功率最高可达 1 406 kW,刘老涧二站机组的发电功率将可达到 1 500 kW,两站发电功率合计为 2 906 kW。考虑到出力损耗,选择变频机组时要预留一定的容量。

2. 改造内容

泵站选用一台 50 Hz、3 000 kW 的发电机和 30 Hz、3 200 kW 的电动机组成的变频机组(图 5.27)。设备性能参数见表 5.4。

在更换变频机组的同时，其配套设备高压开关断路器、电流互感器、励磁系统、现地控制柜(LCU 柜)、稀油站、配套电缆等都一并更换。其中高压开关断路器选用 ZN28 - 10/1250;电流互感器选用 LMZB6 - 10,电流比为 600/5;继电器选用 GE 公司的 SR469 电动机保护继电器和 SR489 发电机保护继电器。变频机组现地控制柜具备开停机控制、温度巡检、电加热、远程控制模块(RRTD)功能。

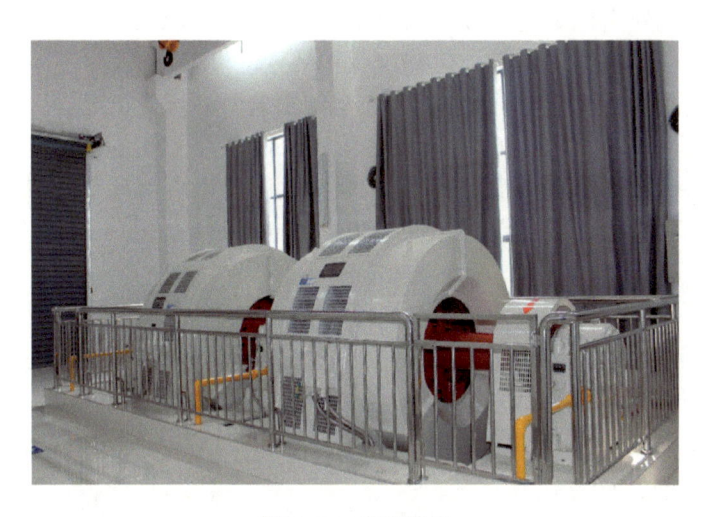

图 5.27 变频机组

表 5.4 变频机组设备参数

设备名称	变频电动机	生产厂家	上海电机厂
设备型号	TD3200 - 6	出厂时间	2014 年 3 月
装设地点	变频机房	设备作用	发电
其他主要参数	功率:3 200 kW　绝缘等级:F　频率:30 Hz　转速:600 r/min　功率因数:0.9　接法:Y　定子额定电压:3 600 V　定子额定电流:588 A　励磁额定电压:84 V　励磁额定电流:239 A　相数:三相　重量:19 750 kg　冷却方式:自然冷却　安装型式:IM7315			
设备名称	变频发电机	生产厂家	上海电机厂
设备型号	TF3000 - 10	出厂时间	2014 年 3 月
装设地点	变频机房	设备作用	发电
其他主要参数	容量:3 750 kVA　绝缘等级:F　频率:50 Hz　转速:600 r/min　功率因数:0.8　接法:Y　定子额定电压:6 300 V　定子额定电流:344 A　励磁额定电压:70 V　励磁额定电流:273 A　相数:三相　重量:21 300 kg　冷却方式:自然冷却　安装型式:IM7315			

5.4 励磁系统

泵站的同步电动机在运行时,必须在励磁绕组中通入稳定的直流励磁电流。为励磁绕组提供励磁直流电的系统称为励磁系统,它是同步电动机的重要组成部分。励磁系统对同步电动机运行的稳定性、经济性及电压的调整率等都有直接影响。励磁系统在机组正常运行时向同步电动机提供稳定的励磁电流,当同步电动机母线电压因故障或其他机组启动而过度下降时,为励磁绕组强行提供短时励磁电流,以保证同步电动机在满载情况下不致失步。此外当机组起动或停机时能适时自动投励或灭磁,当励磁系统出现故障,励磁电流很小或断流时,造成失步,应有保护装置使机组停机。

刘老涧泵站励磁系统满足同步电机的电动和发电两种运行工况,通过励磁柜面板旋钮在抽水和发电两种工况下切换,实现自动调节励磁电流、稳定系统的功能。在抽水工况时,外环调节采用恒功率因数闭环调节,内环采用恒励磁电流调节。在发电工况时,外环调节采用恒无功功率闭环调节,内环采用恒励磁电流调节。

5.4.1 系统构成

刘老涧泵站励磁系统共含 4 台套主电机励磁系统(图 5.28)和 2 台套变频机组励磁系统,由励磁电源和励磁装置构成,北京前锋科技有限公司生产,抽水工况下额定励磁电流 261 A,额定励磁电压 113.8 V,发电工况下额定励磁电流 190 A,额定励磁电压 83.4 V。

图 5.28 主机励磁装置

励磁电源为励磁变压器(图 5.29),采用干式变压器,容量为 70 kVA,组别为 $\Delta/Y-11$,一、二次电流比为 $I_1/I_2 = 86.6 \text{ A}/293.6 \text{ A}$,一、二次电压比为 $U_{l1}/U_{l2} = 400 \text{ V}/118 \text{ V}$,变压器容量除满足机组最大容量下强励要求外,还留有足够的裕度,以保证变压器的温升。励磁变压器柜外形尺寸为 800 mm×800 mm×2260 mm(宽×深×高)。

励磁装置型号为 WKLF-102B 型,采用全数字控制方式,主、备双通道调节器,既可满足 50 Hz 电网频率情况下电机的抽水运行,也可满足 30 Hz 电网频率情况下电机的发电运行,并实现自动调节励磁电流、稳定系统的功能。励磁柜外形尺寸为 800 mm×

800 mm×2 260 mm(宽×深×高),防护等级为 IP3X,柜体采用静电喷塑工艺,柜体正面为玻璃门,背面为双开门,柜形为金属外壳全封闭式。

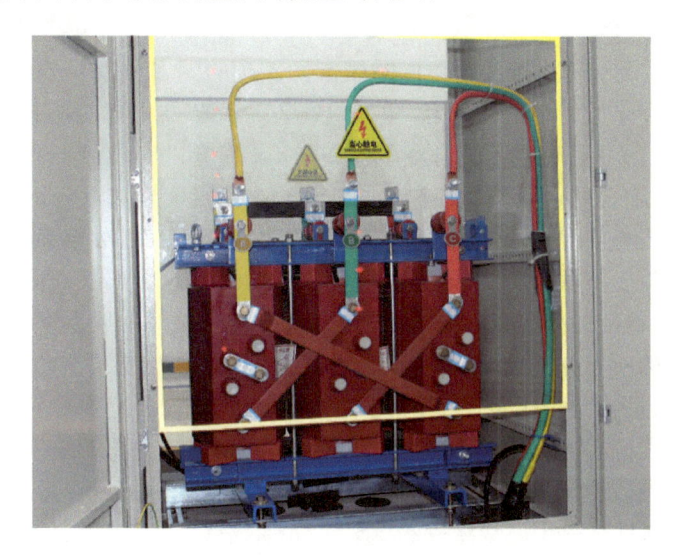

图 5.29　主机励磁变压器

5.4.2　装置性能特点

(1)励磁装置采用双套 Excitrol-100 型微机励磁调节器(图 5.30)作为励磁控制、调节和保护的核心单元。每套调节器单元均包含励磁控制调节所需的模拟量测量,开关量输入输出,触发脉冲形成、控制、放大、隔离及启动回路控制的所有环节。双套调节器通过 CAN 总线交换数据,通信速率为 500 Kbit/s。双套调节器分主、备通道运行,每一通道都能实现装置所有的控制、励磁调节及保护功能,可指定其中一套为主机,备机自动跟踪主机。双套调节器自动切换采用切换优先级控制技术,在主机通道发生电源故障、硬件故障和软件故障时,自动切换到备机,切换过程平稳无抖动。装置具有不停机更换故障调节器单元的功能。

图 5.30　微机励磁调节器

（2）微机励磁调节器以数字电路为基础，励磁调节与控制采用32位嵌入式数字信号处理器(DSP)作为核心控制单元，主时钟频率为150 MHz，具有超强的数字信号处理能力，良好的抗干扰性能。

（3）微机励磁调节器内部配置可同时录制两路模拟量和八路接点量的录波器；在录波时长内任意配置录波追忆时间；两路模拟量配置为调节器采集的所有模拟通道中的任意两个通道；录波器可手动触发或自动触发，进行录制电机启动波形并准确测量启动时定子电流倍数等，配合后台电脑软件包中的波形分析功能实现波形分析、存储、打印等。

（4）微机励磁调节器配置响应时间为5毫秒、保存容量1 500多条的事件记录器，满足装置运行半年以上不覆盖的要求，且掉电不丢失。事件记录器按时间先后顺序记录励磁系统关联输入、输出的接点量变位，通过远方监控计算机对励磁系统进行的所有操作，通过接点量输入的所有操作，调节器及关联部件故障，保护及限制器动作，等等。事件记录器有实时时标，且相同时标事件（同1秒内）按先后顺序，因此很容易分析励磁系统动作逻辑关系是否正确，为励磁系统意外事故分析提供依据，从而缩短事故分析时间。事件记录信息下载到后台调试电脑内保存为不可修改的计算机文档。

（5）励磁装置具有用于后台测控的RS-485通信接口，与泵站计算机监控系统进行数据交换，采用Modbus通信协议。励磁设备的所有运行参数、工作状态和故障信息全部上送至计算机监控系统；在励磁系统操作模式选择"远方"时，计算机监控系统在远方通过RS-485通信接口实现对励磁系统进行所有操作。

（6）励磁系统配有7寸TFT触摸屏作为人机接口设备，显示分辨率为640×480。触摸屏同时连接A、B两个通道励磁调节器，所有显示、操作界面均分为A、B两个版本；从触摸屏上能读出双套调节器的所有运行参数、运行状态及故障信息，并对调节器进行所有操作；另外可分别配置两套调节器的所有参数，以及读出两套调节器的事件记录器信息。触摸屏与励磁调节器通信接口电气标准为RS-485，通信规约为Modbus-RTU，通信波特率为57 600 Bit/s。

（7）励磁仪表板上除设置有"远方/现地"选择旋钮外，没有设置其他任何硬件操控元件，所有的操作按钮、开关均为触摸屏上的软按钮。

（8）励磁调节方式可设置为自动、手动及开环模式。自动模式为双闭环励磁调节方式，内环为励磁电流调节，电动工况时外环可选择采用恒功率因数或恒无功功率调节；发电工况时选择采用恒无功功率调节。恒功率因数调节方式配置有上、下限无功功率限位功能，确保电机不长时间超额运行及轻载运行的稳定性。手动模式采用恒励磁电流调节。开环模式作为一种安全保守运行模式在前两种模式无法正常运行时（自动）投入。开环模式将退出所有闭环调节并屏蔽除硬件监测保护外的所有限制保护功能。各种调节方式可随时手动互相切换，自动和手动模式相互切换无抖动。在极端运行工况下（如轻载或长时间过载），励磁的外环调节器可自动嵌套运行恒无功功率调节方式，以确保机组安全运行。

（9）励磁装置主回路、控制回路、触发脉冲及操作回路完全电气隔离。双套调节器的工作电源完全独立，并均具有AC220 V±20%和DC220 V±20%双路输入，操作电源为DC24 V，模拟量变换电源为±12 V，DSP工作电源为3.3 V，外部输入电源与内部电源之间、内部不同级别电源之间均电气隔离。

(10) 励磁装置投励分为滑差投励和零压计时投励。滑差信号是通过检测励磁电流波形实现的,在检测到高压开关(DL)合闸后,启动滑差检测环节检测转子的滑差率,当转速达到亚同步转速,即滑差率为5%时,励磁调节器在滑差信号过零的瞬间,准角顺极性投入励磁,使同步电动机迅速、可靠、平稳牵入同步运行,使电机的启动及投励整步过程轻松、平滑、快速、无脉振。对空电机或因凸极效应牵入同步的电机,励磁调节器自动启动零压计时检测环节,在到达设定时间时自动投入励磁。

(11) 励磁装置配有软、硬件及电源检测,如PT断线、电机失步、长时间不投励、再同步失败、脉冲故障、缺相、最小励磁限制、反时限强励限制、过励限制及常规保护等多项完善的限制、保护功能。

(12) 励磁柜内装有励磁变压器电源进线空气断路器,并有相应位置信号监视。空气断路器采用电动空气开关,可实现远方分、合功能。

(13) 励磁装置配有PT、CT信号测量选线功能,PT、CT信号接线错误时通过软件设置予以纠正,不需要调换PT、CT信号接线的物理位置。

第六章 辅机系统

刘老涧泵站辅机系统主要由水系统、油系统、断流系统、清污系统、起重设备等组成。

6.1 水系统

刘老涧泵站主要用水对象有主机组及辅助设备技术用水、厂区消防用水及厂房工作人员生活用水等。刘老涧泵站的水系统由供水系统和排水系统两个部分组成（如图6.1所示）。

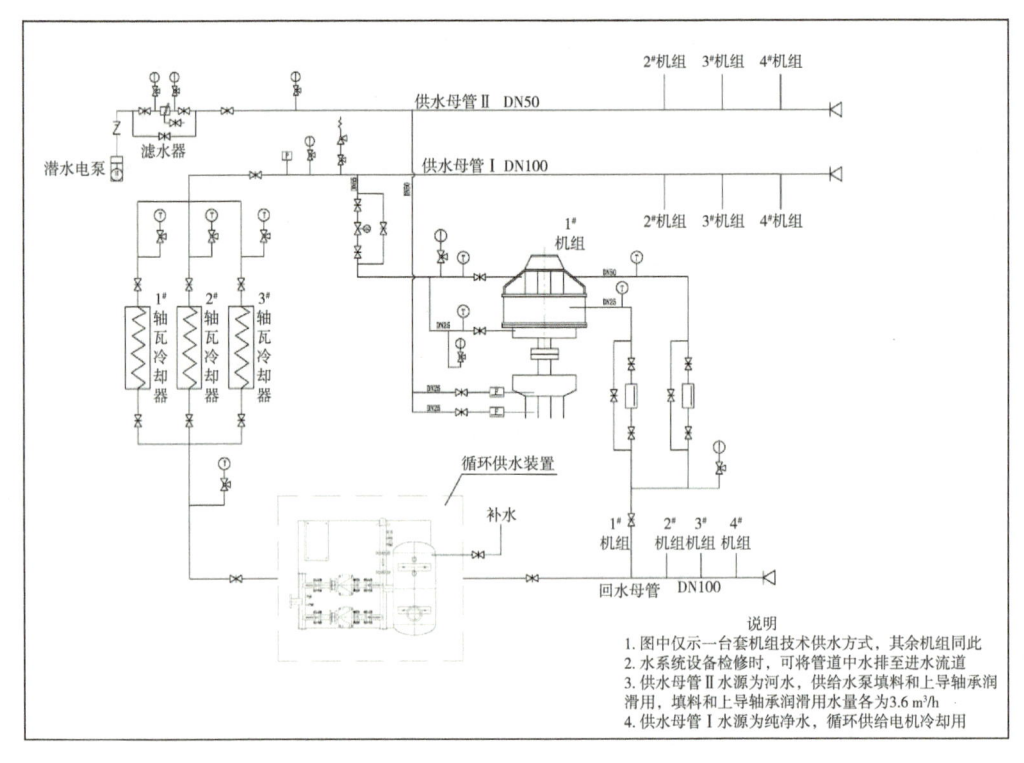

说明：
1. 图中仅示一台套机组技术供水方式，其余机组同此
2. 水系统设备检修时，可将管道中水排至进水流道
3. 供水母管Ⅱ水源为河水，供给水泵填料和上导轴承润滑用，填料和上导轴承润滑用水量各为3.6 m³/h
4. 供水母管Ⅰ水源为纯净水，循环供给电机冷却用

图6.1 刘老涧泵站供排水系统图

6.1.1 供水系统

供水系统包括技术供水、消防供水和生活供水等，其中供给生产上的用水称作技术供水，主要是供给主机组及其辅助设备的冷却润滑水，如同步电动机的推力轴承和上下导轴承的油冷却器冷却用水、水泵的填料函及上导轴承润滑用水等。

6.1.1.1 技术供水

1. 供水方式

刘老涧泵站技术供水采用循环供水和直接供水两种方式。

循环供水由2台增压泵将冷却水经轴瓦冷却器送至供水母管，供水母管向4台主电机上下油缸提供冷却水，再经回水母管至循环供水装置进水侧，形成循环供水。在循环供水装置进水侧设有补水箱，根据运行工况需要自动补水或手动补水。

直接供水主要通过厂房西北侧的潜水泵房，供给机组冷却备用水、填料函及上导轴承润滑用水等。另在联轴层设置2台供水泵，取水口分别设在4#主机东西进水流道的检修闸门门槽与拦污栅之间，供水泵系统在需要时经过进出水管路闸阀的调整，可实现直接供水。供水泵见图6.2。

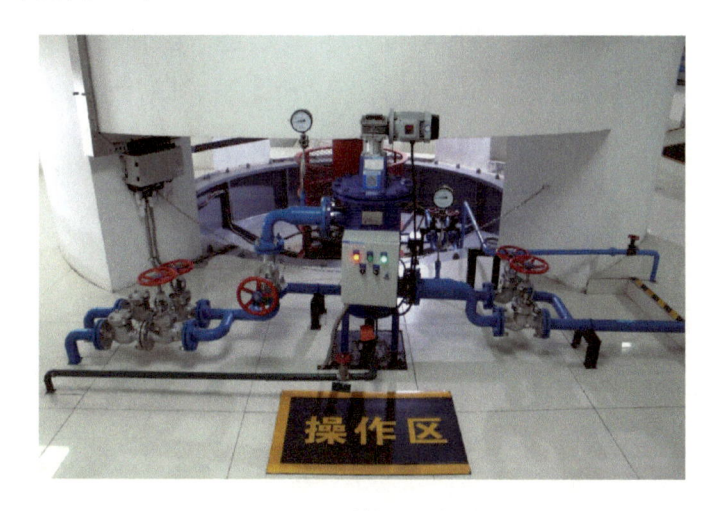

图6.2 联轴层供水泵

2. 循环供水

刘老涧泵站循环供水装置为轴瓦冷却机组配套设计，主要功能是为水泵电机油缸内冷却和上下导瓦水管提供循环冷却水，以达到降低电机和导瓦温度的目的。

1) 工作原理

（1）首先控制柜预设不同使用条件所需不同的用水量，由流量传感器检测水量，来控制电动流量调节阀的开度，使流量满足控制柜设定值；

（2）循环系统出水管网采用压力传感器向控制柜反馈信号，通过变频器控制水泵电机的频率，保证出水管网压力满足要求，并压力稳定、可靠；

（3）当循环系统内部循环水渗漏或减少时，稳流罐电极低水位传感器通知控制柜打开电磁补水阀,为系统补充水量。

2) 循环冷却水装置构成

按照水泵流量 40 m³/h、扬程 40 m 的选型要求选型过程详见本书 6.5.1,循环冷却水装置配置了稳流罐、立式多级离心泵、变频控制柜、管路和测量附件等(如图 6.3 和图 6.4 所示)。

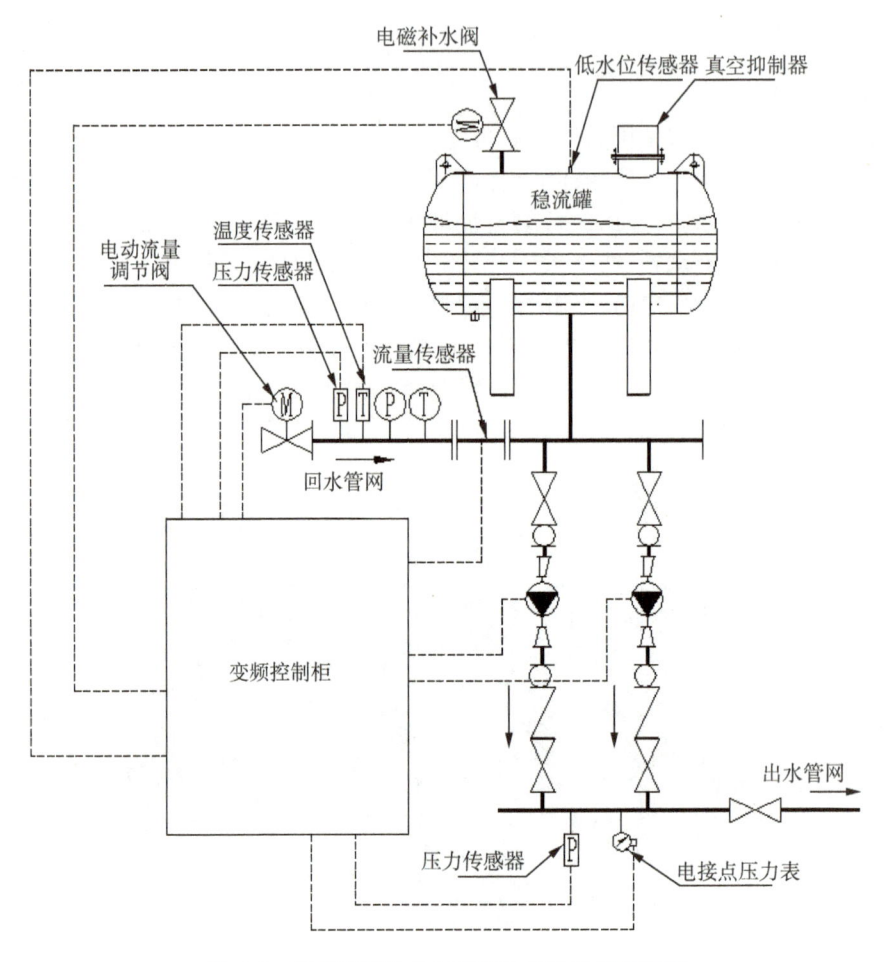

图 6.3 刘老涧泵站机组循环冷却水装置原理图

(1) 稳流罐

稳流罐罐体采用不锈钢 304 材质制作,内置真空抑制器和水位传感器、外接电磁补水阀。

稳流罐在系统正常运行时,为全封闭装置,回水管内的水压可以叠加到水泵的进水端,起到节能的效果;在低水位传感器检测到罐内水位降低时,PLC 就指令外接电磁补水阀打开,对系统进行补水。真空抑制器在罐内水位降低、没有水补偿时,与大气接通,防止管内出现负压。

(2) 立式多级离心泵

立式多级离心泵共 2 台,一用一备,互为备用,可根据管路压力调节水泵流量,为循

图 6.4　机组循环冷却水装置

环冷却装置提供稳定压力的冷却水。4 套主电机同时工作时所需水流量为 40 m³/h。每台泵的出口处都装有止回阀，系统正常运行时，对应的止回阀打开，另一台水泵的止回阀为关闭状态，防止水回流到备用泵里面，保证设备的安全运行。

（3）变频控制柜

变频控制柜采用 PLC 编程控制，主要根据冷却机组运行台数，自动控制冷却水的流量及压力，在保证降低电机油缸温度的同时，达到节能降耗的效果。其主要功能如下：

① 智能恒压控制

控制柜通过压力传感器采集循环泵组出水口压力，将实际压力跟控制柜的设定压力进行比较，经智能 PID 运算，调节变频器输出，控制水泵转速，从而达到恒定压力的目的。

由于该冷却循环系统同时为 3 套冷水机组提供冷却水，为了更精细化地控制末端压力均衡，且最大化地发挥水泵效能，降低能源浪费，该控制柜可通过检测冷却机组前端的电磁阀开关信号，辨识冷却机组的投入台数，并且可根据冷却机组的实际投入台数，自动变更目标压力，灵活控制冷却循环系统的管道水压。

为了保障管路安全，该控制柜设计了超高压力保护，当压力超过上限设定值时，自动报警停机。

② 智能稳流控制

当冷却机组的投入台数变化时，冷却水的流量也可相应地变化。控制柜通过回水端流量传感器检测回水端的实际流量，并且跟控制柜的设定流量进行比较。如果回水量大于设定流量，则自动关小回水端的电动调节阀门，直至达到流量限定范围；如果回水流量小于设定流量，则自动开大回水端的电动调节阀门，直至达到流量设定范围。用户可根据实际的应用情况,在冷却机组的投入台数不同时,设定不同的流量要求,从而使系统能自动根据冷却机组的投入台数灵活调节流量。

③ 主备泵控制

为了保障水泵运行安全,该控制系统设计了故障自投功能,任意一台泵在运行中如有故障,便可自动切换到另一台泵,并且发出声光报警,提示维修。此外,为了延长水泵的使用寿命,该控制柜可自由设定主备泵的交替运行时间,从而使主备泵实现均衡运行。

④ 设备保护

设备长时间停机时,为防止水泵冻住,系统可低频巡检。

稳流罐安装低水位传感器,当液位过低时发出灯光报警,同时打开电磁补水阀对系统进行补水。

⑤ 人机交互

本控制柜配备了7寸大屏幕中文液晶显示触摸屏,全中文图形界面,显示直观,操作简单方便。用户可通过HMI人机界面直观地监视冷却循环系统的运行状态、运行数据、运行曲线以及故障记录、历史数据记录。

⑥ 远程监控

为了便于用户在远程端对冷却循环系统的关键数据进行监视,本控制柜预留了关键数据模拟量的信号接口,包括出水端压力、回水端温度、回水端流量、回水端压力。

本控制柜还配备了RS-485远程通信接口,支持标准的Modbus-RTU通信协议,用户可利用该端口进行远程测控。通过开放相关接口,不仅可在远方监视设备的运行状态及数据,还可以修改相应设定参数,并可控制设备的启动、停止。

(4) 管路和测量附件

冷却水循环装置中装有压力表、温度表、流量传感器、电动流量调节阀等测量、调节装置,用来监控冷却水水温、流量及压力变化。

3) 循环冷却水装置性能参数

循环冷却水装置主要性能参数见表6.1。

表6.1 循环冷却水装置性能参数表

序号	物料名称	型号及主要参数	单位	数量	备注
1	循环水泵	CDMD42-20;额定流量:42 T/h,额定扬程:40 M,功率:7.5 kW,材质:304不锈钢	台	2	一用一备
2	水泵配套电机	电压:380 V;频率:50 Hz;功率:7.5 kW;防护等级:IP55;绝缘等级:F;温升等级:B;独立风机冷却系统	台	2	一用一备
3	稳流罐	600×1 300;壁厚:4 mm;容积:0.34 m³;材质:不锈钢304	只	1	—
4	电动阀	碳钢,过流部件不锈钢304材质,软密封;DN80压力:PN1.0	只	1	—
5	蝶阀	碳钢,过流部件不锈钢304材质,软密封;压力:PN1.0	套	4	—
6	止回阀	对夹式升降静音止回阀。材质:不锈钢304;PN1.0	只	2	—
7	变频控制柜	ABB变频器,施耐德PLC	套	1	—

续表

序号	物料名称	型号及主要参数	单位	数量	备注
8	管道及成套附件	管道、法兰、弯头、法兰垫片、阀门；材质：不锈钢 STS304；按系统配套要求使用	套	1	—
9	压力传感器	501 系列；密封：氟橡胶；G1/4 外螺纹接口；输出信号：4～20 mA 电流信号	只	2	—
10	仪表(压力表、温度传感器、温度表)	—	套	1	—
11	槽钢底座	槽钢，表面防锈处理	只	1	—
12	流量传感器	DN100 法兰连接；4～20 mA 电流信号	只	1	—

3. 直接供水

刘老涧泵站直接供水主要为上导轴承及填料函提供润滑水。原直接供水将取水装置（潜水电泵）安装于泵站下游，机组运行期间，受河道中杂物（树枝、垃圾等）影响，容易堵塞取水口，造成管道供水压力不足，机组上导轴承及填料函润滑不畅。加之河道中泥沙含量较大，容易加快对上导轴承、填料函及主轴的磨损。

依靠刘老涧湿式泵房结构，现直接供水通过水力沉沙原理，利用泵站水下空箱提供清洁、顺畅的机组润滑水。具体过程如下：泵站进水流道左侧的水（上导轴承及填料函润滑用水），通过检修泵孔内的第一道滤网，再通过第一混凝土空箱上进水口内安装的第二金属滤网，进入第一混凝土空箱和第二混凝土空箱沉淀后，由第一潜水电泵经输水管道送入泵站机组上导轴承及填料部位。第一金属滤网和第二金属滤网可有效地过滤掉水中杂物，提高润滑水水质。在非运行期间，伺服电机工作，带动丝杆转动，在与钢闸门上开设的丝孔的配合下，钢闸门落下，从而对进水口进行封闭，再通过安装的第二潜水电泵可将第一混凝土空箱和第二混凝土空箱内的积水和泥沙排空（如图 6.5 所示）。

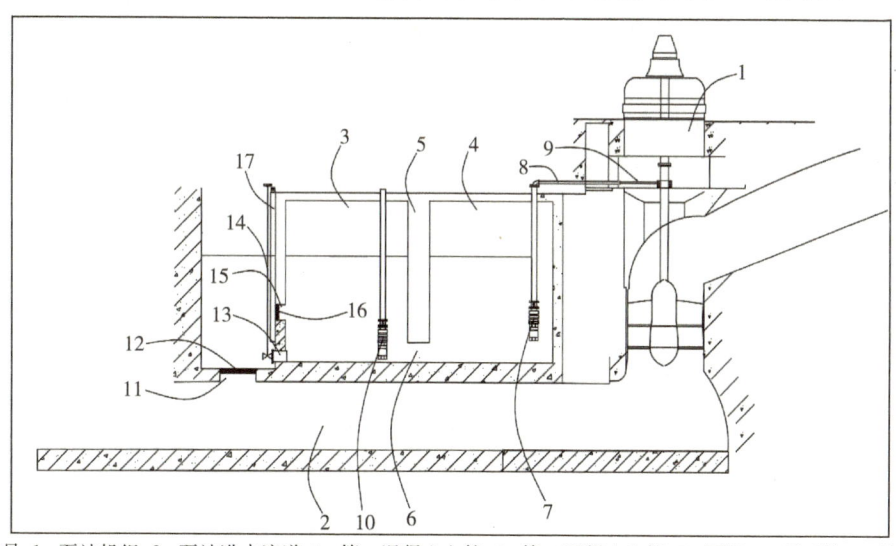

图中标号：1. 泵站机组；2. 泵站进水流道；3. 第一混凝土空箱；4. 第二混凝土空箱；5. 隔板；6. 通过槽；7. 第一潜水电泵；8. 输水管道；9. 压力表；10. 第二潜水电泵；11. 检修泵孔；12. 第一金属滤网；13. 排污管道；14. 长柄排污阀；15. 进水口；16. 第二金属滤网；17. 钢闸门组件。

图 6.5 润滑水提质原理图

1) 水泵填料供水

主轴密封是防止水漏出泵外及空气进入泵内,始终保持水泵内的真空。主轴密封中的填料座设有装配填料的腔和积水盘,当泵轴与填料摩擦产生热量时,需要注水到水封圈(水压 0.2 MPa,水量 1 L/s)来冷却润滑填料和泵轴,以保持水泵的正常运行。所以在水泵的运行巡回检查过程中要注重对主轴密封的检查。

2) 水泵导轴承供水

水泵导轴承在轴瓦间的间隙处形成润滑水槽,通过泵组本体水体和外接清水润滑、冷却导轴承,方式简单可靠。其中,上导轴承布置有外加清水润滑的部件以进行润滑冷却,水压 0.2 MPa,水量 1 L/s;下导轴承采用水泵本体水自润滑冷却。

6.1.2 排水系统

刘老涧泵站排水系统包括机组检修排水和渗漏排水。机组检修排水是指泵站检修时排出进水流道、出水管内的积水,以及进水流道检修门的渗漏水。渗漏排水指排出厂房水工建筑物的渗水、机械设备的漏水等。

1. 检修排水

刘老涧泵站在机组大、中修时,需要将泵房内的余水全部排出以方便检修。泵站作为湿式泵房,原排水方式是在联轴层检修孔架设排水泵,型号为 150WQ150-25-18.5。联轴层检修孔至进水流道高差达十几米,采用悬吊式安装,排水管需要从流道布设安装至下游检修桥外。因排水泵较重且操作孔洞狭小,架设、拆卸过程往往十分困难,费时费力。此外,此种方式给设备运行时的巡视带来不便,且容易产生振动,造成悬绳晃动、拉扯。

现排水方式是设计出将潜水电泵与检修门组成一体装置,包括检修门门叶和面板,检修门门叶的一侧设置有所述面板,检修门门叶和所述面板之间设置有检修腔,面板的表面开设有进水孔,检修门门叶的内侧纵横向联结系安装有潜水电泵,潜水电泵的出水口连接有逆止阀,逆止阀的上方连接有出水管,出水管与下游相通,检修腔内部安装有动力电缆,动力电缆经过金属穿线管通到所述检修门门叶顶部,检修门门叶的上方固定安装有锁定吊耳,面板的外侧安装有浮子开关(如图 6.6 所示)。

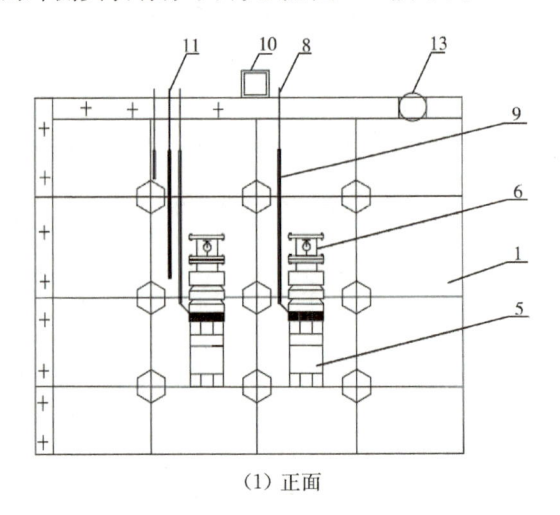

(1) 正面

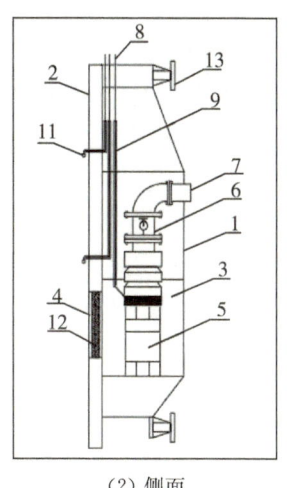

(2) 侧面

图中标号：1. 检修门门叶；2. 面板；3. 检修腔；4. 进水孔；5. 潜水电泵；6. 逆止阀；7. 出水管；8. 动力电缆；9. 金属穿线管；10. 锁定吊耳；11. 浮子开关；12. 滤网；13. 导向轮

图 6.6　潜水电泵与检修门组成一体装置结构示意图

当泵站机组需要水下检查或检修时，可通过机械下放检修门，封闭进水流道孔口的同时，启动潜水电泵，通过出水管将进水流道的余水排至下游。此装置解决了湿式泵房无水泵层，在机组检修时需人工将检修泵及水管吊放至预留洞口的弊端，提高了工作效率，同时本装置具有互换性，可在多台机组检修门孔口使用，提高了使用率。

2. 渗漏排水

渗漏排水主要是排出主轴密封中的润滑水。泵站运行时，需要不间断供水润滑填料，填料在运行过程中渗漏出来的少些积水，通过填料盒中的积水箱排出至顶盖。顶盖上设有排水孔洞，水流向孔洞渗漏至流道，保证了泵房的干燥整洁。

6.1.3　供排水管材、接口及敷设方式

（1）室外给水管 DN≥50 时，采用钢丝网骨架塑料（聚乙烯）复合给水管，电熔连接；DN<50 时采用 PPR 冷水管，热熔连接。室内给水管采用 PPR 冷水管，热熔连接。

所有埋地消防管道均采用球墨铸铁管，密封橡胶圈连接［K 型胶圈接口，做法参照《给水排水图集》（苏 S01-2012）第 18 页］。架空消防管道采用内外热镀锌钢管，卡箍连接。室内外不同管材的管道采用专用管件连接。

（2）室内排水至室外第一个检查井采用 UPVC 管，粘接；室外第一个检查井后，采用 HDPE 双壁波纹管，橡胶圈接口。

（3）室外雨水管（道路、场地排水）采用 HDPE 双壁波纹管，橡胶圈接口。

6.2　油系统

6.2.1　油的作用

在泵站中，油对各类设备的正常运行起到润滑、降温散热和传递能量等作用。

1. 润滑

油的润滑作用主要表现在以下两个方面。

（1）减少磨损。在相互运动的零部件如轴与轴承中存在着摩擦，这些零部件统称摩擦副。润滑对减少零件的磨损起着重要的作用。液体润滑状态能防止黏着磨损，供给摩擦副洁净的润滑油可以防止或减少磨料磨损。

（2）降低摩擦系数。在运行机组上降低轴承间的摩擦系数意味着可以降低轴瓦温度，保证设备的正常运行，减少功率损耗，节约能源。在两个相对摩擦表面之间加入润滑油，形成一个润滑油膜的减摩层，就可以降低摩擦系数，减少摩擦阻力。

2. 降温散热

润滑油能降低摩擦系数，减少摩擦热的产生。运转着的机械，其克服摩擦阻力所做的功，全部转变成热量。热量的一部分由机体向外扩散，其余部分则不断使机械温度升高。润滑油的作用之一就是将热量传出，然后加以发散，使机械控制在所要求的温度范围内运转。大型泵站机组因散热量大，油温上升快，要在油槽中安放冷却器，通过油和冷却水之间的热量交换把热量带走。

3. 传递能量（液压操作）

油可以作为传递能量的载体，有传递功率大和平稳可靠的特点。在大型泵站上有许多设备使用液压操作，如泵的叶片角度调节、快速闸门启闭等。

6.2.2 润滑油系统

刘老涧泵站油系统主要为润滑油系统（图6.7），润滑油系统主要是用于主电动机轴承运行中的润滑及散热，推力轴承和导轴承在运转中产生的热量通过润滑油传给冷却器，起到散热作用。主机组润滑油系统用油为68#透平油，稀油站（图6.8）润滑油系统用

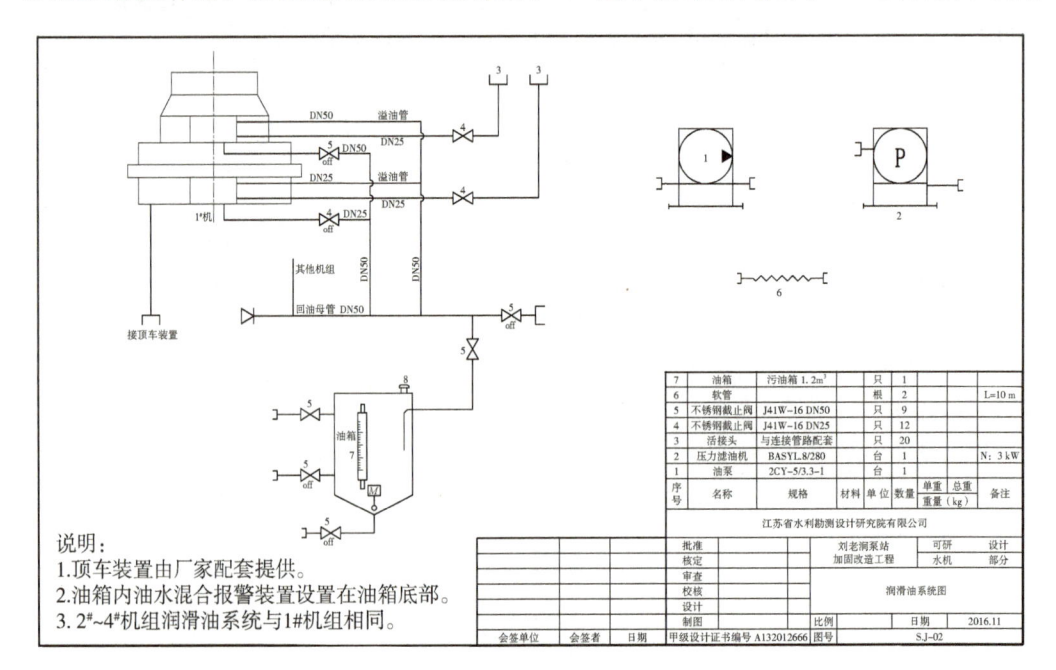

图 6.7 润滑油系统图

油为 30# 透平油,其油温、油号、油量等应满足使用要求,油质应定期检查,不符合使用要求的应予以更换。

图 6.8　变频机房稀油站

6.3　断流系统

大型泵站机组停机时,必须迅速截断水流,使引河上游水不能倒流,保护机组在正常停机和发生事故时能及时停稳,从而防止飞逸事故发生。大型泵站常用的断流方式主要有:真空破坏阀断流,适用于虹吸式出水流道;快速闸门断流,适用于直管式流道或屈膝式流道;拍门断流,适用于直管式流道或屈膝式流道。刘老涧泵站采用虹吸式出水流道,真空破坏阀断流方式。

刘老涧泵站采用压力平衡式真空破坏阀,共 4 台套,型号为 HXDP600,属于断电开阀型产品,由上海晟江机械设备有限公司制造,安装在虹吸式出水流道的驼峰上方,和主机组同步通、断电。

6.3.1　系统构成

压力平衡式真空破坏阀结构分为水腔、空气腔、主副电磁操作机构及电气控制箱(图 6.9)。水腔部分和出水流道相连接,空气腔和大气相通,主副电磁操作机构安装在阀门左右两端,电气控制箱安装在设备旁。真空破坏阀主要性能见表 6.2。

表 6.2　真空破坏阀主要技术参数表

设备名称	压力平衡式虹吸破坏阀	型号	HXDP600
公称通径	600 mm	工作电源	AC2 200 V、50 Hz
公称压力	−0.06 MPa	启动电源	12 A
工作压力	0～−0.1 MPa	维合电源	1 A
使用介质	水	制造厂家	上海晟江机械设备有限公司

图 6.9 刘老涧泵站真空破坏阀

6.3.2 工作原理

当阀门电气控制模块通电后,主副电磁操作机构在电磁铁的吸力作用下,阀主轴向左移动,安装在主轴上的两片阀瓣橡胶密封圈和两个阀座相密封,这时水腔和空气腔的大气被隔断形成虹吸。

当阀门电气控制模块断电,电磁铁失去吸力,在蓄能弹簧的驱动作用下,阀主轴向右移动,此时阀瓣与阀座急速分开,大气经空气腔急速涌进水腔内与出水管道相通,破坏虹吸现象,实现分水断流。

6.3.3 性能特点

1. 破坏阀公称口径只需是出水流道的 1/3~1/4,就可破坏虹吸实现断流。
2. 设备采用双电磁操作机构,主机组在正常停机或遇突发事故停机断电时,阀门在同步断电情况下快速自动打开,实现分水断流。
3. 设备采用高性能电磁铁,能长时间带电、频繁操作,温升低、电耗低。
4. 设备可实行现场操作和远程操作,并设有人工手动紧急开阀、关阀装置与观察视窗。
5. 设备采用双断流通道的空气力学原理,破坏虹吸的充气流速极快,可实现快速断流。

6.3.4 紧急操作

1. 阀门电气控制系统收到停止指令后,阀瓣不能自动打开,操作人员应该紧急跑到阀门位置,打开现场电气控制箱,切断电源,立即把手动操作机构的开合螺母手柄转到"关"的位置,逆时针旋转开阀。
2. 阀门电气控制系统收到启动指令后,阀瓣不能自动关闭,操作人员应该紧急跑到阀门位置,打开现场电气控制箱,切断电源,立即把手动操作机构的开合螺母手柄转到

"关"的位置,顺时针旋转关阀。

3. 如果不使用手动操作机构功能,应把开合螺母手柄转到"开"的位置。

4. 阀门在打开的时候,手轮螺杆向内缩进;阀门在关闭时候,手轮螺杆向外伸出。阀门电启动时,人和物体不要靠近阀门的手轮,安全距离为 40 cm,避免发生安全事故。

6.4 清污系统

6.4.1 清污机

泵站清污机主要用于打捞河中水草、漂浮物等,实现水泵进水通畅的装置。清污机按其打捞杂物的方式可分为回转式清污机、抓斗式清污机、固定格栅清污机三种。

1. 回转式清污机

回转式清污机主要由栅体、回转齿耙、传动系统三部分组成。传动系统主要由电动机、减速机、主动链轮、驱动链、轮轴组等组成。

回转式清污机通过栅体拦住河道内的漂流物,动力系统带动栅顶部中间轴旋转,通过中间轴上的从动链轮带动传动链,传动链在固定轨道内回转运动,附在链条上的耙齿将栅体前的漂流物捞起,当耙齿旋转到顶部转过来时,漂流物在重力作用下落到皮带输送机中,缠附在耙齿上的杂物在经过刮齿装置后落下,从而达到去污目的。

回转式清污机的回转齿耙间隔布置,可以连续清污,单位时间清污循环频数高,强度低,但回转耙齿的钢管在水中阻水,增加了栅前水头损失,设备维护检修较为困难。

2. 抓斗式清污机

抓斗式清污机包括悬架轨道、移动车及抓爪装置三个主要部分。悬架轨道为安装在移动车上的马达及移动轮提供支撑。移动车主要包括抓爪提升装置及液压合爪执行机件。抓爪装置包括抓爪本身、液压装置及钢丝绳提升装置。工作时小车沿轨道移至第一个抓污位置,限位感应开关准确测量到这个位置,小车停留在此处,同时抓爪向下运行。抓爪在下降过程中,将污物向下推到栅条底部后抓爪抓污并合拢,然后向上运行,当抓爪达到顶部后,小车沿轨道移动至卸污处,抓爪打开把污物倒至卸物点。当所有抓污点都被清理干净以后,小车返回并停靠在悬架轨道端头。

抓斗式清污机适应性能强,能适应各种宽度和深度的栅体,能处理各种不同的污物,维护检修方便,且省去了污物的输送设备,但清理污物时要一层层地清理,效率底。

3. 钢丝绳牵引式固定格栅清污机

钢丝绳牵引式固定格栅清污机主要由栅体、清污耙、机架、牵引绳、松绳装置、卸污装置、驱动装置、翻耙装置、输送装置等组成。

钢丝绳牵引式固定格栅清污机分为下行、抬耙、落耙、上行四个基本动作。清污时,耙头从起始位置下行并自动抬耙,下行至底部,自动落耙并抓着污物上行后,到指定位置卸污,至此完成一次清污。污物通过皮带输送机运送到桥头集中后,由运输车运走。耙斗上下行由带有驱动装置的卷绳筒的正反转来完成,其位置控制分别由行程开关、限位开关、送绳开关及抬耙位置开关来控制。

钢丝绳牵引式固定格栅清污机的耙齿运行速度快,耙斗容量大,所清的污物体积及数量大,但污物太多时很难靠耙头自重下耙,需要靠向下的牵引力才能落耙。

刘老涧泵站使用清污效果较好的回转式清污机。

6.4.1.1 上游清污机

刘老涧泵站上游清污机(图6.10)为8台套HZQ-3.7×8.5 m型无障碍回转式清污机和SPW皮带输送机。清污机主要技术参数见表6.3。

表6.3 上游清污机主要技术参数表

设备名称	HZQ回转式清污机	台套	8
型号	HZQ-3.7×8.5	清污量	≥30 t/h
垂直高度	$H=8.5$ m	孔口宽度	3.7 m
栅体倾角	75°	回转速度	6 m/min
栅体间距	110 mm	电机减速机	XLED4-74-1/187
设计水头	1.5 m	制造厂家	曲阜恒威水工机械有限公司(江苏省水利机械制造有限公司改造)

图6.10 上游回转式格栅清污机

6.4.1.2 下游清污机

下游清污机布置于离站前约120 m引河清污机桥上,主河槽布置回转式清污机和固定拦污栅(如图6.11所示)。

图 6.11　下游清污机及拦污栅

回转式清污机型号为 HZQ-5.16×8.0 m,共计 12 台套,配有 1 台 SPW-1.0 m 皮带输送机,总长约 90.0 m。清污机按格栅前后水位差 1.50 m 设计,倾角 75°布置,单孔孔口净宽为 5.16 m,底板面高程 11.5 m。主要技术参数见表 6.4。

表 6.4　下游清污机主要技术参数表

设备名称	HZQ 回转式清污机	台套	12
型号	HZQ-5.16×8	清污量	≥30 t/h
垂直高度	H=8.5 m	孔口宽度	5.16 m
栅体倾角	75°	回转速度	6 m/min
栅体间距	110 mm	电机减速机	SK73F-132S/4-205.61
设计水头	1.5 m	制造厂家	江苏省水利机械制造有限公司

1. 清污机构成

清污机主体包括拦污栅栅体、齿耙、驱动传动机构、安全保护装置等。

齿耙以及与齿耙连接的齿耙轴全部采用不锈钢,辊子与销轴之间采用自润滑轴承,板链轨道采用不锈钢材料。

传动轴两端支承块设有良好的润滑条件,以保证张紧装置发挥作用。传动轴采用无缝钢管,组焊后消除焊接内应力;轴颈表面进行硬化处理以便抗泥沙磨损。连接螺栓、螺母采用不锈钢材料。

回转链条上设置不锈钢挡板,防止垃圾进入链条、影响设备运行。

2. 清污机控制柜

清污机的电气控制采用现场手动控制与远方集中控制相结合的方式。每 2 台回转式清污机设置 1 台现场动力控制柜,皮带输送机设有 1 台现地控制柜。控制柜为不锈钢(厚度 1.2 mm)柜体,户外落地式安装,尺寸为 700 mm×350 mm×1 400 mm(宽×深×高)。其具有如下功能特性。

（1）现场手动控制：通过控制柜按钮进行操作；现场控制柜将工作状态信号、运行信号、故障信号等反馈信号输出至PLC控制柜。控制柜具有手动、点动、急停、切断、反转等功能，设有与其他设备相连接的端口。

（2）控制柜电源输入为三相四线，380/220 VAC，50 Hz交流电源，控制电源为220 V交流电源。

（3）控制柜为双层门，外门面板为一扇可观察窗，内门装有数字式仪表、按钮、信号灯、转换开关等。柜内装有恒温空间加热器，防止柜内出现冷凝水。加热器采用220 V交流电源。

（4）控制柜内安装空气断路器、开停操作接触器、热继电器、仪表、信号灯和按钮及相应电气保护装置，用于启闭机的短路保护、过电流和过负荷保护。

（5）皮带输送机现地控制柜内为水平段和倾斜段分开显示、控制。

（6）回转式清污机与皮带输送机为联动控制，任何一套清污机启动，皮带输送机即联动运行。当所有清污机停止工作后，皮带输送机继续运行一段时间后停止工作。

3. 安全保护装置

回转式清污机安全保护装置为机械过载保护装置和荷载限制器。机械过载保护装置为剪断销，结构简单，动作可靠准确，维护方便，销体断裂则自动停机。荷载限制器为电控过载保护，灵敏反映清污机载荷的变化。当超载时，清污机的电气保护先于机械保护动作。

6.4.1.3 拦污栅

拦污栅（图6.12）布置在电站进水口处，用于拦阻可能进入引水道的杂物，如树枝、杂木、水草、生活垃圾等，以保护水轮机、闸门及管道等设备的正常运行。刘老涧泵站拦污栅主要为上游清污机栅体、下游清污机栅体及下游清污机两侧固定栅体，其中固定拦污栅尺寸为3.565 m×(6.0~4.0)m，共计4扇，栅体倾角均为75°。同时，进水口处布置了安全格栅。

图6.12 进水口安全栅

拦污栅的栅体为焊接钢结构，栅条采用扁钢，主梁为工字钢，边梁为槽钢，栅条互相平行，布置均匀。栅条的过水面表面光滑，转角处做成圆弧流线型，堆积在栅条上的垃圾易于去除。格栅前断面去除锐角，有效降低过流水头损失。

栅条架与栅体的固定方式为在栅体主梁上顶钻通孔，将栅条与栅条固定板焊接，采用不锈钢紧固件将栅条固定板固定在栅体上。栅体为分体组装式结构，便于出现故障时进行维护。

6.4.2　上游拦污栅起吊装置

刘老涧泵站上游建有专用清污机起吊设施，在调水运行时可将清污机吊出水面，减小其对机组调水产生的阻水影响，并方便设备检修。

6.4.2.1　启闭机选型计算

1. 起升载荷计算

最大载荷计算公式如下：

$$S_{max} = \frac{Q_{起}}{m\eta_{组}} \cdot \frac{1}{\eta_1 \cdot \eta_2 \cdots} \tag{6-1}$$

$$Q_{起} = Q_1 + Q_2 = 100 + 1 = 101 \text{ (kN)} \tag{6-2}$$

式中：Q_1——额定起重量，为 100 kN；

Q_2——吊具自重，为 1 kN；

m——滑轮组倍率，为 1；

$\eta_{组}$——滑轮组效率；

$\eta_1, \eta_2 \cdots$——导向滑轮效率；

因此，$S_{max} = \frac{101}{1} = 101 \text{(kN)}$

2. 钢丝绳的选择

所选钢丝绳的破断拉力应满足下面条件：

$$S_{绳} \geqslant S_{max} \cdot n_{绳} \tag{6-3}$$

式中：$S_{绳}$——钢丝绳的破断拉力；

S_{max}——钢丝绳最大拉力，为 101 kN；

$n_{绳}$——钢丝绳安全系数，为 5.5；

因此，$S_{绳} \geqslant S_{max} \cdot n_{绳} = 101 \times 5.5 = 555.5 \text{(kN)}$

根据使用条件，选用 6×19W 型纤维芯镀锌钢丝绳，其外径为 36 mm，公称抗拉强度为 1 570 MPa，其 $S_{绳} = 672$ kN，满足要求。

3. 滑轮、卷筒直径的确定

滑轮、卷筒的名义直径应满足下式要求：

$$D_0 \geqslant e \times d_{绳} \tag{6-4}$$

式中：e——取 20～22；

$d_{绳}$——钢丝绳直径，为 36 mm；

因此，$D_0 \geq 36 \times 20 = 720$(mm)，卷筒直径取 720 mm。

4. 电动机选择

1) 电动机静功率的计算

$$N_{静} = \frac{2Q_{起} v}{1\,000 \cdot \eta_0}(\text{kW}) \tag{6-5}$$

式中：v——起升速度，1.72 m/min；

η_0——机构总效率，$\eta_0 = \eta_{齿} \eta_{筒} \eta_{机} = 0.95 \times 0.9 \times 0.93 = 0.795$，其中 $\eta_{齿}$ 为齿轮传动效率，$\eta_{筒}$ 为卷筒的效率，$\eta_{机}$ 为电动机的效率。

因此，$N_{静} = \dfrac{2 \times 101\,000 \times 1.72}{1\,000 \times 0.793 \times 60} = 7.28(\text{kW})$。

2) 电动机功率的确定

为了满足电动机启动时间与不过热要求，对起升机构，按下式初选相应于机构运转时间率(JC)的电动机功率：

$$N_{JC} \geq K_{电} N_{静} \tag{6-6}$$

式中：$K_{电} = 0.9$，为稳态负载平均系数。则 $N_{JC} \geq 0.9 \times 7.28 = 6.55(\text{kW})$。

该启闭机一次连续运行约为 4.6 分钟，按断续周期性工作制 S_3(6 次/小时)的条件选择电动机。参照电动机样本，按 JC=40% 基准持续率，选 1LE0001-1DC23-3 型电动机，其在该工作制下为 7.5 kW，948 r/min。

3) 电动机过载校验

按《水利水电工程启闭机设计规范》(SL 41—2018)附录 K 进行电动机过载校验，校验公式如下：

$$P_n \geq \frac{H}{m\lambda_m} \times \frac{2Q_{起} v}{1\,000 \cdot \eta} \tag{6-7}$$

式中：P_n——基准工作制时，电动机额定功率，为 7.5 kW；

H——系数，笼型异步电动机取 2.2；

m——电动机个数，在此为 1 个；

λ_m——基准工作制时，电动机转矩允许过载倍数，查为 2.3。

则 $\dfrac{H}{m\lambda_m} \times \dfrac{2Q_{起} v}{1\,000 \cdot \eta} = \dfrac{2.2}{2.3} \times 7.28 = 6.96(\text{kW})$，$P_n = 7.5\text{ kW} > 6.96\text{ kW}$。

根据计算结果，上游拦污栅起吊装置采用卷扬式启闭机，型号为 QH-2×100 KN，电机功率 7.5 kW，共 8 台套。

6.4.2.2 启闭机

启闭机由起升机构、传动机构、保护装置和机架等组成。起升机构包括开式齿轮、卷筒、卷筒轴等。传动机构包括联轴器、减速器、制动器、电动机等。保护装置包括荷载限制器、高度指示等。启闭机技术参数见表 6.5。

表 6.5　启闭机技术参数表

启门力	2×100 kN
闭门力	自重闭门
启门速度/闭门速度	1.7 m/min
行程	8.0 m
吊点间距	3.6 m
制动器	液压制动、单制动
工作制度	Q3-中
钢丝绳	36 mm
卷筒直径	720 mm
电机功率	7.5 kW
传动方式	开式传动、单机集中驱动
减速机	圆柱齿轮硬齿面减速机

1. 工作原理

启闭机提升清污机时，以电动机为动力；下降清污机时，则采用反馈制动。为使清污机在上升或下降时能够在任一高度停止，以及不使清污机因自重而发生自由下降，在电动机和减速器处，装有制动器。当电动机通过电运转时，制动器闸瓦打开，当电动机电源切断时，制动器抱闸制动，从而保证了启闭机工作时的安全。

2. 保护装置

启闭机保护装置中荷载限制器采用安装在卷筒座的板式荷载传感器，当钢丝绳受力时，传感器承受一定压力，并随时输出信号，显示仪表上显示出与实际负荷相对应的数值。当钢丝绳荷载达额定值的 95% 时预报警，达到额定值的 110% 时自动切断电源并进行声光报警，制动器抱闸，起升机构停止工作；当荷载恢复正常后，荷载限制器恢复正常工作。

高度指示装置由行程限位开关、绝对值编码器和显示仪表组成。通过安装于小齿轮轴端的绝对值编码器和行程开关输出信号，显示并控制清污机的任何位置。编码器具有断电记忆功能，可有效地控制清污机上、下极限位置和开度预置，当清污机到达上限、下限和预置开度到位时，显示仪表发出声光报警信号，并有相应控制触点输出，控制启闭机停止运行。行程限位开关仅控制清污机的上、下极限位置，当编码器失灵时动作，起保护作用。

6.4.2.3　启闭机控制柜

启闭机的电气控制采用现场手动控制方式，每 2 台启闭机设置 1 台现场动力控制柜，共计 4 台。控制柜为不锈钢（厚度 1.2 mm）柜体，户外落地式安装，尺寸为 600 mm×400 mm×1 600 mm（宽×深×高）。其具有如下功能特性。

（1）控制柜电源输入为三相四线，380/220 VAC，50 Hz 交流电源，控制电源为 220 V 交流电源。进出电缆由柜底引入。

（2）启闭机控制通过控制柜按钮进行操作。

（3）控制柜具有手动、点动、急停、切断、反转，显示工作状态信号、运行信号、故障信号等功能。

(4) 控制柜防护等级为 IP56,具有防雨、防潮、防灰尘功能。

(5) 控制柜为双层门,外门面板为一扇可观察窗,内门装有数字式仪表、按钮、信号灯、转换开关等。柜内装有恒温空间加热器,防止柜内出现冷凝水。加热器采用交流 220 V 电源。

(6) 控制柜内安装空气断路器、开停操作接触器、热继电器、仪表、信号灯和按钮及相应电气保护装置,用于启闭机的短路保护、过电流和过负荷保护。

6.4.2.4 锁定装置

起吊工作桥上启闭机与清污机边梁底部通过索节连接。清污机起吊至锁定位置后,采用固定在起吊工作桥侧面的锁定杆,直接挂住清污机边梁上的锁定挂钩,固定清污机位置,避免钢丝绳长期受力(如图 6.13 和图 6.14 所示)。

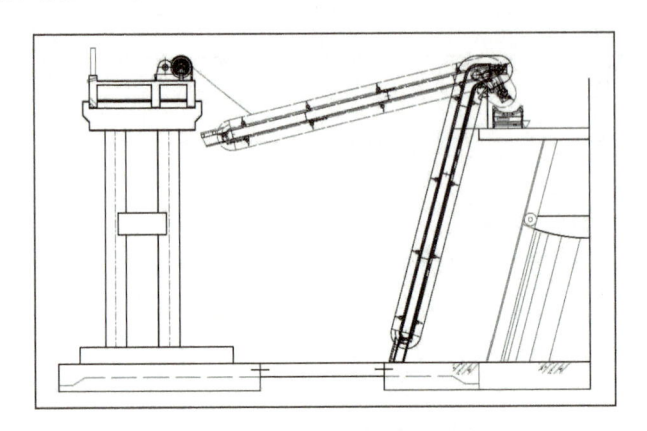

图 6.13 上游清污机起吊示意图

图 6.14 上游清污机和起吊设备

6.5 电机轴瓦冷却装置

刘老涧泵站电机的上、下导轴承轴采用油循环自冷却，冷却器为内置式，由多根冷却管组成，出轴瓦冷却机组及循环供水装置通入压力冷却水冷却油温，使得油路自循环畅通、冷热分区明显，确保轴承温度得到充分冷却。

6.5.1 设备选型

根据刘老涧泵站电机冷却参数表6.6，4台电机所需冷却水流量为28 m³/h，考虑机组的冷却油温和循环水正常冷却，在管道不结露和不影响冷却油质量的前提下，采用25℃进冷水机组，22℃出冷水机组设计。另外，根据现场冷却器正常冷却温差一般都是1～2℃的情况，设计采用4℃温差，确保满足设备正常运行条件，并有一定余量。

表6.6 刘老涧泵站电机冷却参数表

电机数量	电机要求流量(m³/h)	冷却温度要求(℃)	设备压力(MPa)	单台实际流量(m³/h)	合计流量(m³/h)
4	7	22	<0.3 MPa	7	28

冷却水量计算制冷量为：
$$Q_{冷} = 流量 \div K_{温差} 0.172 \times (4 \div 5)$$
$$= 28 \div 0.172 \div 0.8 = 130.2(kW)$$

式中：K 为制冷计算常数，1 kW 制冷量，在进出水温差5℃时流量是0.172 m³/h，冷却水温在22℃时的水流量为28 m³/h。

根据以上计算，选用型号为 ZWLQ-20 轴瓦冷却器。该设备在环境温度35℃、进冷水机组水温25℃、出冷水机组水温21℃时，制冷量为78 kW，水流量为17 m³/h，用2台设备就能满足泵站设备正常运行。考虑泵站的运行需要，增加1台备用，所以选用3台冷却机确保泵站的正常运行。根据设备运行压力 0.3 MPa 要求，水泵选型流量宜留10%～20%的余量，供水泵流量宜选34 m³/h。循环供水装置水泵流量为35 m³/h，考虑系统阻力和轴瓦冷却器的管道阻力，所以水泵扬程取40 m，满足压力大于0.3 MPa要求。

因此选用3台轴瓦冷却机组就能满足泵站的正常运行，并有足够余量。

6.5.2 设备构成

刘老涧泵站轴瓦冷却机采用 ZWLQ-20 型（图6.15），由靖江市宝钢空调设备厂制造，主要由压缩机、干燥过滤器、专用管式换热器、外平衡膨胀阀、高低压力保护、高低压表、冷凝器、温控器、流量开关、PC控制器、交流接触器、机组壳架等组成。其具体性能参数见表6.7。

表6.7 轴瓦冷却机组性能参数表

制冷量(kW)	电源规格	压缩机额定输入功率(kW)	风机额定输入功率(kW)	噪声 dB(A)	压缩机类型	冷媒类型	充注量(kg)	额定水流量(m³/h)	接管尺寸	重量(kg)
60	3NAC380 V 50 Hz	18	1.5	<67	柔性涡旋式	R22 环保制冷剂	18	20	DN65	800

6.15 轴瓦冷却机组

6.5.3 性能特点

1. 以模块为基本单元,每个单元均包含独立的完整的制冷系统,根据实际负荷的大小可灵活组合模块。

2. 主机采用全封闭压缩机,内置多种保护装置,保证机组长期安全可靠运行。

3. 换热部分采用专用设备生产,为波纹亲水铝翅片串紫铜管结构,具有承压高、换热效率佳、结构紧凑等优点。

4. 柜体为不锈钢结构,结构牢固,外形美观,表面经特殊工艺处理,适应室外恶劣的自然环境。

5. 安装简单方便,直接置于室外。

6. 采用风冷却,无需冷却水系统,省去冷却塔、冷却水泵、冷却水管道及阀门。

7. 采用微电脑控制,动作灵敏可靠,自动化程度高,具有高低压保护、失压保护、断水保护、缺相保护、过载保护、欠电压保护、防冻保护、压缩机内设温度控制保护等功能,另有压缩机等寿命运行控制系统。冬季智能除霜,对循环水的冻结进行远程监测。

6.6 主机通风系统

电动机在运行过程中散发出大量的热量,使电动机绝缘老化,效率降低,因此需要通风降温。刘老涧泵站电机整体结构的设计,优化了电机内部风路流通路径,消除死风区和紊流区(特别是定子端部),确保定转子各发热点得到从机组上下两端流入的冷风,充分冷却;机座两个内壁上开设了一圈通风孔,使进风可以流过定子绕组端部再从通风孔流出,经冷却风机排出热风,有效降低定子绕组端部温升;电机除外部风机向外抽风,转子本身也在磁轭两端设置了离心风扇,机组运行时,风扇强迫冷风去冷却定、转子线圈和铁芯,增强了通风能力,有利于降低电机温升。

6.6.1 电机冷却风机选型

根据刘老涧泵站主电机风机冷却参数表6.8,4台电机所需冷却风量为 100 800 m^3/h。

表 6.8　主电机风机冷却参数表

电动机数量	电机要求风量	设备压力	单台电机实际风量(m³/h)	合计风量(m³/h)
4	7 m³/s	<290 Pa	25 200	100 800

根据以上要求,主电机风机选用 2 台斜流风机(图 6.16),型号 GXF-6.5B-BX,该设备在环境温度 35℃时,风量为 13 000 m³/h,全压为 390 Pa,2 台风机风量合计 26 000 m³/h,能满足一台电机所需风量。

图 6.16　主电机风机

6.6.2　电机通风冷却结构

刘老涧泵站电动机的通风冷却结构为半管道通风冷却。从电机上下两端进风,经机座出风口及连接的管道由风机排出。电机的内风路为冷空气从机座四周上、下进风口进入电机内,与定、转子热交换。热空气从机座中间出风口经管道抽出(如图 6.17 所示)。

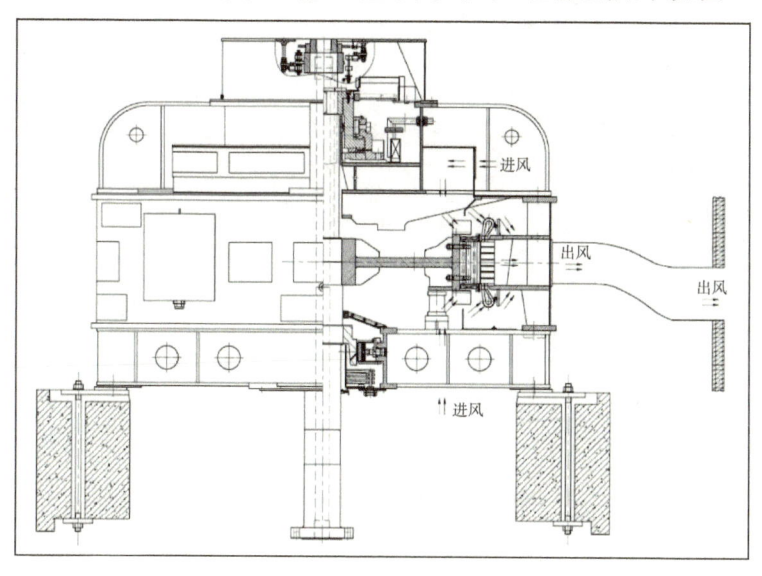

图 6.17　电机通风冷却示意图

同时，刘老涧泵站机组冷却风道为钢质风道，在风机风筒内壁和进出风管内壁加包覆式消声器，将噪音降低 6~8 dB，从而达到很好的降噪效果。

6.7 起重设备

对于大型泵站，由于起重量较大，而且泵房的跨度也较大，一般厂房起重设备多采用电动双梁桥式起重机。刘老涧泵站选用桥式起重机，型号 QD32/5 - 10.5 A5。

6.7.1 设备构成

桥式起重机主要包括：起升机构、运行机构、桥架结构、操纵机构及电气控制设备等。

1. 起升机构：由电动机、制动器、减速器、卷筒组、定滑轮组、起升限位、传动轴、联轴器等组成。
2. 运行机构：由电动机、制动器、减速器、传动轴、联轴器、车轮组等组成。
3. 桥架结构：由主梁、端梁、走台、电缆滑架、司机室、梯子栏杆平台等组成。
4. 操纵机构及电气控制设备：由联动台或凸轮控制器、保护柜、电源箱、电阻器、小车导电器、大车导电器及各限位开关等组成。

6.7.2 设备参数

刘老涧泵站起重设备为 QD 桥式起重机（图 6.18），设备型号 QD32/5 - 10.5 A5，由苏州起重机厂生产，1996 年 1 月投入使用。其设备性能参数详见表 6.9。

图 6.18 刘老涧泵站桥式起重机

表 6.9　刘老涧泵站主厂房桥式起重机参数

项目	参数	项目	参数
设备类别	桥式起重机	设备品种	通用桥式起重机
型号规格	QD32/5-10.5 A5	设备代码	41103213212001120009
产品编号	95-10011	单位内编号	LLJZ-01
投入使用日期	1996年1月	制造单位	苏州起重机厂
跨度	10.5 m	工作级别	A5
额定起重量	32T	起升速度	8.92/19.7 m/min
主钩起升速度	1.97 m/min	副钩起升速度	8.92 m/min
起升高度	11/11 m	司机室型式	闭室左端
大车运行速度	35.5 m/min	小车运行速度	18.8 m/min
大车电动机型号	YZR160M1-6	小车电动机型号	YZR200L-8
大车电动机转速	935 r/min	小车电动机转速	710 r/min
大车减速器型号	ZQD400	小车减速器型号	ZSC600
大车制动器型号	YWZ3-250	小车制动器型号	YWZ2-315
大车轨道型号	P43	小车轨道型号	P43
起升减速器型号	YOD850	起升制动器型号	WEZ2-315
钢丝绳型号	6×19	倍率	4/2
控制方式	凸轮	使用场所	泵站主厂房

6.7.3　设备维修

刘老涧泵站桥式起重机由江苏省水利建设工程有限公司在现场进行大修。主要包括以下方面。

(1) 对大车轨道、小车轨道等进行相关检查,确保其符合相应规范要求。

(2) 拆除主、副钩钢丝绳及相关电气设备。拆除时使用绳索将钢丝绳绑扎后缓慢放至地面,防止造成人员伤害、设备损坏。新钢丝绳采用设计的型号、规格的钢丝绳。

(3) 更换减速机油封,更换减速机齿轮油、刹车液压油。

(4) 电气改造,主要内容有电线管的敷设、配线,电阻器、滑触线安装,遥控器安装,遥控器转换电气柜、变频柜及安全接地等。

(5) 小车滑线改造为软电缆供电,改造后小车滑触线滑动灵活,确保牵引绳受拉力,电缆不受力。

(6) 大车滑线改造为封闭式安全滑触线。确保滑触线水平及与轨道间距满足规范要求。

(7) 行车电气试验。直流电阻测量,用双臂电桥测量定子、转子的直流电阻,要求AB、BC、CA三相之间直流电阻之差不超过平均值的1.0%;绝缘电阻测量,要求定子、转子对外壳的绝缘电阻均在 0.5 MΩ 以上;保护装置整定试验及其他规范要求的电气试验。

(8) 遥控功能试验。

(9) 负荷试验。静负荷试验:用 1.25 倍的额定荷载,吊起离地 10 cm,停悬 10 分钟,重复三次,测量主梁的变形情况。动负荷试验:用 1.1 倍的额定荷载,做反复运转试验,检查各机构动作是否平稳,操作是否安全可靠。

6.8 抽真空装置

刘老涧泵站机组具有反向发电功能,泵站配置了抽真空装置,用于出水流量抽真空,使上游来水翻转出水流道驼峰,冲转叶轮,当转速达到发电工况亚同步转速时,主机组合闸并网发电。

6.8.1 工作原理

每台主水泵顶部排气口均安装一个单向气阀并用管道与真空罐相连。单向气阀的作用是使渗入水泵内的空气可自由进入真空箱,而水不能通过止回阀。真空泵的开停由液位控制器通过真空管线上各自的电磁阀和流量开关控制。电磁阀处于常闭状态,当液位控制器需要启动离心泵时,首先打开电磁阀让离心泵与真空管线相通,当水流过流量开关时说明真空泵处于可启动状态,液位控制器关闭电磁阀并同时启动离心泵。真空罐上装有自动信号发生器,真空设备根据其指令自动工作。当真空罐内真空度低于下限时,发出停止指令,真空设备自动停止。

6.8.2 设备构成

刘老涧泵站抽真空装置由 2 台真空泵、1 个真空罐、1 个汽水分离器、1 个控制柜、电磁阀、系统阀门及管路等组成(图 6.19)。每台真空泵配备液位控制器、供给管路、分离罐、电磁阀、手动调节阀等,保证主水泵的真空抽吸。真空泵最大抽气速率 12 m³/min,泵转速 980 r/min,电机功率 18.5 kW。两台真空泵一备一用,可手动切换。

图 6.19 抽真空装置

6.9 检修闸门

刘老涧泵站下游进水流道共设置8扇事故闸门兼检修闸门(图6.20),闸门形式为潜孔式平面滑块钢闸门,门体尺寸为4.2 m×4.0 m(高×宽),闸底板顶面高程8.0 m,闸顶高程22.0 m,采用汽车吊控制。流道进水口设置8扇直立式安全格栅。

图 6.20 检修闸门

第七章

变配电系统

变配电系统是电力系统的一个重要组成部分,包括电力系统中区域变电站和用户变电站,涉及电力系统电能发、输、配、用的后两个环节。

电厂供配电系统中,变(配)电所承担着接收电能、变换电压和分配电能的任务;配电线路承担着输送电能的任务。本章主要介绍供电系统和配电系统,包括其接线方式、运行方式及系统保护等。

7.1 变电所变配电概况

变电所是改变电力系统电压的场所,用于变换电能的电压,并对电能进行重新分配。

7.1.1 概况

刘老涧泵站原变电所位于站身东北侧。原变电所建于1996年,为户外式变电所,经过20多年运行,电气设备老化影响安全运行。刘老涧泵站加固改造时,变电所采用"站、所分开"布置方案,"站、所分开"是将变电所和泵站电气设备分开布置,优点是新建变电所不涉及原控制楼部分,有利于"边改造、边运行"的特殊要求,缺点是设备布置分散,巡视维护不便,电缆投资加大。

新建35 kV室内变电所中设1台主变,有独立的直流电源系统,并将控制保护按照独立单元设置,内设35 kV开关室、控保室。

7.1.2 通信

刘老涧泵站变电所与上级变电所之间的电力调度通信采用光纤通信,通过光纤将泵站的主要电气参数上传至电力系统,同时接收电力系统的调度指令。

7.1.3 设备布置

变电所为一层结构,设有主变室、35 kV高开室、保护屏室、办公室(图7.1)。主变室安装1台主变。35 kV高开室安装1台35 kV进线隔离柜、1台35 kV高压总计量柜、1台35 kV总进线开关柜、1台主变开关柜、1台所变开关柜、1台35 kV PT柜,共计6台

图 7.1 刘老涧泵站变电所

35 kV 高压开关柜。保护屏室安装 1 台充馈电柜、1 台 100 Ah 蓄电池柜、1 台变电所 LCU 柜以及 1 块 35 kV 保护屏。开关柜下和柜后设电缆沟，与主厂房电缆沟连通。

7.2 变电所 35 kV 系统

7.2.1 电气接线方式

刘老涧泵站位于宿迁市宿豫区境内，泵站供电电源由上级大兴变电所架设 1 回 35 kV 架空线路供电，采用高压计量方式（电气一次主接线如图 7.2 所示）。35 kV 侧采用单母线不分段接线方式，变电所内装设一台 12 500 kVA 主变压器，变电压等级为 35/6.3 kV。线路输送容量 13 100 kVA。

7.2.2 接入系统方式

35 kV 大刘 322 线为江苏省刘老涧泵站的专属供电线路，线路起于宿迁供电公司 110 kV 大兴变电站，止于江苏省刘老涧泵站变电所进线铁塔，全长 10.8 km，导线型号为 LGJ-120 钢芯铝绞线，地线为 GJ-35 钢绞线，杆塔共 59 基，其中 14 基为铁塔，45 基为混凝土线杆。该线路建成于 1996 年，是刘老涧泵站配套工程。

7.2.3 主变压器

7.2.3.1 容量计算

刘老涧泵站主变计算容量

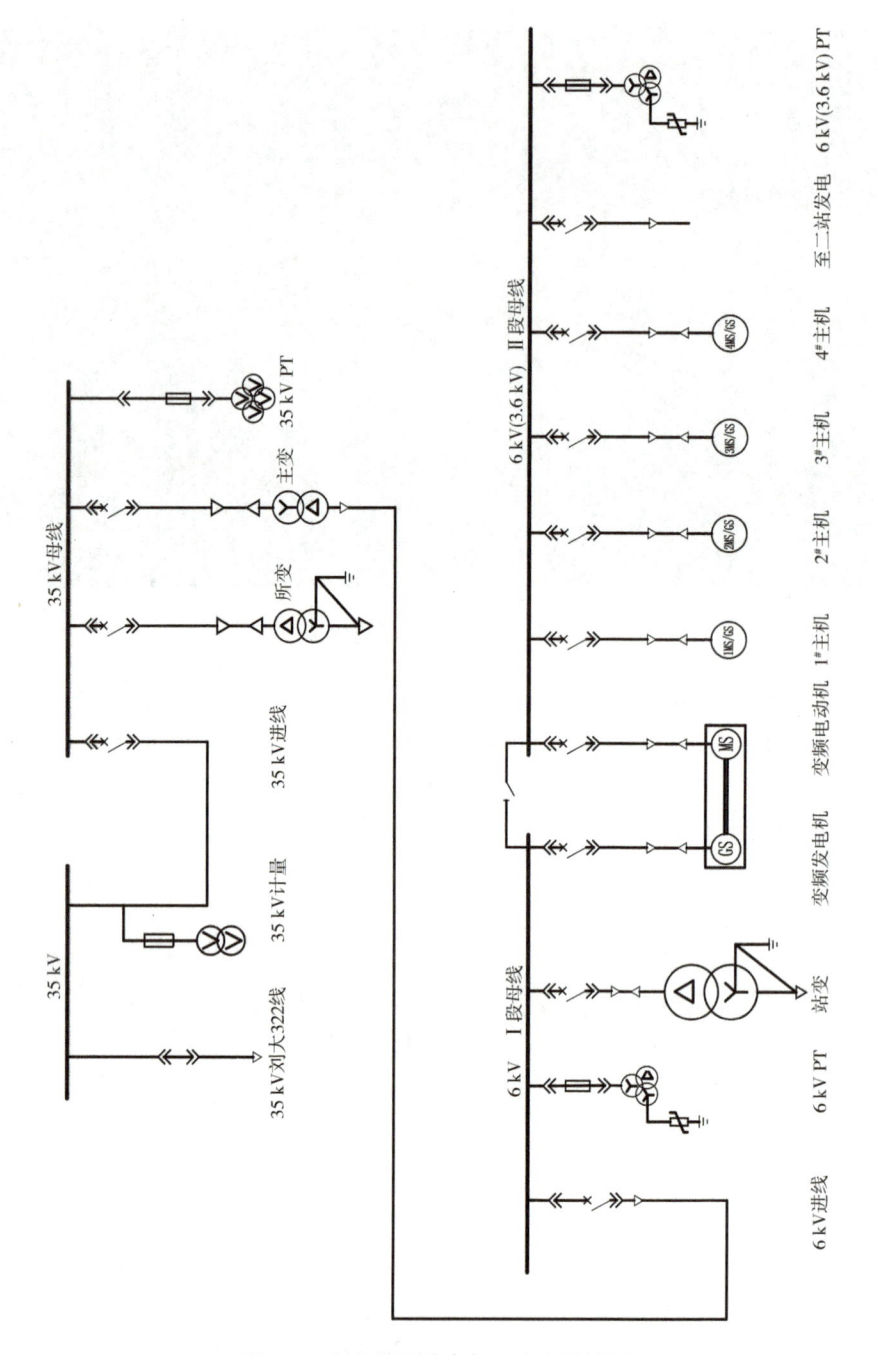

图 7.2 刘老涧泵站电气一次主接线图

$$S_C = \frac{N \times K_1 \times P_1}{\cos\varphi \times \eta} + P_2 \times K_2 \tag{7-1}$$

变压器容量选择应满足下式要求：

$$S_C \leqslant S_{N.T} \times K_t \times K_L \qquad (7-2)$$

式中：P_1—电动机额定功率，为 2 200 kV；

P_2—其他动力与照明用电总负荷，为 630 kW；

η—电动机效率，取值 0.95；

N—电动机台数；

$\cos \varphi$—电动机功率因数，取值 0.9；

K_2—照明同时系数，取值 0.65；

K_1—电动机负荷系数，取值 0.92；$K_1 = \dfrac{P_3}{P_1} \times K_3$，其中 P_3 为水泵的轴功率，K_3 为修正系数。

则 $S_C = \dfrac{4 \times 0.92 \times 2\ 200}{0.9 \times 0.95} + 630 \times 0.65 = 9\ 878.5 (\text{kVA})$

经计算，变压器考虑一定负荷率，容量选择 12 500 kVA，接于泵站 35 kV 进线上。

7.2.3.2 变压器性能

刘老涧泵站主变压器选用油浸自冷式变压器，型号为 S13-12 500 kVA，由扬州华鼎电器有限公司生产，调压方式为无载调压，调压范围为 35±4×1.25%，高压额定电压 35 kV，低压额定电压 6.3 kV，额定频率 50 Hz，额定容量 12 500 kVA，联结组标号 YNd11，空载损耗≤8 kW，负载损耗≤53.8 kW，空载电流≤0.8 A，总重量 22 800 kg，外形尺寸为 3 750 mm×3 890 mm×3 250 mm，噪音≤58 dB（距离变压器外边缘垂直面 1 m、距地面 1.5 m 高度处的噪音）。

该油浸式变压器主要由铁芯、绕组、油箱、调压装置、散热器、油枕、气体继电器、绝缘套管、压力释放阀等部分组成（图 7.3）。

图 7.3 主变压器

1. 铁芯

铁芯选用全新的高导磁冷轧取向硅钢片，它形成一个磁通闭合回路，变压器的一、二次绕组都绕在铁芯上。铁芯接地用 10 kV 级套管引出在壳体上部，并且用绝缘线引至变压器下部可靠接地。

变压器铁芯分为芯式和壳式两种结构。刘老涧泵站主变采用芯式结构。芯式铁芯由芯柱和铁轭组成。油浸式变压器的铁芯内部有冷却铁芯的油道，便于变压器油循环，同时也加强了设备的散热效果。

2. 绕组

绕组又称线圈，是变压器的导电回路。刘老涧泵站主变绕组采用铜线绕制成多层圆筒形。一、二次绕组同心套在铁芯柱上，为了绝缘，一般低压绕组在里，高压绕组在外。绝缘材料包在导线外边，保证导线之间及导线对地的绝缘。

3. 油箱

油箱是油浸式变压器的外壳，其作用除装油外，还用来安装其他部件。刘老涧泵站主变油箱采用箱盖式，四角为圆角，油箱长轴沿油柜方向倾斜 1.5%，采用大折边板式平顶框架结构。

4. 调压装置

调压装置是为保证变压器二次电压稳定而设置的。当电源电压变动时，利用调压装置调节变压器分接开关，保证二次侧输出电压稳定。调压装置分为有载调压和无载调压两种，刘老涧泵站主变采用无载调压。

5. 散热器

散热器装在油箱壁上，上下部通过管道与油箱相通，变压器上部油温与下部油温有温差时，通过散热器形成油的对流，经散热器冷却后流回油箱，起到降低变压器油温度的作用。为了提高冷却效果，可以采用自冷、强迫风冷和强迫水冷等措施，刘老涧泵站主变散热采用自冷方式。

6. 油枕

油枕也称油柜。变压器油因温度变化会发生热胀冷缩现象，油面也将随温度的变化而上升或下降。油枕的作用是：给油的热胀冷缩留有缓冲余地，保持油箱始终充满油；减小油与空气的接触面积，减缓油的氧化。

刘老涧泵站主变采用胶囊式油枕，其容积保证在周围气温最高为 40℃满负载状态下油不溢出，在 −15℃未投入运行时，油枕有油。油枕配有磁针式带报警接点的油位计、真空蝶阀式加油阀、注放油的排污油装置以及带有油封的吸湿器。

7. 气体继电器

气体继电器又称瓦斯继电器，是变压器内部故障时的主保护装置，它装在油箱和油枕之间连接油管的中部。当变压器内部发生严重故障时，气体继电器接通断路器跳闸同路；当变压器内部发生不严重故障时，气体继电器接通故障信号回路。

8. 绝缘套管

高、低压绝缘套管位于变压器油箱顶盖上，采用瓷质绝缘套管。绝缘套管的作用是使高、低压绕组引线与油箱保持良好的绝缘，并对引线予以固定。刘老涧泵站主变 35 kV 电压级套管采用油浸电容式套管，套管爬距≥2.8 cm/kV（最高电压），套管带试验用电容抽头;6 kV 电压级套管上部采用铜压碗。

9. 压力释放阀

压力释放阀是变压器的一种压力保护装置,用螺栓固定在变压器油箱上部,由密封垫圈密封,保证绝缘油不渗漏。当变压器内部发生故障时,油分解产生大量气体,压力释放阀将及时打开,排出部分变压器油,降低油箱内的压力,待油箱内压力降低后,压力释放阀将自动闭合,并保持油箱的密封。

7.2.4　35 kV 高压开关柜

35 kV 高压开关柜采用户内中置式金属铠装全封闭 KYN61－40.5 型开关柜(图7.4),由裕成电器有限公司生产,共计 6 台,分别为 1 台 35 kV 进线隔离柜、1 台 35 kV 高压总计量柜、1 台 35 kV 总进线开关柜、1 台主变开关柜、1 台所变开关柜、1 台 35 kV PT 柜。柜内装设真空断路器、电流互感器、电压互感器,操作电源采用直流 220 V。

图 7.4　35 kV 高压开关柜

7.2.4.1　主要技术参数

35 kV 高压开关柜主要技术参数如下:

1. 额定电压:35 kV;
2. 最高电压:40.5 kV;
3. 额定电流:1 250 A;
4. 额定频率:50 Hz;
5. 额定热稳定电流(4S):25 kA;
6. 额定动稳定电流(峰值):63 kA;
7. 防护等级:IP4X;
8. 宽×深×高:1 400 mm×2 800 mm×2 400 mm。

7.2.4.2 开关柜性能

1. 高压开关柜为全封闭型,采用环氧树脂粉末静电喷涂,面板材料为2.5 mm厚的优质钢板,柜体材料为2.0 mm厚敷铝锌钢板,具有足够的机械及耐火强度,能承受由此引起的电气及机械应力,确保最大短路故障时能安全运行。

2. 高压开关柜具有可靠的防止误操作的联锁装置(简称"五防"要求),包括:防止误分、合断路器,防止带负荷推拉可移开部件,防止带电合接地开关,防止接地开关处在接地位置送电,防止误入带电间隔。

3. 高压开关柜母线室、开关室、电缆室、低压控制小室(仪表室)均进行金属全分隔,并且具有各自独立的过压释放通道。

4. 高压开关柜内手车式断路器开断时,具有带自动锁扣的金属防护板,可同时自动隔离电缆侧和母排侧,防止操作人员与带电部分接触。

5. 高压开关柜柜面设置远方/现场操作选择开关、现场跳/合闸操作开关及跳合闸位置指示灯等,并留有远方跳合闸接口。手车运行位置、试验位置的辅助触头分别引至端子板。

6. 高压开关柜内母排全封闭在高压柜分舱内,母排采用热缩套管、环氧树脂板等加强绝缘措施。母排的截面均匀,其截面能承载连续的负载电流。母排的接点均有效地导电和牢固地连接,并加装环氧树脂板固定,使母排形成整体。

7. 高压开关柜柜顶安装小母线,供开关柜之间连线使用,小母线的间距按交流220 V设计,保证小母线之间的绝缘。

8. 高压开关柜柜内辅助导线和二次线为连接控制、保护及仪表设备的小线,固定在专用的端子上并采用连接片进行多根导线端接。

9. 高压开关柜柜内电流互感器采用环氧树脂浇注式,一次接线端子采用铜质板式接线端子。Ⅱ段母线上的电流互感器满足在3.6 kV、30 Hz反向发电运行工况下安全、准确运行要求。

10. 高压开关柜柜内电压互感器采用环氧树脂浇注式,单项式全绝缘。电压互感器安装在可抽出的小车间隔内,低压侧配置低压熔断器,并安装在仪表小室内。当处于抽出位置时,电压互感器及高压熔断器完全断开,并明显接地,方便对熔断器进行检查、拆卸或更换。Ⅱ段母线上的电流互感器满足在3.6 kV、30 Hz反向发电运行工况下安全、准确运行要求。

11. 高压开关柜采用接地铜排并连成一体,接地铜排的截面能承受3 s的短路电流;断路器手车的滑动触头与主接地排采用铜材连接;柜内低压控制小室(仪表室)装有供微机保护等电子设备的专用接地铜排并与柜体绝缘,用截面积35 mm² 的铜导线引下至柜底电缆沟或桥架内的总专用接地铜排。

7.2.4.3 35 kV真空断路器

35 kV高压真空断路器为GEVB系列产品,型号为VB-40.5/T1250-31.5,采用整体浇注固封极柱式,配弹簧操作机构,具有机械和电气联锁功能。

断路器主要技术参数如下:额定电压40.5 kV,额定电流1 250 A,工作频率50 Hz,

额定工频耐受电压(1 min)95 kV,额定雷电冲击耐受电压(峰值)185 kV,额定短路开断电流25 kA,额定短路耐受电流(4 s)25 kA,额定峰值耐受电流63 kA,额定短路关合电流63 kA,开关电容器组电流400 A。

断路器面板上设有合闸按钮、分闸按钮、分闸/合闸指示、储能/未储能指示、操作计数器,上部配有二次航空插头,并提供手动储能操作功能。

真空断路器的灭弧室被整体浇注在环氧树脂中,极柱结构坚固、可靠,可消除灰尘、潮气等对灭弧室外绝缘能力的影响。

7.2.5 变电所继电保护装置

继电保护是当电力系统中的电力元件或电力系统本身发生故障,危及电力系统安全运行时,能够向运行值班人员及时发出警告信号,或者直接向所控制的断路器发出跳闸指令,以终止事件发展的一种自动化措施和设备。刘老涧泵站采用微机保护装置。

7.2.5.1 保护装置配置要求

继电保护配置如下。
（1）35 kV 进线保护：电流速断保护、过负荷保护、低电压保护等。
（2）主变保护：重瓦斯保护、轻瓦斯保护、压力释放保护、油位保护、温度保护、差动保护、电流速断保护、过电流保护、过负荷保护等。
（3）所变保护：电流速断保护、过电流保护、过负荷保护、温度保护等。

7.2.5.2 微机保护装置功能

刘老涧泵站变电所微机保护装置采用智能综合一体化装置,装置集测控、智能终端功能于一体,以 IEC61850 规约格式输出。保护装置不受监控系统的控制,独立闭环运行,作为独立的设备提供对电气设备的保护。保护装置向监控系统传送实时的信息和数据,在发生故障动作时能记录动作前相关电气数据和故障动作类型,并向监控系统传送相应的故障信息和数据。保护装置屏幕直接显示保护动作信息,实时显示电流、电压、有功功率、无功功率、功率因数、频率及其他所需的电气量。

7.2.5.3 微机保护装置

刘老涧泵站变电所采用 GE 公司的微机保护装置(图 7.5),具体型号见表 7.1。

表 7.1 刘老涧泵站变电所微机保护装置

编号	项目名称	型号规格	单位	数量
1	35 kV 进线保护装置	F650	套	1
2	35 kV 所变保护	F650	套	1
3	主变差动保护	T60	套	1
4	主变后备保护	F650	套	1

图 7.5　变电所微机保护装置

1. F650 型保护装置

刘老涧泵站变电所微机保护装置中,采用 T650 型的有进线保护、所变保护和主变后备保护。

进线保护主要功能包括速断保护、过电流保护、低电压保护、PT 断线告警、接地故障告警、控制回路断线告警等。

主变后备保护、所变保护主要功能包括速断保护、过流保护、过负荷保护、零序过流保护、温度保护、PT 断线告警、接地故障告警、控制回路断线告警等。

测量内容包括三相电流、三相电压、有功功率、无功功率、功率因数、电度等。

2. T60 型保护装置

刘老涧泵站变电所主变差动保护采用 T60 型保护装置。差动保护主要功能包括差动保护、速断保护、低后备保护、反时限过流保护、正时限过流保护、过负荷保护、低电压保护、零序电流保护、零序过电压保护、温度保护、非电量保护、PT 断线告警、接地故障告警、控制回路断线告警等。

测量功能包括三相电流、有功功率、无功功率、功率因数及主变温度等。

7.2.5.4　微机保护装置整定

1. 35 kV 进线保护

刘老涧泵站变电所 35 kV 进线保护装置型号为 F650,CT 变比为 300/5 A,PT 为 $35/\sqrt{3}$、$0.1/\sqrt{3}$、$0.1/\sqrt{3}$、0.22。其整定值详表 7.2。

表 7.2　35 kV 进线保护整定表

保护名称	整定电流	整定时间	整定电压	备注
电流速断保护	20 A	0 s	—	跳闸
过电流保护	8 A	0.6 s	—	跳闸
过负荷保护	6 A	5 s	—	跳闸
低电压保护	—	1 s	60 V	发信

2. 主变保护

刘老涧泵站变电所主变型号为 S_{13}-12 500 kVA,其相关参数:额定电压 35±3×2.5%/6.3 kV,阻抗电压 $U_d\%=8$,联结组别 YNd11,$I_e=206.2$ A,$I_n=3.44$ A。

刘老涧泵站变电所主变差动保护装置型号为 T60,主变后备保护装置型号为 F650。主变非电量保护在 T60 中实现,CT 变比为 300/5 A。

主变保护的整定值详见表 7.3。

表 7.3　主变保护整定表

保护名称	整定电流	整定时间	整定电压	备注
差动保护	$I_{cdqd}=0.3I_n=1.03$ A 拐点 1:$I_{S1}=2.5I_n=8.6$ A 拐点 2:$I_{S2}=5I_n=17.2$ A 比例制动系数: $K_1=0.3, K_2=0.6$ 二次谐波制动系数:15%	0 s	—	跳两侧开关
差动速断保护	$I_{sdzd}=6I_n=20.6$ A 取 20 A	0 s	—	跳两侧开关
电流速断保护	19 A	0 s	—	跳两侧开关
过电流保护	6.0 A	0.6 s	—	跳两侧开关
过负荷保护	4.5 A	7 s	—	跳两侧开关
零序电流保护	200 mA	0 s	—	发信号
主变重瓦斯保护	—	—	—	跳两侧开关
主变轻瓦斯保护	—	—	—	发信号
主变压力释放	—	—	—	发信号
主变油位高低	—	—	—	发信号
主变油温	75℃	—	—	发信号
主变超高温	85℃	—	—	跳两侧开关

3. 所变保护

刘老涧泵站变电所所变保护装置型号为 F650,CT 变比为 20/5 A。其整定值详见表 7.4。

表 7.4　所变保护整定表

保护名称	整定电流	整定时间	整定电压	备注
电流速断保护	16 A	0.1 s	—	跳闸
过电流保护	6 A	0.3 s	—	跳闸

续表

保护名称	整定电流	整定时间	整定电压	备注
过负荷保护	3 A	9 s	—	跳闸
零序电流保护	160 mA	0 s	—	发信号
温度保护	温度120℃发信号,130℃温度超高跳闸			

7.2.6 变电所直流系统

因变电所与泵站分开布置,其直流电源容量较小,主要包括断路器分、合闸瞬间的冲击性负荷,继电保护、自动装置经常性负荷,事故照明,继电保护装置动作等事故负荷等。

变电所直流系统采用微机控制,容量为 100 Ah,额定电压为 220 V,一台充馈电屏(图7.6),一台蓄电池柜,配置阀控式密封铅酸蓄电池。

直流电源系统具有如下功能:①采用液晶触摸屏显示,具有"四遥"(遥测、遥信、遥控、遥调)功能。②直流系统采用两路三相四线 380 V 交流电源供电,并能进行自动切换、自动调压。③交流浮充电装置采用 4 套智能高频开关整流模块,3+1 热备份,可带电插拔,任意一个部分出现故障均能自动退出,不影响整个系统工作。模块具有保护与告警功能,包括输入过压、欠压、缺相、输出过压、欠压、模块过热等。④蓄电池均充和浮充过程能自动转换,并可通过键盘进行设置。⑤通过 RS-485 通信口向监控系统实时发送交直流电压、各回路电流、交流进线及直流出线开关的状态,并执行监控系统发出的控制指令。

图 7.6 变电所直流屏

7.3 6 kV 变配电系统

刘老涧泵站 6 kV 电源从主变引接,采用单母线分段接线方式,电气一次主接线图见图 7.2。

7.3.1 6 kV 高压开关柜

高压开关柜采用户内中置式金属铠装全封闭 KYN28A-12 型开关柜(图 7.7),由裕成电器有限公司生产,共计 12 台,Ⅰ段母线分别设 1 台 6 kV 进线开关柜、1 台 6 kV PT 柜、1 台站变开关柜、1 台变频发电机开关柜和 1 台隔离开关柜,Ⅱ段分别设 1 台变频电动机开关柜、1 台联络开关柜(二站发电用)、4 台主机开关柜和 1 台 6 kV PT 柜。柜内装设真空断路器、电流互感器、电压互感器,操作电源采用直流 220 V。

图 7.7 刘老涧泵站 6 kV 高压开关柜

7.3.1.1 主要技术参数

6 kV 高压开关柜主要技术参数如下:
1. 额定电压:6 kV;
2. 最高工作电压:6.3 kV;
3. 额定电流:1 250 A/1 600 A;
4. 额定频率:50 Hz;
5. 额定热稳定电流(4S):40 kA/25 kA;
6. 额定动稳定电流(峰值):63 kA;

7. 防护等级:IP4X;

8. 宽×深×高:800 mm×1 500 mm×2 300 mm。

7.3.1.2 开关柜性能

6 kV 高压开关柜性能与 35 kV 高压开关柜性能相同,内容详见 7.2.4.2。

7.3.1.3 10 kV 真空断路器

10 kV 高压真空断路器为 GEVB2PLus 系列产品,型号为 VB2 Plus - 12/T1250 -25,采用固封极柱式整体浇注,配弹簧操作机构,具有机械和电气联锁功能。

断路器主要技术参数如下:额定电压 12 kV,额定电流 1 250 A,工作频率 50 Hz,额定工频耐受电压(1 分钟)42 kV,额定雷电冲击耐受电压(峰值)75 kV,额定短路开断电流 25 kA,额定短路耐受电流(4 秒)25 kA,额定峰值耐受电流 63 kA,额定短路关合电流 63 kA,开关电容器组电流 630 A。

断路器面板上设有操作控制手柄和指示,包括脱扣按钮、合闸按钮、分闸按钮、分闸/合闸指示、储能/未储能指示、操作计数器,并提供手动储能操作功能。

真空断路器的动触头采用镀银无氧铜制造,梅花触头设计,坚固耐用,便于检查,与扁平触头设计相比,具有更好的触片接触面。

7.3.2 站用变压器

7.3.2.1 容量计算

泵站站用电负荷主要有主机励磁用电、液压系统用电、直流系统用电、控制系统用电、辅机用电、清污机用电、行车用电、电动葫芦用电、风机及检修用电、照明空调用电等,总容量约 680.7 kW,详见表 7.5。

表 7.5 站变负荷统计表

序号	用电负荷名称	单位容量(kW)	总容量(kW)	可能最大负荷(kW)	备注
1	励磁	70	4×70	280	—
2	整流	15	15	15	—
3	控制系统	15	15	15	—
4	循环供水装置	15	2×15	15	—
5	检修排水泵	15	2×15	15	—
6	冷水机组	22	3×22	44	—
7	消火栓主泵	30	2×30	30	兼保安负荷
8	消防排水泵	5.5	2×5.5	5.5	—
9	风机	1.5	8×1.5	12	—
10	行车	20	20	20	—
11	叶片调节液压装置	22	2×22	44	—
12	主机干燥	3	4×3	12	—

续表

序号	用电负荷名称	单位容量(kW)	总容量(kW)	可能最大负荷(kW)	备注
13	真空破坏阀	2	4×2	8	—
14	真空泵	5.5	2×5.5	5.5	—
15	齿轮油泵	1.5	1.5	1.5	—
16	压力滤油机	2.2	2.2	2.2	—
17	上游清污机	7.5	8×7.5	60	—
18	下游清污机	5.5	12×5.5	66	—
19	照明空调	30	30	30	部分兼保安负荷
—	合计	—	—	680.7	

站变容量计算：

$$S_b \geqslant 1.05 \times 0.7 \sum P = 1.05 \times 0.7 \times 680.7 = 500.3 (\text{kVA}) \tag{7-3}$$

经计算，变压器考虑一定负荷率，容量选择 630 kVA，接于泵站 6 kV 侧母线上，用于辅机设备、检修、办公及生活用电。

7.3.2.2 变压器性能

刘老涧泵站站用变压器选用风冷干式变压器(图 7.8)，由扬州华鼎电器有限公司生产，型号为 SCB_{13}-630/6/0.4 kV，高压侧电压 6 kV，低压侧电压 0.4 kV，调压方式为无励磁调压，调压范围±2×2.5%，额定频率 50 Hz，额定容量 630 kVA，相数为 3 相，联结组标号 Dyn11，空载损耗 0.935 kW，负载损耗 5.36 kW，最高温升 100 K，绝缘等级 F 级，总重量 2 615 kg，柜体材料为开关柜式壳体。

图 7.8 站用变压器

该变压器主要由铁芯、绕组、冷却系统、温度控制装置、柜体等部分组成，刘老涧泵站采用的干式变压器绕组为同心式。

1. 铁芯

铁芯采用进口优质高导磁冷轧取向硅钢片,45°全斜接缝,铁轭螺杆夹紧,环氧玻璃丝粘带绑扎结构。铁芯表面采用专用树脂涂复密封,耐潮湿、不生锈。铁芯叠片采用最新的步进叠片方式。

2. 绕组

绕组采用高质量的导电体、绝缘材料。高压绕组采用漆包铜线,用玻璃纤维增强纯环氧树脂浇注,薄绝缘结构,可靠性高。低压绕组采用铜箔绕组,端部用树脂包封,抗潮,散热好,抗突发短路能力强。

3. 冷却系统

为满足变压器的过载要求,变压器配有风机冷却,能自动和手动投入风机运行。冷却系统的风机电源电压为交流 220 V。

4. 温度控制装置

变压器三相次级线圈内设置热电阻 Pt100,温度控制装置指示仪表能自动检测线圈和铁芯的温度,当超过设定温度时进行自动强迫通风冷却,并报警;如温度继续升高至预设报警温度时,再报警;超过预设跳闸温度时发出跳闸信号。温控器提供 4~20 mA、RS-485 接口及信号空接点传输至自动化控制系统。

5. 柜体

变压器柜采用开关柜式,防护等级为 IP4X,柜门配电磁锁,并配备通风冷却系统及进出风口。变压器与低压柜并列紧邻布置,高压侧为电缆进线,低压侧为铜排出线。柜体颜色、高度与低压开关柜一致,采用环氧树脂粉末喷涂。

7.3.3 所用变压器

当泵站运行期站用变压器故障时,所变能负担站变所有负荷,以相互备用,考虑所变容量与站变容量相同,所变与站变选用相同型号,并接于泵站 35 kV 侧母线上。

所用变压器选用风冷干式变压器,由扬州华鼎电器有限公司生产,型号为 SCB_{13}-630/35/0.4 kV,高压侧电压 35 kV,低压侧电压 0.4 kV,调压方式为无励磁调压,调压范围 $\pm 2 \times 2.5\%$,额定频率 50 Hz,额定容量 630 kVA,相数为 3 相,联结组标号 Dyn11,空载损耗 1.49 kW,负载损耗 6.92 kW,最高温升 100 K,绝缘等级 F 级,总重量 4 230 kg,柜体材料为开关柜式壳体。

所用变压器组成及性能与站用变压器相同。内容详见 7.3.2.2。

7.3.4 0.4 kV 系统

刘老涧泵站 0.4 kV 系统采用单母线分段方式。Ⅰ段母线由站变供电,Ⅱ段母线由所变供电,Ⅰ段Ⅱ段母线中间均有开关进行联络,以保证互为备用,电气一次接线如图 7.9 所示。另外备有一台 200 kW 柴油发电机作为备用电源也接入Ⅰ段母线,三路电源之间互为闭锁。

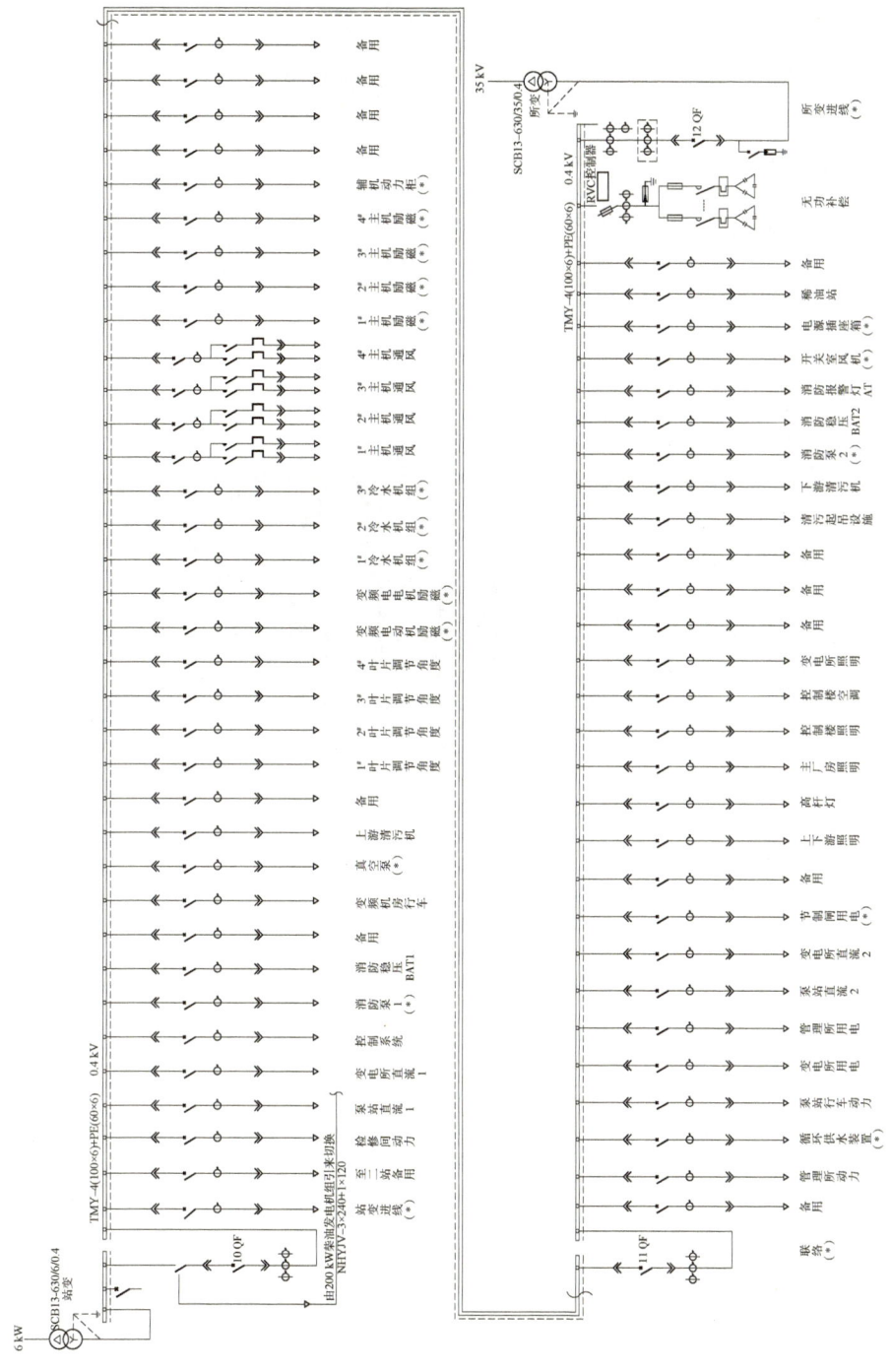

图 7.9　刘老涧泵站 0.4 kV 系统电气接线图

7.3.4.1 低压开关柜

低压开关柜采用 MNS 抽屉型低压开关柜,由裕成电器有限公司改造,共 11 台,由站变低压进线柜(D1)、1#~7#交流配电柜辅机动力柜、联络柜、电容补偿柜(D6)、所变低压进线柜(D11)组成,如图 7.10 所示。

图 7.10 低压开关柜

1. 低压开关柜主要技术参数如下:
(1) 额定电压:380(660)V;
(2) 绝缘电压:1 000 V;
(3) 水平母线额定电压:2 000 A;
(4) 主母线短时耐受电流:50 kA;
(5) 防护等级:IP40;
(6) 宽×深×高:600 mm×1 000 mm×2 200 mm。

2. 开关柜性能

(1) 低压开关柜基本柜架为组合装配式结构,全封闭金属外壳,全部结构件均用螺钉紧固连接成基本柜架,面板材料为 2 mm 厚优质钢板,柜体材料为 2 mm 厚敷铝锌钢板,均采用环氧树脂粉末静电喷涂。

(2) 开关柜采用间隔式布置,每个功能单元占据一个独立的单元隔室,隔室之间设有金属或绝缘隔板。柜内装有防潮装置,提供用于温度控制的恒温空间加热器,以防止柜内出现冷凝水。加热器采用 220 V 电源。柜体离墙安装。

(3) 抽屉与柜门具有机械联锁和电气联锁,相同规格的抽屉具有互换性、通用性。抽屉未在工作位或门未关闭均不能合闸,不断电则门不能打开、抽屉不能拔出,抽屉在柜内具有明显的连接、试验、分离三个位置指示和定位机构,其辅助电路接插件具有自动插接方式。开关柜柜底带有封板,防止小动物进入。

(4) 水平主母线、垂直母线采用刚性硬拉高导电电解铜制作,截面均匀,其截面能承载连续的负载电流。母排表面采用热缩导管和环氧树脂板等加强绝缘措施,并加装绝缘板固定,使母排形成整体。

7.3.4.2 低压断路器

进线断路采用 GE 公司生产的 M-PACT 400—4 000A 智能型框架断路器,额定工作电压690 V,额定绝缘电压1 000 V,额定冲击耐压12 000 V,额定极限短路分断能力大于等于70 kA。改型短路器具有电流速断、长延时、短延时、接地保护,显示电流、电压,可以远方操作和检测,远控分合闸功能。

低压馈线断路器采用 GE 公司生产的塑壳断路器,部分带有电子或热磁脱扣器,以及常开常闭辅助触点等附件。断路器采用盘面旋转手柄操作,配置电动操作机构。

7.3.5 直流系统

泵站直流电源负荷主要包括断路器分、合闸瞬间的冲击性负荷,继电保护、自动装置、液压系统等经常性负荷,继电保护装置动作等事故负荷等。直流负荷统计见表7.6。

表7.6 直流负荷统计表

序号	负荷名称	电流(A)	总电流(A)	经常电流(A)	事故负荷(A)
1	断路器合闸	1.2	1.2×9	—	—
2	断路器分闸	1.2	1.2×9	10.8	—
3	控制电源	10	10	10	—
4	保护电源	10	10	—	10
5	液压装置	5	5×2	10	—
6	消防控制	1	5	—	5
7	储能电机	1	1×9	9	—
8	事故照明	0.25	0.25×50	—	15
小计(A)				39.8	30
合计(A)				69.8	

直流系统采用 GZDW-100AH/220V 微机监控高频开关电源柜,容量为100 Ah,额定电压为220 V,配置进口阀控式密封铅酸蓄电池,共计3块屏(宽×深×高:800 mm×600 mm×2 260 mm),1块充馈电屏,1块蓄电池屏,1块逆变屏(图7.11)。直流电源系统提供直流220 V用于操作电源、保护装置及其他自动装置,配备充放电装置。直流电源具有逆变功能,平时输出交流220 V电源供给计算机监控系统设备用;当交流电源失电时,由蓄电池逆变为交流220 V电源供电,以确保监控设备电源可靠。

直流系统逆变容量为10 kVA,主要负荷:①主机、公用、辅机 LCU 7 台,每台 LCU 配2×250 W 开关电源,共计3 500 W;②上位机系统工控机、服务器4 台,每台350 W,共计1 400 W;③网络机柜500 W;④视频机柜(含硬盘录像机、交换机、解码器)1 000 W;⑤视频摄像机29个,每个25 W,共计725 W;⑥其他智能装置(含传感器)200 W,合计约7 325 W。

直流电源系统具有如下功能:采用液晶触摸屏显示,达到"四遥"功能。直流系统采

图 7.11　直流电源柜

用两路三相四线 380 V 交流电源供电,并能进行自动切换,自动调压。交流浮充电装置采用两套智能高频开关整流模块,N+1 热备份,可带电插拔,任意一个部分出现故障均能自动退出,不影响整个系统工作。模块具有保护与告警功能,包括输入过压、欠压、缺相,输出过压、欠压、模块过热等。蓄电池均充和浮充过程能自动转换,并可通过键盘进行设置。通过 RS-485 通信口向监控系统实时发送交直流电压、各回路电流,交流进线及直流出线开关的状态,并执行监控系统发出的控制指令。装置具有逆变功能,平时输出交流 220 V 电源供给监控系统设备用,当交流电源失电时由蓄电池逆变供电,以确保监控设备电源可靠。

技术性能指标如下。

1. 直流电源屏

(1) 直流屏采用三相四线 380 V 交流电源供电。

(2) 输入电压适用范围:380 VAC±10% 三相 50 Hz±2%。

(3) 输出额定直流电压:稳压精度标称值 0.01%,最大 0.5%;DC-220 V/16 A-20 A 输出:20 路。

(4) 充电浮充装置,额定直流电流:10 A。

(5) 蓄电池额定容量:100 Ah/32 Ah。

(6) 设备负载等级:Ⅰ级连续运行。

2. 原装蓄电池性能

(1) 额定电压:12 V。

(2) 10 小时放电额定容量 C10:≥100 Ah。

(3) 最大充电电流:20 A。

3. 高频开关

高频开关采用 N+1 冗余配置,采用低压差自主均流技术实现负荷电流均分,利用模块本身的硬件实现均流功能,均流速度快、精度高,均流调节不依赖于监控模块。若一台模块故障,即自动退出,其他各台自动均分负荷,以提高设备的可靠性。

4. 通信接口

监控装置提供 RS-485 通信接口（支持 Modbus-RTU）和 100M 以太网（支持 IEC61850），由电池巡检装置 QSDCXJ-19、绝缘监测装置 QSJYJC-32G 向计算机监控系统输送各种测量参数和信号。信号包括直流总故障、母线绝缘不良、充电模块故障、输出接地报警、电压过高、电压过低、熔丝报警、电池过放报警等，系统达到"四遥"功能。

5. 测量、保护

测量表计选用数字式表计，支持通过 USB 下载电池检测数据。测量充电装置输出电压和电流、蓄电池组输出电压和充放电流、控制母线输出电压、充电装置输出空开（熔丝）状态、蓄电池组输出空开（熔丝）状态、硅堆调压装置状态、直流馈电输出开关状态。直流系统具有蓄电池电压自动检测功能，需配备完善的自动保护，包括输出过载和短路保护、输出过电压保护、输入浪涌保护、输入欠电压保护、电池过放电保护、防雷击保护。

6. 交直流逆变技术特点

（1）在线式逆变模块

功能：具有 RS-485 通信接口，三遥（遥测、遥信、遥控）功能

保护：具有输入接反、欠压、过压、输出过载、短路过热等保护

输入：DC220V/220V，交流 AC220V/380V，50Hz

输出：交流 AC220V，50Hz（30 路 16A）

谐波含量：小于 3%

输出功率：不小于 10 kVA

（2）静态开关

旁路电源的频率和相位在逆变器范围内切换，当逆变器输出电压突然为 0，或逆变器电压异常、运行异常时自动切换，切换时间不大于 4 毫秒，确保电源切换时计算机监控系统正常无扰动工作。

（3）稳压硅链

具有手动/自动方式，通过无触点开关进行控制，通过多组二极管整流模块进行降压。

7.3.6 微机保护装置

7.3.6.1 配置要求

（1）6 kV 进线保护：电流速断保护、过负荷保护、低电压保护、过电压保护等。

（2）主机保护：差动保护、电流速断保护、过负荷保护、低电压保护、过电压保护、零序电流保护、温度保护、失步失励保护以及低频保护、过频保护、低频低压解列保护等。

（3）站变保护：电流速断保护、过电流保护、过负荷保护、温度保护等。

7.3.6.2 泵站微机保护装置

刘老涧泵站采用 GE 公司生产的微机保护装置。6 kV 进线和站变保护采用的是 F650 型，主机及变频机组保护采用的是 M60 型。F650 型设备已在 7.2.5 中介绍，这里主要介绍电动机保护装置 M60（图 7.12）。

M60 保护装置的主要功能：差动保护、速断保护、反时限过流保护/正时限过流保护、过负荷保护、低电压保护、过电压保护、低频保护、过频保护、励磁保护（失磁保护、失步保护在微机励磁系统实现，信号进入本装置）、零序电流保护、零序过电压保护、温度保护、冷却水中断保护、PT断线告警、接地故障告警、控制回路断线告警等。

测量内容包括三相电流、三相电压、有功功率、无功功率、功率因数、电度等。

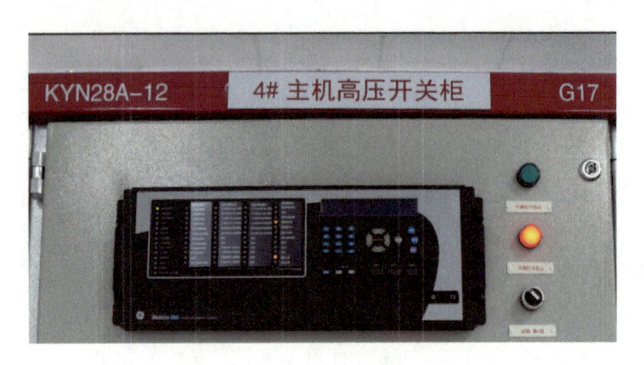

图 7.12 M60 保护装置

7.3.6.3 泵站保护装置整定

1. 6 kV 进线保护

6 kV 进线保护装置型号为 F650，CT 变比为 1 500/5 A，PT：$6/\sqrt{3}$、$0.1/\sqrt{3}$、$0.1/3$。其整定值详见表 7.7。

表 7.7 6 kV 进线保护整定表

保护名称	整定电流	整定时间	整定电压	备注
电流速断保护	13 A	0 s	—	跳闸
过电流保护	8.0 A	0.5 s	—	跳闸
过负荷保护	4.0 A	9 s	—	跳闸
低电压保护	—	1 s	65 V	跳闸
零序电压保护	—	10 s	15 V	发信号

2. 站变保护

站变型号：SCB13-630 kVA，额电压 $6\pm2\times2.5\%/0.4$ kV，联结组标号 Dyn11，抗阻电压 $U_d\%=6.0$。

站变保护装置型号为 F650，CT 变比为 100/5 A。其整定值详见表 7.8。

表 7.8 站变保护整定表

保护名称	整定电流	整定时间	整定电压	备注
电流速断保护	22 A	0 s	—	跳闸
过电流保护	6.5 A	0.5 s	—	跳闸
过负荷保护	3.5 A	9 s	—	跳闸
零序电流保护	150 mA	0 s	—	发信号
温度保护	温度 120℃发信号，130℃温度超高跳闸			

3. 主机保护

主机型号为 TL2200-44/3250，单机容量 2 200 kW，电压 6 kV，功率因数 $\cos\varphi=0.9$（超前），$I_e=258.8$ A（抽水工况），$I_e=148$ A（发电工况）。

主机保护装置为 M60，CT 变比为 300/5 A。其整定值详见表 7.9 和表 7.10。

表 7.9　电机保护整定表（抽水工况）

保护名称	整定电流	整定时间	整定电压	备注
差动保护	$I_{cdqd}=0.2I_n=0.86$ A 拐点 1：$I_{S1}=2I_n=8.6$ A 拐点 2：$I_{S2}=4I_n=17.3$ A 比例制动系数： $K_1=0.1, K_2=0.2$ 二次谐波制动系数：15%	0 s	—	跳闸
差动速断保护	$I_{sdzd}=8I_n=34.5$ A	0 s	—	跳闸
电流速断保护	26 A	0 s	—	跳闸
过电流保护	9 A	7 s	—	跳闸
过负荷保护	5 A	10 s	—	跳闸
零序过流保护	180 mA	0.5 s	—	发信
低电压保护	—	0.5 s	70 V	跳闸
励磁事故	—	—	—	跳闸
励磁故障	—	—	—	发信
温度保护	报警　　跳闸 推力瓦　50℃　　55℃ 定　子　110℃　115℃ 上导瓦　70℃　　75℃ 下导瓦　70℃　　75℃ 上油缸　48℃　　50℃ 下油缸　48℃　　50℃	—	—	—

表 7.10　电机保护整定表（发电工况）

保护名称	整定电流	整定时间	整定电压	备注
电流速断保护	15 A	0 s	—	跳闸
过电流保护	5 A	7 s	—	跳闸
过负荷保护	3 A	10 s	—	跳闸
零序过流保护	180 mA	0.5 s	—	跳闸
低电压保护	—	0.5 s	42 V	跳闸
过电压保护	—	0.5 s	72 V	跳闸
励磁事故	—	—	—	跳闸
励磁故障	—	—	—	发信
温度保护	—	报警　　跳闸 推力瓦　50℃　　55℃ 定　子　110℃　115℃ 上导瓦　70℃　　75℃ 下导瓦　70℃　　75℃ 上油缸　48℃　　50℃ 下油缸　48℃　　50℃	—	—

4. 变频发电机保护

发电机型号为 TF3000-10，单机容量 3 000 kW，电压 6 kV，功率因数 $\cos\varphi=0.8$（滞后），$I_e=344$ A，$I_n=3.44$ A。

发电机保护装置型号为 M60，CT 变比为 500/5 A。其整定值详见表 7.11。

表 7.11 变频发电机保护整定表（发电工况）

保护名称	整定电流	整定时间	整定电压	备注
差动保护	$I_{cdqd}=0.2I_n=0.69$ A 拐点1：$I_{S1}=2I_n=6.9$ A 拐点2：$I_{S2}=4I_n=13.8$ A 比例制动系数： $K_1=0.1, K_2=0.2$ 二次谐波制动系数：15%	0 s	—	跳闸
差动速断保护	$I_{sdzd}=8I_n=27.5$ A	0 s	—	跳闸
电流速断保护	20 A	0 s	—	跳闸
过电流保护	7 A	7 s	—	跳闸
过负荷保护	4 A	10 s	—	跳闸
零序过流保护	200 mA	0.5 s	—	发信
低电压保护	—	1 s	65 V	跳闸
过电压保护	—	1 s	130 V	跳闸
低频保护	49.5 Hz	1 s	—	跳闸
过频保护	50.5 Hz	1 s	—	跳闸
逆功率保护	300 kW	5 s	—	跳闸
励磁事故	—	—	—	跳闸
励磁故障	—	—	—	发信
温度保护		报警　　跳闸 轴承 65℃　70℃ 定子 100℃　110℃		

5. 变频电动机保护

电动机型号为 TD3200-10，单机容量 3 200 kW，电压 3.6 kV，功率因数 $\cos\varphi=0.9$（超前），$I_e=588$ A，$I_n=3.68$ A。

电动机保护装置型号为 M60，CT 变比为 800/5 A。其整定值详见表 7.12。

表 7.12 变频电动机保护整定表（发电工况）

保护名称	整定电流	整定时间	整定电压	备注
差动保护	$I_{cdqd}=0.2I_n=0.74$ A 拐点1：$I_{S1}=2I_n=7.4$ A 拐点2：$I_{S2}=4I_n=14.7$ A 比例制动系数： $K_1=0.1, K_2=0.2$ 二次谐波制动系数：15%	0 s	—	跳闸

续表

保护名称	整定电流	整定时间	整定电压	备注
差动速断保护	$I_{sdzd}=8I_n=29.5$ A	0 s	—	跳闸
电流速断保护	16 A	0 s	—	跳闸
过电流保护	8 A	7 s	—	跳闸
过负荷保护	4 A	10 s	—	跳闸
零序过流保护	200 mA	0.5 s	—	发信
低电压保护	—	1 s	39 V	跳闸
过电压保护	—	1 s	78 V	跳闸
励磁事故	—	—	—	跳闸
励磁故障	—	—	—	发信
温度保护		报警　　跳闸 轴　承　65℃　　70℃ 定　子　100℃　　110℃		

7.4 柴油发电机组

柴油发电机组(图 7.13)主要功能是为刘老涧泵站断电时提供站内应急照明及消防保安电源。同时考虑到刘老涧新闸的电源从刘老涧抽水站低压回路引接,柴油发电机组可作为刘老涧新闸的备用电源。

图 7.13 柴油发电机组

按发电机母线允许压降计算发电机容量:

$$S_G = \frac{1-\Delta U}{\Delta U}X'_d S_{st\Delta} + P_\Sigma = ((1-0.2)/0.2) \times 0.2 \times 6 \times 37 + 10 = 187.6 \text{(kW)}$$

(7-4)

式中：ΔU—发电机母线允许电压降；

X'_d—发电机瞬态电抗；

$S_{q\Delta}$—导致发电机最大电压降的电动机最大起动容量；

P_Σ—照明保安负荷。

选用一台 200 kW 柴油发电机组可以满足停电时照明及消防保安负荷的需要。具体参数见表 7.13。

表 7.13 柴油发电机组设备参数

设备名称	柴油发电机	生产厂家	扬州飞鸿电材有限公司
设备型号	FH200GF58	出厂时间	2020 年 12 月
装设地点	柴油发电机房	设备作用	发电
机组功率	200 kW	机组容量	250 kVA
额定频率	50 Hz	额定转速	1 500 r/min
功率因数	0.8	额定电流	36 A
相数	3	标准编号	GB/T2820.5-2009

7.5 高压电缆

刘老涧泵站高压电缆选用 35 kV、10 kV、0.6/1 kV 交联聚乙烯绝缘聚氯乙烯护套电力电缆。

7.5.1 35 kV 高压电缆

35 kV 高压电缆选用 YJV22-26/35-3×240、YJV-26/35-3×150、YJV-26/35-3×70 三种规格，额定电压 26/35 kV，系统允许最高电压为 35 kV，额定频率为 50 Hz。

运行要求：电缆导体的最高额定运行温度为 90 ℃。短路时（最长持续时间不超过 5 秒）电缆导体最高温度不超过 250 ℃。单芯电缆不允许敷设在磁性管道中。

电缆技术要求如下。

(1) 导体材料应采用无氧铜杆生产，导体采用圆形单线绞合紧压线芯，紧压系数不小于 0.9。导体表面应光洁，无油污，无损伤屏蔽及绝缘的毛刺和锐边，无凸起或断裂的单线。

(2) 绝缘为 XLPE 型，耐热、防潮、低臭氧、抗电晕、无孔洞。

(3) 导体屏蔽和绝缘屏蔽为交联挤包半导电层。导体屏蔽用的半导电料（交联型）经挤包所形成的半导电层应均匀地包覆在导体上，表面光滑，无明显绞线凸纹，无尖角、颗粒或擦伤的痕迹。绝缘屏蔽用的半导电料（交联型）经挤包所形成的半导电层应均匀地包覆在绝缘体上，表面光滑，无尖角、颗粒或擦伤的痕迹。

(4) 导体屏蔽、绝缘和绝缘屏蔽应采用 3 层共挤的工艺，其偏心度不大于 6%。

(5) 金属屏蔽由重叠绕包的软铜带或铜丝组成，连接应采用焊接方式，铜带绕包圆整光滑，搭盖率不小于 25%。金属屏蔽结构与截面满足短路电流容量要求（31.5 kA），三芯屏蔽接触良好。

（6）缆芯间应紧密填充非吸湿性材料，成缆后缆身外形圆整。内衬层为挤包聚乙烯护套料。缆芯在挤包内衬前采用合适的带子以间隙螺旋的方式绕包扎紧。内衬层与填充物应与电缆的工作温度相适应，并对绝缘材料无有害影响。

（7）铠装采用双层镀锌钢带或钢丝。

（8）外护套应采用聚氯乙烯护套料，表面光洁、圆整。

7.5.2　10 kV 高压电缆

10 kV 高压电缆选用 YJV－8.7/15－1×400、YJV－8.7/15－3×240、YJV－8.7/15－3×150、YJV－8.7/15－3×95 四种规格，额定电压 8.7/15 kV，系统允许最高电压为 12 kV，额定频率为 50 Hz。

运行要求：电缆导体的最高额定运行温度为 90℃。短路时（最长持续时间不超过 5 秒）电缆导体最高温度不超过 250℃。单芯电缆不允许敷设在磁性管道中。

10 kV 高压电缆电缆技术要求与 35 kV 高压电缆相同。

7.6　过电压保护及接地

7.6.1　操作过电压保护

高压开关柜装设真空断路器，在正常运行操作以及切断短路电流时易产生过电压，容易对电气设备造成危害，因此装有真空断路器的开关柜均设过电压保护器。

7.6.2　雷电侵入波保护

为防止进线电缆遭遇雷击后，雷电侵入波沿线路进入泵站变电所而危害电气设备，在 35 kV 终端塔及变电所 35 kV 母线上装设氧化锌避雷器，在同步电动机中性点装设过电压保护器，防止造成危害。

7.6.3　直击雷保护

在主厂房、控制楼与变电所的屋面四周装设避雷网，中间形成网格，利用建筑物的柱内及闸墩内的主筋作为引下线与泵站底板下的接地网相连，形成整个防雷接地系统。

7.6.4　接地系统

接地网由自然接地体与人工接地体组成，自然接地体由水工建筑物、底板、混凝土柱、梁内钢筋及其他金属构件组成。人工接地体由泵站底板下埋设的接地极与接地母线组成，两者多处可靠连接形成整个接地网。所有电气设备的外壳、基础与桥架等均与接地网相连。微机监控系统接地不单独敷设，与泵站共用一个接地网，接地阻值小于 1 Ω。

7.6.5　弱电防雷

弱电防雷保护主要包括枢纽监控系统、视频系统的弱电防雷保护。弱电系统需设置防雷保护，电涌保护器应符合《电子计算机场地通用规范》(GB/T 2887—2011)以及《建筑物防雷设计规范》(GB 50057—2010)要求。低压柜设置一级电涌保护,UPS电源进线设置二级电涌保护,出线设置三级电涌保护,室外传感器电源、摄像机等设备设置三级电涌保护,自动化系统的网络信号端口设置信号电涌保护。为防止电磁干扰,在全站各区界面处设等电位连接,以保证自动化系统的安全运行。

严格按《建筑物防雷设计规范》(GB 50057—2010)和《建筑物电子信息系统防雷技术规范》(GB 50343—2012)的相关条款进行泵站的电涌保护设计,电源电涌保护配置应达到雷电防护等级B级要求(本设计按三级防护原则)。所有的室外信号线路两端均按国标规定设计配置电涌保护措施。电涌保护器均自带实时状态监测功能,并通过配套的采集器将电涌保护器运行参数和运行环境上传至上位机进行信息化管理。

第八章

自动化系统

刘老涧泵站自动化系统由计算机监控系统、视频监控系统、机组状态在线监测分析系统、信息管理系统及网络安全防护系统五个子系统组成(图 8.1)。其中,计算机监控网络、视频监视网络、机组状态在线监测分析系统组成工控局域网。

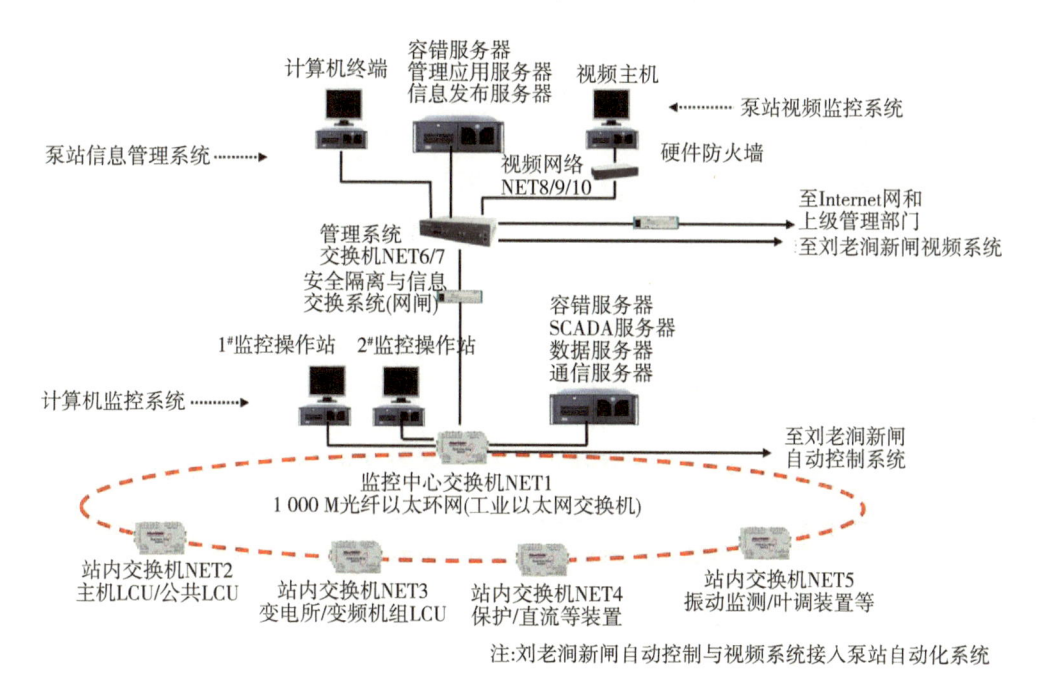

图 8.1　系统网络总拓扑图

8.1　计算机监控系统

刘老涧泵站计算机监控系统按照"无人值班、少人值守"要求设计开发,实现了主机组、辅机系统、电气设备、变频机组等设备的自动控制,达到远程监控、数据共享、图像远传浏览、智能设备控制的水平。

8.1.1 系统构成

计算机监控系统由站控级设备、现地级设备和管理级设备等组成，环网拓扑结构（图8.2）。

1. 站控级设备

站控级设备包括2台监控工作站（互为热备）、双模冗余容错服务器及交换机等设备，分别设于泵站中控室、控制室内，利用监控网络与现地级建立通信，实现全站的运行监控、事件报警、数据统计和记录、与上级系统通信等功能，并向各现地控制单元发出控制、调节命令。

监控工作站负责与现地控制单元通信，接收和处理各种实时信息，并作为操作人员进行运行监控的人机接口。双模冗余容错服务器设置成数据库服务器和通信服务器，数据库服务器负责实时和历史数据库的采集、存储、处理、报表；通信服务器负责将泵站相关信息进行发布，供远方进行浏览。

2. 现地级设备

现地级设备包括4套机组现地控制单元、1套变频机组现地控制单元、1套公用现地控制单元、1套变电所现地控制单元、1套辅机现地控制单元、1套冷水机组现地控制单元，共计9套现地控制单元。

现地级是系统最后一级也是最优先的一级控制，它向下接收各类传感器与执行机构的输入输出信息，采集设备运行参数和状态信号；向上接收上级控制主机的监测监控命令，并上传现场的实时信息，实施对现场执行机构的逻辑控制。现地控制单元与站控级设备采用以太网方式连接，与保护单元、直流、智能仪表等装置通过通信管理机转换采用以太网方式相连。

3. 管理级设备

管理级设备包括监控工作站、显示大屏及交换机等设备，设于刘老涧泵站管理所办公楼内，实现信息采集，并将泵站的运行参数、状态等上传给上级管理部门。

8.1.2 系统功能

计算机监控系统具有数据采集和处理、监视与报警、控制与调节、系统自诊断与恢复、数据记录与存储、人机接口、时钟同步、数据通信等功能。

8.1.2.1 数据采集与处理

1. 现地控制单元能自动采集被控对象的各类实时数据，并在发生事故或者故障的情况下自动采集事故或者故障发生时刻的相关数据。

2. 监控主机能接收现地控制单元上传的各类实时数据，接收上级调度系统下发的命令，以及接收其他系统发来的数据。

3. 系统采集的数据包括以下内容。

（1）电气量

- 主机组电压、电流、有功功率、无功功率、功率因数；
- 变频机组电压、电流、有功功率、无功功率、功率因数；

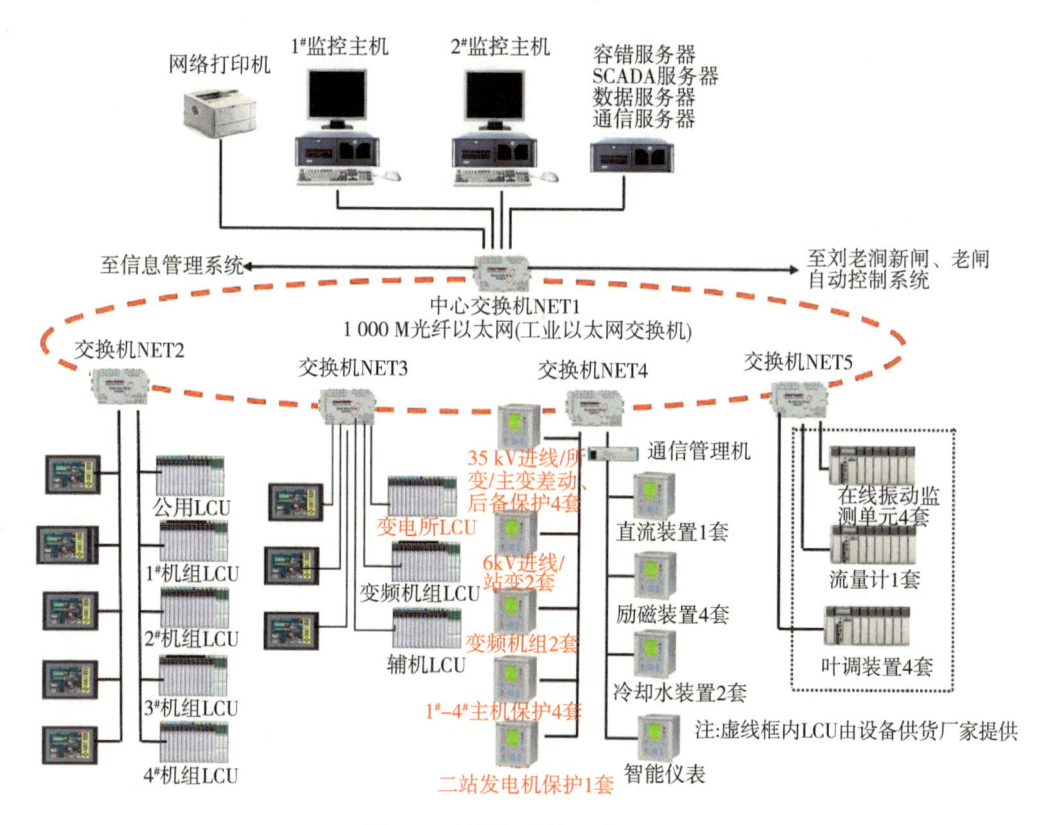

图 8.2　计算机监控系统拓扑图

- 辅机及其他电气设备的电压、电流、有功功率、无功功率、功率因数等；

（2）非电气量

- 主机组温度；
- 变频机组温度；
- 变压器温度；
- 上、下游水位、流量；
- 叶片角度；
- 机组振动、摆度；

（3）开关量

- 断路器合分状态、手车工作位置、手车试验位置、断路器操作机构储能状态、接地开关状态；
- 主机组开关状态、与主机组控制操作相关的其他状态信号；
- 变频机组开关状态、与主机组控制操作相关的其他状态信号；
- 与辅机系统控制操作相关的各类状态信号；
- 与配电系统控制操作相关的其他状态信号；
- 其他各类状态量性质的事故及故障号。

（4）脉冲量：电度脉冲量。

(5)事件顺序记录:微机保护装置动作信号等。

4.对采集的数据进行如下处理:

(1)模拟量数据处理,包括进行数据滤波、合理性检查、工程单位变换、数据变化及越限检测等,并根据规定产生报警和报告;

(2)状态数据处理,包括光电隔离、硬件及软件滤波、基准时间补偿、数据有效性和合理性判断,并根据规定产生报警和报告;

(3)事件顺序记录处理,记录各个重要事件的动作顺序、事件发生时间(年、月、日、时、分、秒、毫秒)、事件名称、事件性质,并根据规定产生报警和报告;

(4)采集到的上、下游水位原始数据换算成水位高程数据;

(5)采集到的扬压力原始数据换算成水位高程数据。

5.计算或统计数据

(1)全站开机台数计算;

(2)单机及全站当班、当日、当月、当年的运行台时数统计;

(3)单机及全站抽水流量计算;

(4)单机及全站抽水效率计算;

(5)单机及全站当班、当日、当月、当年的抽水量累计;

(6)单机及全站的日、月、年用电量(有功、无功)累计;

(7)变频发电机组发电上网时发电量累计。

8.1.2.2 监视与报警

1.通过监视器或大屏对变压器、主机、变频机组、辅机、配电设备等运行工况进行监控。

2.对主机组各种运行工况(开机、停机等)的转换过程、配电系统送停电过程、辅助设备操作的过程等进行监视,当发生过程受阻时,能给出明确的受阻原因。

3.在发生下列异常情况时报警:

(1)主机(含变频机组)各类温度越限异常;

(2)保护装置告警、动作;

(3)变压器温度过高、瓦斯动作信号;

(4)励磁装置故障;

(5)机组开停机过程中真空破坏阀故障;

(6)机组振动、摆度越限;

(7)主机风机故障;

(8)主机上下油缸油位过高或过低;

(9)直流系统故障;

(10)冷却水中断、供水系统压力异常;

(11)机组开停机及运行过程中故障;

(12)各类控制流程中出现控制操作失败信息等。

4.事件顺序记录:当发生保护装置动作时,将故障发生前后的相关参数和开关位置变化按发生的时间顺序记录下来,并可显示、打印和存入历史数据库。

5. 报警时发出声光信息和显示信息。事故报警音响和故障报警音响有明显区别,声音可手动或自动解除。报警信息显示窗口不被其他窗口遮挡,报警信息包括报警对象、发生时间、报警性质、确认时间、消除时间等。用不同的颜色区分报警的级别、报警确认状态、当前报警状态。若当前画面具有该报警对象,则该对象标志闪光,在运行人员确认后方可解除闪光信号。

8.1.2.3 控制与调节

1. 控制与调节对象
(1) 主机组:包括主机组、叶片调节装置、励磁系统、真空破坏阀等辅助设备;
(2) 公用及辅助设备:包括直流系统、供水系统、润滑油系统、通风设备等;
(3) 配电设备:包括变压器、进出线相关的各类断路器、刀闸;
(4) 变频发电机组设备:包括变频发电机组控制设备、水系统、油系统、通风设备等。

2. 控制内容
(1) 主机组
- 主机组的开机、停机顺序控制;
- 主机组的紧急事故停机控制,紧急事故停机启动源包括人工命令及事故信号自启动两种方式;
- 水泵叶片的调节操作;
- 励磁系统的调节;
- 真空破坏阀的控制。

(2) 公用及辅助设备
- 可根据站内开停机情况实现技术供水系统的启停控制;
- 通风系统的启停控制;
- 变频机组稀油站的启停控制。

(3) 变配电设备
- 变压器投、退控制操作;
- 进出线开关合分操作。

(4) 变频发电机组设备
- 变频发电机组控制柜投、退控制操作;
- 进出线开关合、分操作。

3. 对控制方式的要求
(1) 控制方式分为三级,按优先级由高至低依次如下。

现地手动控制:运行人员在设备现场通过按钮或者开关直接启动、停止设备。

现地控制单元控制:运行人员通过设置在现地控制单元内的人机接口(触摸屏)启动、停止设备,并能监控设备启动或者停止的过程。

站控级控制:运行人员在控制室内通过监控主机发布启动/停止设备的命令至现地控制单元,现地控制单元完成相关控制操作。操作员可通过监控画面监控设备的启动或者停止过程。

(2) 不同控制方式的切换采用转换开关等硬件装置进行。对于现地控制单元控制和站控级控制方式,运行人员需取得相应的操作权限。

(3)站控级或现地控制单元触摸屏控制过程:运行人员在监控界面上点击所控设备图形,系统自动弹出该设备的操作流程图。经确认后,系统自动实施操作。在操作过程中,运行人员能在界面上观察到操作流程的每一步执行情况和流程受阻原因。

8.1.2.4 系统自诊断与恢复

1. 计算机监控系统对自身的硬件及软件进行故障自检和自诊断功能。在发生故障时,能保证故障不扩大,且能在一定程度上实现自恢复。

2. 计算机监控系统的故障不影响被控对象的安全。

3. 站控级具有对计算机硬件设备故障、软件进程异常、与现地控制单元的通信故障、与上级调度系统的通信故障、与其他系统的通信故障等的自诊断能力。当诊断出故障时,采用语音、事件简报、模拟光字等方式自动报警。

4. 现地控制单元能在线进行硬件自诊断。在线诊断到故障后主动报警,并闭锁相关控制操作。现地控制单元硬件诊断内容包括:CPU 模件异常、输入/输出模件故障、输入/输出点故障、接口模件故障、通信控制模件故障、电源故障等。现地控制单元硬件每个 CPU 及输入输出模块都具有诊断指示灯,可以通过指示灯显示故障模块位置和故障类型,并将故障信息上报至监控系统。

5. 系统自诊断的故障信息包括故障对象、故障性质、故障时间等。

6. 在线自诊断时不影响系统的正常监控功能。

7. 对于冗余设备,当主设备出现故障时,系统自动、无扰动地切换到备用设备。对于冗余的通信系统,自动切换到备用通道。

8. 硬件系统在失电故障恢复后,能自恢复运行;软件系统在硬件及接口故障排除后,能自恢复运行。系统自恢复过程不对正在运行的其他系统和现场设备造成波动和干扰。

8.1.2.5 数据记录与存储

1. 计算机监控系统对采集与处理的实时数据进行记录,记录数据通过实时趋势曲线显示,可在实时趋势曲线上选择显示任何一个点的数值和时间标签。

2. 计算机监控系统建立的历史数据库存储系统中全部输入信号以及重要的中间计算数据。记录的数据通过历史趋势曲线显示,可在实时趋势曲线上选择显示任何一个点的数值和时间标签。

3. 历史数据库的数据记录与存储能对历史数据进行多种方式检索,如历史趋势曲线、日报表、月报表、事件查询等。

4. 计算机监控系统具有数据库自动清理、备份等维护功能,通过程序设置完成过期数据的自动清理或转存。

5. 计算机监控系统在本地历史数据库中存储下列数据(含变频发电机组)。

(1)电气量及非电气量

- 主机组及变配电系统的各类电气量;
- 主机组定子线圈、轴承温度;
- 主机组的叶片角度;

- 主机油温、油位；
- 各种事故和故障记录；
- 主机组的振动、摆度；
- 真空破坏阀真空度；
- 供水系统压力；
- 变压器温度；
- 上、下游水位；
- 振动监测系统、流量监测等系统的数据接入等。

（2）状态输入量
- 断路器合分状态；
- 手车工作位置、试验位置；
- 变配电设备断路器、刀闸合分状态；
- 开关电气闭锁状态；
- 辅机设备动作状态等。

（3）综合计算量数据
- 全站开机台数；
- 单机及全站运行台时；
- 单机及全站抽水流量；
- 单机抽水效率；
- 单机及全站抽水水量；
- 抽水耗电量统计；
- 发电量统计等。

6. 历史数据库中还存储下列数据。

（1）控制操作信息：对主机组、辅机、配电设备等各类控制及调节操作信息（包括控制命令启动、控制过程记录、控制结果反馈）进行记录，记录信息包括操作时间、操作内容、操作人员信息等。

（2）状态量变位信息：对现场设备运行过程中发生的状态量动作、复归等变位信息进行记录，记录信息包括变位发生时间、内容及特征数据等。

（3）故障和事故信息：对现场设备运行过程中发生的各类故障和事故信息进行记录，记录信息包括故障和事故的发生时间、性质及特征数据等。

（4）参数越复限信息：对现场设备运行的参数越复限情况进行记录及统计，记录信息包括越复限发生的时间、内容及特征数据等。

（5）定值变更信息：对所有的定值（设定值、限值等）变更情况进行记录，记录信息包括变更时间、变更后的值等。

（6）自诊断信息：对系统运行过程中产生的各类自诊断信息进行记录，记录信息包括自诊断信息的发生时间、性质及特征数据等。

8.1.2.6 人机接口

1. 计算机监控系统具有站控级和现地级人机接口。

2. 站控级人机接口作为泵站运行人员监视、控制和调节泵站运行的主要手段,为维护人员提供系统故障诊断、系统运行参数设定或修改、数据库建立和维护、监控画面编辑和修改、报表定义或修改等管理和维护工作的接口。

3. 现地级人机接口为运行人员提供在现场对被控对象进行运行监视、控制或者调节的接口。现地级人机接口具有远程控制和现地控制两种方式的切换功能,在处于现地控制方式时,远程控制操作不起作用,但不影响数据采集与上传。

4. 站控级系统提供以下监控画面:

(1) 泵站全貌图;
(2) 泵站平面图、剖面图;
(3) 电气主接线图;
(4) 站用电接线图;
(5) 直流系统图;
(6) 机组运行监控图;
(7) 全站温度运行监控图;
(8) 配电系统运行监控图;
(9) 机组开停机流程监控图;
(10) 计算机监控系统网络结构图;
(11) PLC 运行状态监控图;
(12) 操作指导画面;
(13) 工程简介画面;
(14) 巡视线路图;
(15) 变频机组运行图;
(16) 机组启动曲线等。

5. 画面图符及显示颜色

(1) 电气接线图中各电压等级颜色标准

- 交流 380 V:黄褐;
- 交流 6 kV:深蓝;
- 交流 35 kV:鲜黄;
- 直流:褐。

(2) 电气图中机组、断路器、手车、隔离开关、接地开关图符动态刷新颜色标准

- 机组运行态:红色;
- 机组停止态:绿色;
- 机组检修态:白色;
- 机组不定态:深灰色;
- 断路器、隔离开关、接地开关合闸状态:红色;
- 断路器、隔离开关、接地开关分闸状态:绿色;
- 手车工作位:红色;
- 手车试验位:绿色。

(3) 事件信息显示颜色标准

- 事故信息:红色;
- 故障信息:黄色;
- 变位信息:蓝色;
- 复归信息:白色;
- 操作信息:绿色。

(4) 参数显示动态刷新颜色标准
- 参数正常:绿色;
- 参数越限:红色。

6. 控制操作命令输入要求:

(1) 控制操作首先调用有关画面进行对象选择,被选中的控制对象突出显示,经运行人员确认后方可执行有关控制操作;

(2) 被控对象的选择和控制操作只能在同一操作计算机上进行;

(3) 控制操作的人机接口充分利用具有被控对象的显示画面、操作按键及操作对话区三者相结合的方式,操作过程中有必要的可靠性校核及闭锁功能;

(4) 控制操作的执行过程能清晰、直观及动态地反映在相关画面上。

7. 以趋势曲线方式显示水位、流量等数据的查询,多个数据量可以不同颜色曲线显示在同一界面上。

8. 泵站运行报表主要包括:

(1) 机组运行日报表;

(2) 机组温度日报表;

(3) 变电所运行日报表;

(4) 泵站运行日报表;

(5) 泵站运行月报表;

(6) 泵站运行年报表;

(7) 泵站设备动作统计日报表;

(8) 泵站设备动作统计月报表;

(9) 泵站设备动作统计年报表。

9. 记录信息主要包括:

(1) 事故及故障报警记录;

(2) 状态量变位记录;

(3) 主机组(含变频机组)、辅机、配电设备等操作记录;

(4) 定值变更记录;

(5) 参数越复限信息;

(6) 系统自诊断与恢复信息;

(7) 运行日志。

10. 打印功能

(1) 计算机监控系统的各类监控画面、各类曲线、运行报表、事件一览表、操作票等均通过打印机设备打印至 A4 幅面的纸张上;

(2) 运行报表的打印支持"定时打印""事件触发自动打印"等方式。

8.1.2.7　时钟同步

1. 通过设置的时钟同步设备,实现站控级计算机设备、现地控制单元、微机保护设备的时钟同步。

2. 站控级计算机设备采用与时钟同步设备进行数据通信(串行口或网络接口)的方式获取秒级精度的时钟信号。

3. 现地控制单元采用与站控级监控主机进行数据通信(网络接口)的方式获取秒级精度的时钟信号,通过时钟同步设备输出的硬对时或编码对时信号获取毫秒级精度的时钟信号。

4. 微机保护设备采用与现地控制单元进行数据通信的方式获取秒级精度的时钟信号,并通过时钟同步设备输出的硬对时或编码对时信号获取毫秒级精度的时钟信号。

8.1.2.8　数据通信

1. 计算机监控系统的数据通信分为三类:

(1) 计算机监控系统内通信,包括站控级监控主机与现地控制单元之间的通信,以及现地控制单元与其他智能测控设备之间的通信;

(2) 计算机监控系统与泵站内其他系统的通信,包括与信息管理系统的通信;

(3) 计算机监控系统与上级管理部门之间的通信。

2. 监控主机与现地控制单元之间的通信数据量大,可靠性要求高,采用高速、基于TCP/IP协议的网络通信方式。

3. 与现地控制单元通信的智能测控设备包括微机保护系统、励磁系统、叶片调节系统、直流系统、交流采样设备、机组在线监测装置等,通信接口采用以太网和RS-485通信方式,通信规约采用常用标准规约,如 IEC61850、Modbus-RTU、Modbus-TCP 等。通信内容如下。

(1) 与保护系统通信。上行量包括相电压、线电压、有功功率、无功功率、功率因数、频率、三相电流信息,保护系统保护告警信息及故障报警信息等。下行量可包括对保护系统的遥控和遥调控制命令。通信规约还可以是 IEC60870-5-103/104 等。

(2) 与励磁系统通信。上行量包括励磁电压、励磁电流、电机启动时间、累计运行时间、励磁有功、励磁无功、励磁功率因数、励磁工作、励磁故障以及必要的运行状态信息和励磁故障报警信息等。下行量可包括对励磁系统的遥控和遥调控制命令。

(3) 与叶片调节系统通信。上行量包括叶片角度、油压、油位、油温、油泵运行时间、叶片调节系统运行状态信息以及故障报警信息等。下行量可包括对叶片调节系统的遥控和遥调控制命令。

(4) 与直流系统通信。上行量包括交流三相电压、交流电流、合母电压、控母电压、控母电流、电池电压、电池电流、环境温度、电池温度、通信模块电压、通信模块电流、直流系统运行状态信息以及故障报警信息等。

(5) 与温度系统通信。上行量包括定子温度、上导瓦温度、上油缸温度、推力瓦温度、下导瓦温度、下油缸温度、变压器温度等各类温度量。

(6) 与交流采样设备通信。上行量包括三相电压、三相电流、有功功率、无功功率、频率、功率因数等。

（7）与机组在线监测装置通信。上行量包括机组各方向的振动、各方向的摆度等。

（8）与智能仪表通信。上行量包括三相电压、三相电流、有功功率、无功功率、频率、功率因数等。

8.1.3 系统软件

计算机监控系统软件包含操作系统软件、上位机监控软件、现地控制单元应用软件、通信软件、数据库软件。

8.1.3.1 操作系统软件

刘老涧泵站计算机监控系统操作系统软件：工控计算机采用 Windows 10 专业版 64 位，服务器采用 Windows Server 2012 R2 64 位。

操作系统软件主要为应用系统及其他应用软件提供良好的运行环境，充分发挥服务器性能。操作系统与群集软件能够无缝结合，为数据库、GIS、业务系统等提供高可用的运行环境，保障系统的可靠性、可用性及可服务性，能够满足应用系统对实时性及效率的要求。

8.1.3.2 上位机监控软件

上位机监控软件包括监控平台软件及基于平台软件二次开发的应用程序软件，主要为组态软件二次开发、监控界面、开停机流程、数据库软件二次开发、报表编制、Web 客户端软件开发等。

上位机监控平台软件选用 Vijeo Citect 监控组态软件，如图 8.3。监控组态软件具有如下功能：

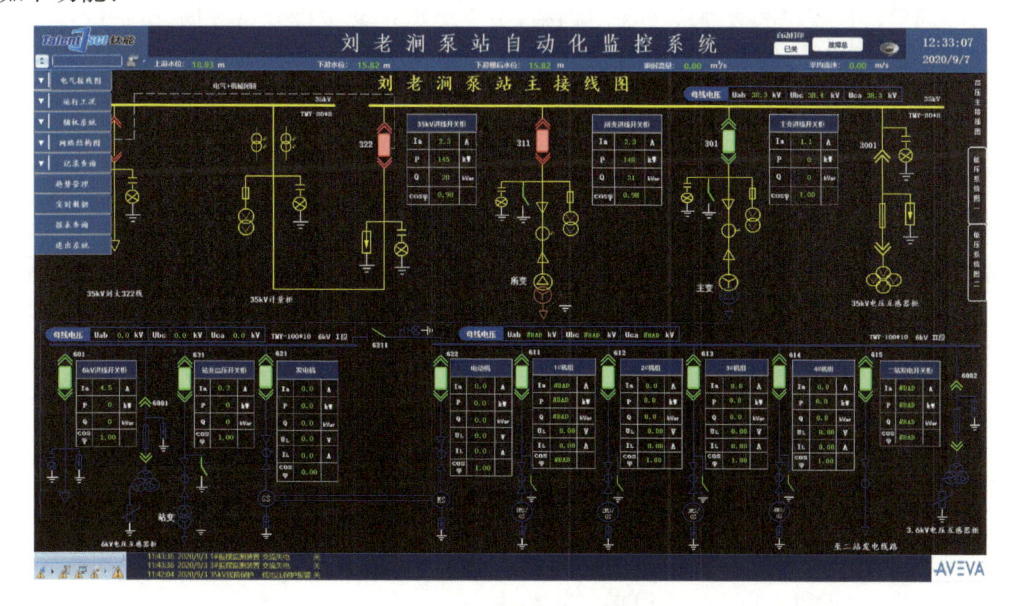

图 8.3 上位机监控软件画面

（1）与 PLC 实现无缝对接，上下位机采用统一变量标签名；

（2）同 PLC 的实时通信采用软件内置的动态链接库 DLL 方式，保证通信的高效性；

（3）采用 C/S 结构设计，系统扩展和升级方便，添加上位机不会对现有系统产生任何影响，也不需要重新进行组态；

（4）具有 I/O 通信链路冗余、I/O 设备冗余、计算机冗余、LAN 冗余和任务冗余，数据读写仅操作于冗余主机；

（5）内置 Web 发布功能；

（6）上位监控软件应内置 SPC 统计过程分析工具；

（7）具有 70 种常用页面开发模板，如报警、趋势、SPC 页面等；

（8）提供面向对象的配置方式，做到一次组态、多次多工程的重复使用，提高对于同类型工程的开发效率；

（9）支持类 C 和 VBA 两种编程语言，内置超过 650 个 SCADA 系统功能函数；

（10）支持屏幕的分辨率从 640×480 到 4096×4096，支持动态 bmp 图形。

8.1.3.3　现地控制单元软件

现地控制单元应用软件包括 PLC 编程软件、PLC 应用程序软件及触摸屏应用程序软件。

8.1.3.4　通信软件

通信软件采用开放系统互联及适于工业控制的标准协议，主要实现计算机监控系统与上级管理系统、智能装置等设备的各种数据通信功能；能监控通信通道故障，并进行故障切除（停止通信）和报警，当检测到通信连接错误无法继续通信时，自动恢复到通信初始状态。具有冗余通信通道时，自动进行无扰动的故障切换。

在通信协议规定的数据块传送结构中，报文类型定义按报警点数据、事件顺序记录点数据、状态点数据、模拟点数据、脉冲累加点数据、控制及校核数据等划分。

8.1.3.5　数据库软件

数据库软件选用 Vijeo Historian 工业数据库，通过 ODBC 的接口方式进行存储。作为管理系统的相关实时数据，是生产管理的信息桥梁，监控系统中 Viejo Historian 历史数据库连接各种不同的数据源系统，进行高速海量数据采集和存储。数据存入数据库时，实时数据进行运算处理（求平均值、最大值、最小值、最后值等），格式化存入数据库，并能以 IE 方式进行检索查询。数据库软件具有如下功能：

（1）采用客户机/服务器体系结构；

（2）支持快速存取和实时处理；

（3）能控制数据的完整性和统一性；

（4）支持数据仓库的建立和管理，对数据仓库和 OLAP 应用有完善的支持；

（5）支持 XML（Extensive Markup Language，扩展标记语言）；

（6）支持 ODBC、ADO、OLEDB 等多种查询；

（7）支持分布式的分区视图；

（8）数据的分类存储能支持采用报表、曲线及一览表等多种方式进行数据查询；

（9）提供数据库组态界面，可通过人机交互的方式方便地进行数据定义，并进行合法性检查；

（10）数据库软件具备数据独立性、数据安全性、数据完整性、并发控制以及故障恢复的功能。

8.2 视频监视系统

8.2.1 系统构成

视频监视系统包含高清前端设备、网络传输设备、高清硬盘录像机、控制设备、显示设备五部分。

前端设备由安装在各监视点的高清枪型摄像机、高清球型摄像机、室外专业防护设备等组成，负责图像和数据的采集及信号处理。刘老涧泵站共配置37只摄像机。监控点位置与数量见图8.4。

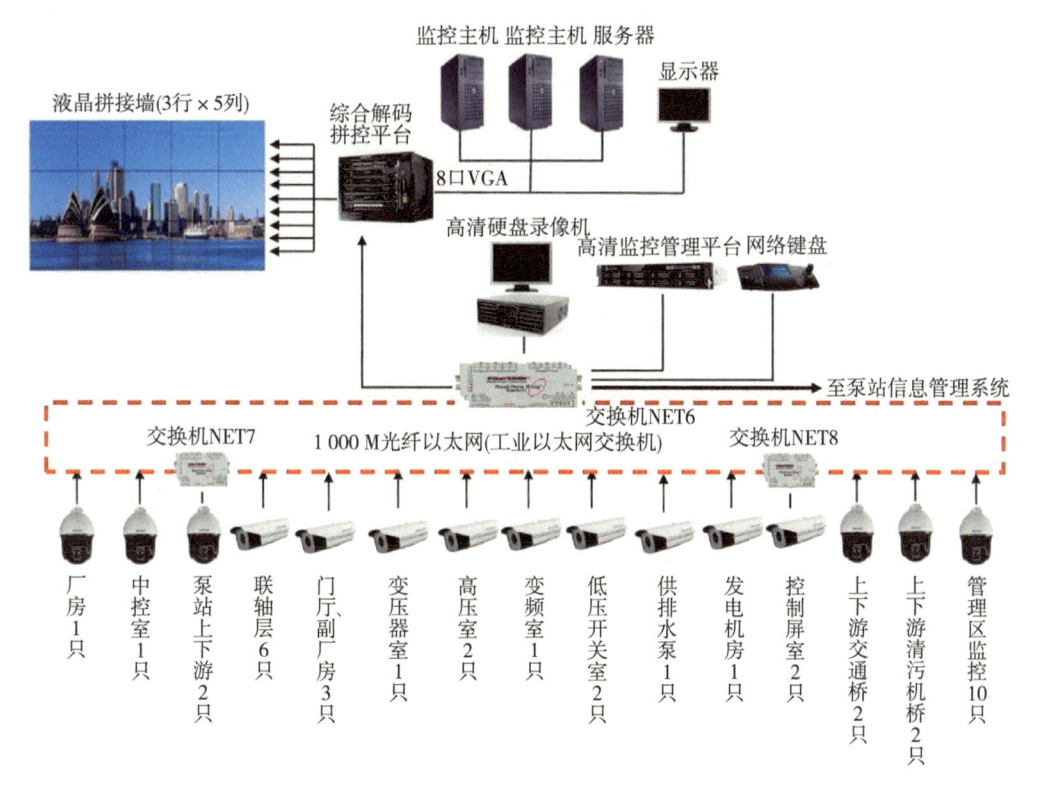

图8.4 视频监视系统拓扑图

网络传输设备根据传输距离和图像质量的要求可选用各种不同的线缆、接口设备。

高清硬盘录像机负责接收视频信号存储、预览，同时具备以太网通信接口，将数据信号传输到所需要的地点。

控制设备负责完成前端设备和图像切换的控制、云台和镜头的控制、系统可分区控制和分组同步控制以及图像检索与处理等诸多功能。

显示设备根据不同的图像显示要求,选择在不同的显示设备上进行图像显示,使运行人员能够在控制中心实时直观地看到来自前端监控点的任意图像。

8.2.2 系统功能

视频监视系统具有用户管理、设备管理、组织管理、录像管理、报警设置、系统设置、日志管理、实时监视、云台控制、录像回放、报警通知、视频上墙、语音对讲、电子地图、人脸识别等功能。

1．用户管理可进行客户端用户、管理员用户的增删改,以及其权限设置,并进行离在线状态检测。

2．设备管理可进行编码器设备、解码器设备、智能设备、矩阵设备以及平台服务的增删改管理,进行设备的离在线状态检测,进行设备的配置管理。

3．组织管理可进行组织结构的增删改管理,并指定组织的层级和编号。

4．录像管理可进行录像计划的设置,并配置时间计划模板,方便进行计划配置时使用。

5．报警设置可进行报警预案、报警上墙任务、报警类型、报警时间模板、联动等级的设置,实现平台对报警的精细化管理。

6．系统设置可对平台系统运行所需的参数进行配置修改,包括电子地图服务器 IP、日志。

7．日志管理记录系统记录用户的操作日志、设备的报警日志、设备的状态日志,可对日志进行查询、搜索等操作。

8．实时监视用于查看前端设备的实时视频,并可实现多窗口分割、视频抓图、实时录像、图像显示设置、窗口比例设置及视频轮切等功能。

9．云台控制可实时视频查看,并对云台进行控制,包括八方向控制、变倍\聚焦\光圈、步长选择、设置预置位、灯光、雨刷、控制锁定等多方面功能。

10．录像回放功能可查询前端设备的相关的录像数据,并进行录像回放、录像下载、视频抓图、多倍速控制等功能操作。

11．报警通知功能可采集前端设备、服务设备的报警信息,并将报警派发到客户端,发送邮件、短信等通知到指定用户,以及进行其他报警联动功能。

12．视频上墙可进行电视墙配置,并对电视墙进行画面分割、通道关联等操作。

13．语音对讲,可对设备的语音进行对讲并广播。

14．电子地图可对地图进行配置管理、框选、圈选等功能操作。

15．人脸识别可进行人脸识别服务器接入,并进行人脸抓拍、比对、人脸库检索。抓拍库检索:导入人脸图片,指定相似度,可从抓拍库中检索符合条件的图片。人脸库检索:导入人脸图片,输入查询条件,在系统注册的人脸中检索符合条件的图片。人员布控:导入人脸图片,可以进行人脸注册,以及检索。报警检索:对历史人脸抓拍报警进行检索,包括黑名单、白名单。

8.3 机组状态在线监测分析系统

刘老涧泵站机组状态在线监测分析系统通过对机组的振动、摆度等状态实时在线监测分析,及时识别机组的状态,发现故障早期征兆,对故障原因、故障严重程度、故障发展趋势作出判断,从而较早地发现故障隐患,避免破坏性事故的发生,为机组实现状态检修提供了坚实的技术基础。

8.3.1 系统构成

机组状态在线监测分析系统由传感器、数据采集单元、服务器及相关网络设备、软件等组成,采用分层分布式结构,按层次划分为上位机系统和现地层设备两级。上位机系统包括状态数据服务器及相关网络设备。现地层设备包括机组状态在线监测屏(图8.5)、各种传感器、通信接口、附件设备等。上位机系统和现地层设备之间采用星型以太网络结构。

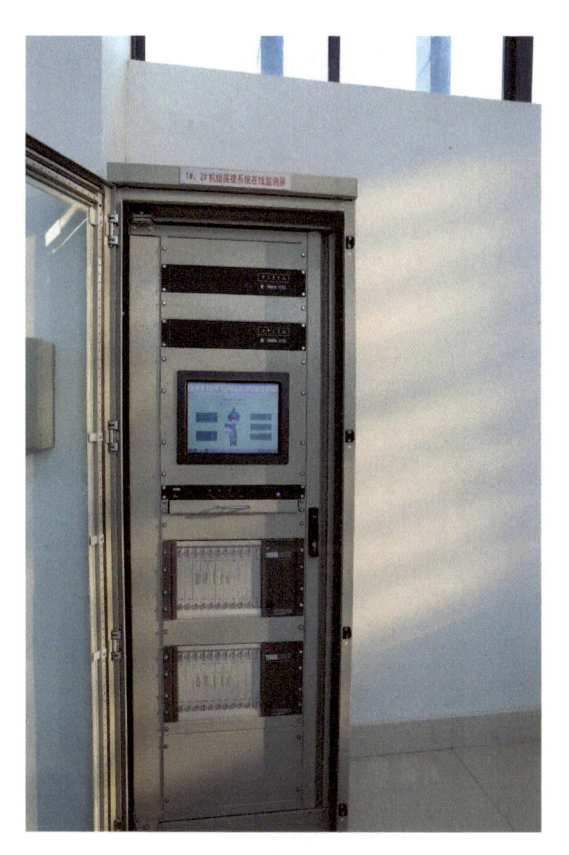

图 8.5 机组在线监测屏

8.3.1.1 传感器

系统采用的传感器见表8.1。

表 8.1　传感器配置表

序号	测点名称	传感器类型	传感器型号	数量
1	电动机上机架 X/Y/Z 方向振动	加速度传感器	AC-102	3
2	电动机转速	感应式位移开关	BES-M08	2
3	叶轮外壳 X/Y/Z 方向振动	加速度传感器	AC-102	3
4	水泵顶盖 X/Y 方向振动	加速度传感器	AC-102	2
5	水导轴承 X/Y 方向振动	加速度传感器	AC-102(水下型)	2
6	泵轴摆度 X/Y 方向	电涡流传感器	IN-081	2

1. 泵轴摆度传感器

泵轴摆度监测采用电涡流传感器,可以有效避免传感器与被测面的碰磨。该传感器频响范围 0~10 kHz(−3 dB),平均工作位置 2 mm,线性测量范围 2 mm,供电电压 DC 18~30 V,供电电流 12 mA。

2. 加速度型振动传感器

加速度传感器主要用于测量定子铁芯振动和瓦振,采用 AC-102 型振动加速度传感器,工作频响范围 0.5~15 000 Hz,线性测量范围:±80 g,供电电压 DC 18~30 V,抗电磁场干扰,具有可靠防水性能。

3. 转速传感器

转速传感器采用感应式位移开关传感器,转速信号可靠,并且不易受大轴摆度过大、大轴中心偏移过大等影响,频响范围 0~1 500 Hz,工作范围 4 mm,供电电压 DC 24 V。

8.3.1.2　机组在线监测屏

机组状态在线监测屏采用标准机柜布置方式,每台机组配置一台,负责对机组的振动、摆度、机组工况参数等信号进行数据采集、处理、分析,以图形、图表、曲线等直观的方式在显示器上显示,同时对相关数据进行特征参数提取,得到机组状态数据,完成机组故障的预警和报警,并对数据进行现地缓存,将数据通过网络传至状态数据服务器,供进一步的状态监测分析和诊断。

屏柜内配置数据采集装置、传感器电源、工业液晶屏、网络设备以及接线端子等。

1. 数据采集装置

数据采集装置采用模块化结构,配置键相模块 1 块(2 通道/块)、振摆监测模块 2 块(8 通道/块,用于监测 2 个摆度、10 个振动信号,预留 4 路备用)、继电器输出模块 1 块(9 路继电器输出)、系统板与存储板各 1 块。通过系统板上的通信接口,数据采集装置可以和上位机实现通信。

键相模块是一块智能键相信号处理板,它由单片机进行智能控制,具有测速、整周期采样控制、触发低通跟踪抗混频滤波器等功能。

振摆监测模块用于采集摆度信号和振动信号。信号可从传感器直接接入,包括信号预处理单元、低通跟踪抗混频滤波器及单片机系统,采集方式采用同起点整周期采样,保证了采样的整周期性。

当机组状态出现异常时,系统可通过继电器输出模块输出报警信号或保护动作信号。

系统板用于协调各采集模块工作,并实时对采样数据进行分析处理,提取特征参数,得到机组状态数据。同时在不丢失故障信息的前提下压缩数据容量,最后将数据通过系统板内的以太网络接口传至状态数据服务器或其他外设,供进一步的状态监测分析和诊断。系统板内带两个10/100 M网络接口和两个串行通信接口。

存储模块用于存储数据采集装置有关程序和部分机组状态数据。存储介质采用500 GB的大容量工业级硬盘,可保证系统稳定可靠运行,并具有较高的抗震能力,其存储容量可满足现场程序、现地机组状态数据存储和168小时的数据缓存要求。

2. 传感器电源

每个数据采集站配置1套传感器供电电源,为各种传感器提供直流工作电压,该电源采用工业级线性电源模块,能满足为所有类型传感器提供电源的要求。

3. 工业液晶屏

每个数据采集站配置1个工业液晶屏,供现地实时监测、分析及系统维护使用,该液晶屏采用15寸触摸式工业级TFT平板显示屏,结构牢固,安装使用方便,在工业现场没有失真或受磁场干扰等问题。

4. 状态监测屏柜

每个数据采集站配置一面状态监测屏柜,尺寸为2 260 mm×800 mm×600 mm。机柜内装有防潮加热器和散热风机,可控制柜内的温度和湿度,确保空气循环流畅,并在过热状态时不会损坏设备;盘柜内装照明插座设备,以方便运行和维修。照明灯设计成由封闭门的开关控制。柜内安装有百叶窗以利通风。每个盘柜内底部装设接地铜母线。

8.3.1.3 上位机设备及其他外设

1. 状态数据服务器

状态数据服务器选用高性能大容量的服务器,用于通信获取、计算处理和存储管理机组的状态监测实时数据和历史数据,以供机组运行状态分析诊断使用。状态数据服务器安装在中控室内。

2. 工业以太网交换机

上位机系统配置1台以太网交换机,用于与现地层设备间通信。

8.3.2 系统功能

机组状态在线监测分析系统配置1套机组状态在线监测与分析软件,该软件应具备良好的系统开放性、扩展性、智能诊断与处理能力以及大规模数据管理和深层次数据挖掘能力。

8.3.2.1 实时监测和数据分析

系统实时监测功能可在数据采集站、服务器显示器以及网络所联的有关用户终端上同步监视和显示机组当前的运行状态,并以数值、曲线、图表等各种形式和监测画面,从不同的角度并分层次地显示出机组的各种状态信息,实现实时在线监测功能(如图8.6所示)。

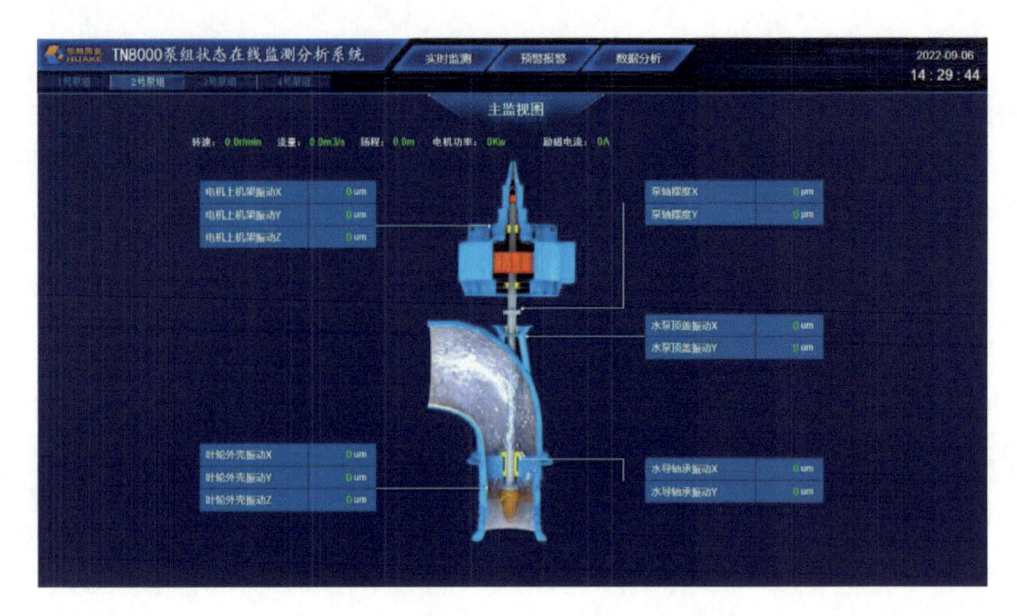

图 8.6　机组状态在线监测分析软件画面

系统提供多种分析手段，分析机组在稳态运行过程和暂态过程中系统存储的数据，以评价机组在稳态运行时和暂态过程中的状态变化，及时掌握机组的运行状况以便及早发现故障。

系统实时同步采集机组振动、摆度相关工况参数数据，以结构示意图、棒图、表格、实时趋势等形式实时显示所监测的相关参数，并在线显示振动、摆度等快变参数的波形、频谱图，以及摆度轴心轨迹图等。

系统具有时域波形分析、频域分析、轴心轨迹图、多轴心轨迹图、空间轴线图、瀑布图、极坐标图、级联图、轴心位置图、趋势分析、起停机曲线等专业分析工具，分析机组在稳态运行和暂态运行时的振动摆度数据，评价机组在动稳态特性。

系统通过监测导轴承摆度及其支撑机架的振动信号，结合从监控系统通信获取的导轴承瓦温和油温数据，实时监测和判断各轴承异常状态的故障或缺陷，如轴承间隙过大或过小、不对中、轴瓦松动等。

系统通过监测机组各部位振动信号，结合机组运行工况进行分析，反映各支架振动随负荷/时间变化的趋势特性，并初步判断支撑部件的损伤情况。

系统通过对水泵叶轮外壳处和水泵上导轴承振动的分析，反映多种故障信息，尤其是水力对机械结构振动的影响，通过振动频谱成分的变化分析，反映支架松动、裂纹等故障。

系统通过机组在正常运行过程中相同工况下定子铁芯振动的频率成分幅值的变化分析定子铁芯的松动情况。

系统自动识别开机、停机、甩负荷、变负荷等暂态过程，并利用上述分析诊断工具对系统自动记录的暂态工况数据进行回放，形成各种性能曲线，分析机组在暂态变化过程中运行状态的变化特性。通过连续波形分析工具，系统对暂态工况的高速录波数据进行回放。

8.3.2.2 数据存储功能

系统具备完备的数据采样功能以保证系统能够全面准确地记录机组暂态运行和稳态运行的数据，提供事故追忆功能，并在机组发生事故时提供全面完整的数据以供事故分析。

系统的所有数据采集均能自动完成。系统自动根据相关工况参数判断机组为稳态、暂态过程（包括瞬态），根据转速的变化规律判断开机过程、停机过程、过速过程，根据负荷信号判断机组工况是否处于稳定状态。针对机组稳态过程，振动、摆度采用整周期采样方式；针对机组暂态过程（包括瞬态），振动、摆度采用连续采样方式，采样频率为1 kHz。

系统提供完备的数据存储策略，在现地数据采集装置和上位机状态数据服务器分批存储相应的数据。系统提供专用的数据备份功能，对整个数据库或用户所检索到的数据进行备份，并提供备份数据回放功能。

系统提供了完备的数据检索功能对上述数据库进行检索。对于历史数据库，用户通过输入检索工况（时间、水头、负荷等）选择所需分析的数据。对于事件数据或试验数据，用户通过事件清单列表或试验列表来选择对应的数据。系统定制状态监测运行报表（日报、月报）并自动按时间自动生成。

8.3.2.3 报警和预警功能

系统提供二级报警功能，报警参数及定值大小均已设置，报警逻辑和延迟时间进行组态；当设定的状态监测量参数超过设定限值后，系统发出报警信号。

除报警功能外，系统还具有预警功能。预警是指状态监测系统根据监测到的有关参数的变化，在报警之前提前发现机组缺陷或故障，给出预警提示。系统将采用趋势预警和样本预警技术，趋势预警指当某一参数在同一工况下变化趋势大于设定值后发出预警提示，样本预警技术采用海量数据比较技术，将当前数据与该工况下样本数据进行比较（矢量靶区比较和频谱靶区比较），发现异常并发出预警提示。基于工况的报警和预警技术可以有效实现机组异常现象的早期预警提示和故障报警。

系统开发了报警/预警平台，具有实时的机组报警信息一览表，从中可方便浏览到机组的报警信息。当机组出现报警/预警或系统模块出现故障时，报警平台窗口将自动弹出，并以醒目的颜色变化提示相关人员注意，同时系统根据相关报警信息提供相应的处理意见和可能的故障。所有报警事件均会自动存储，用户可通过事件列表调取事件记录。

所有报警和预警信息都可以通过系统提供的空接点输出信号发送给其他系统。系统数据采集装置提供8路报警继电器空接点信号输出，继电器输出可通过软件进行逻辑组态。

8.3.2.4 趋势分析功能

系统具有完备的趋势分析功能，可以分析系统监测的振动、摆度等参量的所有特征参数、工况参数以及从监控通信过来的过程量参数的趋势变化。趋势分析功能含实时趋势分析功能、历史趋势分析功能和相关趋势分析功能。

系统具有完备的相关分析功能,可对系统长期自动积累的机组不同工况下数据和系统试验数据进行分析,自动形成各种特性曲线。相关趋势分析功能可以分析任意两个或多个参数之间的相互关系,其中横轴和纵轴可任意选定,时间段可任意设定,既可以以时间作为坐标轴,也可以选择某一过程参数作为坐标轴,如振动摆度和转速的相互关系,为查找故障原因提供分析手段。通过各性能曲线,可掌握机组振动区,指导机组优化运行。利用各种专业分析工具,生成机组动态、稳态性能的试验报告和各种特性曲线。

系统具有多维趋势分析,同时显示多台机组或同一机组不同工况下的趋势比较。

8.3.2.5 监控通信功能

系统可通过通信方式从计算机监控系统获取数据,同时又可将本系统的数据打包发送给计算机监控系统,并能满足安全防护要求。通信协议可采用基于串行 RS232/485 的 Modbus 协议和基于以太网的 TCP/IP 协议、UDP 协议或 ModBus 协议、61850 协议、104 协议。

8.3.2.6 系统自诊断功能

系统可实时对各测试通道、测试模块、采集装置及上位机服务器软硬件系统进行自检,判断其运行状态,出现异常时及时进行提示。

系统可通过各通道的工作电压、正常数据范围判断各通道是否正常,通过实时读取各模块运行状态字判断各模块运行状态,通过独立的硬件定时器模块判断采集装置运行状态,通过配套的软件模块判断各级软件的运行状态和服务器运行状态。

各数据采集装置非"OK"状态可通过继电器输出至计算机监控系统。

系统自检结果可通过系统提供的自诊断软件进行显示,并生成自诊断分析报告。

8.3.2.7 系统设置管理功能

系统设置管理功能,包括监测系统的网络状态,监测系统各计算机的运行状态,监测系统各软件的运行状态,初始化整个系统、机组相关参数设置,传感器相关参数设置和灵敏度标定,报警值设置,权限设置等。

8.3.2.8 状态报告自动生成

系统配套提供一套实用的自动状态分析报告生成软件,可以自动生成各种状态分析报告,便于用户方便地了解和掌握机组的运行状态,充分利用本系统实现机组的状态检修和优化运行。系统可根据需要定制并可按时间自动生成状态监测运行报表(日报、月报)。

系统自动状态分析报告生成软件结合了系统的相关自动诊断技术和相关分析工具,可自动根据设定的状态报告分析模板选取相关的数据,进行相应的计算并提取相应的特征数据,再根据特征数据提出相应的处理意见,相关结果以现场人员易于理解和接受的文字、表格、曲线和图形方式嵌套在定制的状态报告分析模板中,形成自动状态分析报告。

系统自动状态分析报告可根据设定的周期由软件自动生成,也可人工启动。选用自动生成模式时,系统提供的每个状态分析报告能自动选取满足条件的最新一个或一批数据进行分析,并生成报告;选用人工启动模式时,系统默认选用最新的满足条件的数据,操作人员可以根据报告提供的数据选择界面挑选最新的或以前的历史数据生成状态分析报告。

8.3.2.9 事件推送

系统可将预警、告警信息实时推送到移动终端,及时提醒用户关注机组状态变化,预防事故发生。系统同时也提供查询历史事件信息功能。

8.4 泵站信息管理系统

泵站信息管理系统是刘老涧闸站管理所实施信息管理的平台,它与工控网间单向通信,获取刘老涧水利枢纽工程的各种数据和信息,向外通过水利专网与上级管理部门连接,实现与其他信息系统的数据交换。

泵站信息管理系统作为自动化系统的管理应用层子系统,为运行管理单位科学管理工程、实施办公自动化,实现与外部系统的信息交互提供硬件平台。信息发布需具备上级管理部门调度接收功能。刘老涧泵站信息管理系统拓扑图如图8.7所示。

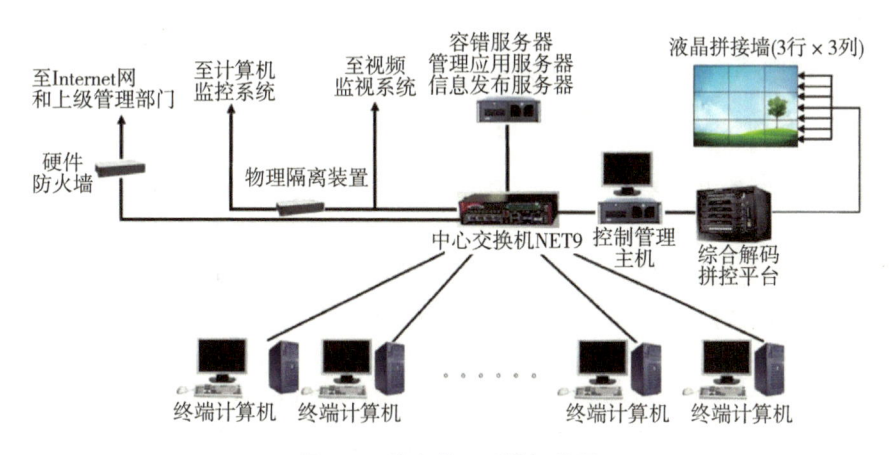

图 8.7 信息管理系统拓扑图

8.4.1 系统构成

泵站信息管理系统通过网络安全隔离装置与工控网络进行隔离,通过硬件防火墙设备与水利专网、外网(Internet网)连接。泵站信息管理系统采用星形拓扑结构组网,配置1台应用服务器、1台Web服务器、通过网络交换机与办公终端组成办公网络,实现运行管理单位的办公自动化、管理智能化、调度远程化、决策科学化。

8.4.2 系统功能

泵站信息管理系统具备运行数据的接收及管理、信息发布、查询、数据信息上传下发、办公自动化、运行管理信息化等功能。

8.4.2.1 运行数据的接收及管理

泵站信息管理系统与计算机监控系统进行数据通信,接收计算机监控系统发送的各类数据。为保证工控网络安全,泵站信息管理系统与计算机监控系统的连接采用安全网络隔离装置。通信的数据包括主机组、辅机、变配电设备等状态,各类故障及事故信号、温度量、电气量、水位、压力等数值及主要运行统计数据。

8.4.2.2 信息发布、查询

1. 以 Web 方式将计算机监控系统、视频监控系统主要界面和视频图像在水利专网内进行发布,水利专网及上级平台授权用户通过浏览器进行浏览。可供浏览的实时画面包括电气接线图、主机运行监视图、辅机系统运行图、站身剖面图、全站温度运行监控图等画面,发布的画面动态加载、实时显示,同时显示视频画面。
2. 以日、月、年等各种报表及一览表的方式查询上下游水位、开机台数、抽水流量、水量、功率、电量、机组运行台时等数据。
3. 向上级单位报送所要求的信息,向工作人员发送工作指令和要求。

8.4.2.3 数据信息上传下发

该功能以数据库标准接口和数据通信的方式,将工程运行数据上传至上级管理部门,并接收上级管理系统下发的各种命令。

8.4.2.4 办公自动化

办公自动化是建立工程范围内的主干 1 000 M、各个终端 100 M 的高速计算机网络,为办公自动化提供传输通道和工作平台,具体包括公文管理、个人办公平台、公共信息管理、会议管理、办公用品管理、车辆管理、工作流程管理及其他功能。

1. 公文管理又划分为收文管理、发文管理和公文档案管理三个模块。收文管理是所有外部来文的接口并将来文转发到有阅读权限的人员;发文管理是对文件拟稿、修改、核稿、校对、领导签发、审核、文件编号、用印、发送、归档等过程进行管理,其中有些过程还可能经过多轮循环;公文档案管理是对日常办公中归档的公文、会议记录、文件、传真等进行管理,包括公文档案借阅、查询、统计、删除等功能。
2. 个人办公平台包含公告板、讨论区、通信录、待办事宜、即时消息和日程安排。用户进入自己的办公工作平台,可通过个性化、内容丰富、清晰易用的办公界面,方便、快速地看到各项待办工作。
3. 公共信息管理包含公告板、大事记、讨论区、公共通信录以及政策法规、时刻表的查询等。
4. 会议管理子系统辅助机关工作人员策划、筹备、组织各种会议和管理各种会议文档,由会议室申请、会议室安排、会议管理、会议纪要管理等组成。
5. 办公用品管理包括办公用品采购计划的制订、申请审批、采购过程管理、出入库管理、领用和发放管理等。
6. 车辆管理包括:进行车辆使用申请和派车管理、车辆维修记录等管理,实现车辆基

本信息的维护和车辆状态的查询;网上用车审批和车辆派遣;车辆维护登记,车辆维护记录查询,车辆维护统计。

7. 工作流程管理采用工作流管理与控制。系统管理员可灵活自定义出符合各种业务特征需求的流程,支持多种办理方式;支持多种办理人及办理权限选择和控制;支持直流、分流、辅流、条件分支、自由流程及流程嵌套等多种流向方式,从工作流规划、设计、授权、运行、调整、监控和管理等方面,动态地反映一个完整的业务处理过程。

8.4.2.5 运行管理信息化

运行管理信息化分为组织管理、安全管理、运行管理、经济管理四大类,下面包含各个模块子目录。其中,组织管理包含物资采购计划报批、档案及图纸管理;安全管理包含安全生产标准化管理,设备管理,仓库物资及备品件管理,设备等级评定、安全鉴定,水行政管理;运行管理包含工程观测、建设和维修项目管理,防汛防旱与调度运行管理,防汛应急管理,巡检管理,缺陷检修管理,维修养护项目及项目管理卡填报审批;经济管理包含维修养护经费管理、统计报表与安全月报上报。

8.5 网络安全防护体系

刘老涧泵站建有自动化系统网络安全防护体系,用于工控网与水利专网、互联网间的安全防护。网络安全防护体系将工控网设备分为安全管理区、服务器区、上位机区、串口通信区、设备保护区-1、设备保护区-2、PLC区共7个区域加以安全防护(如图8.8所示)。

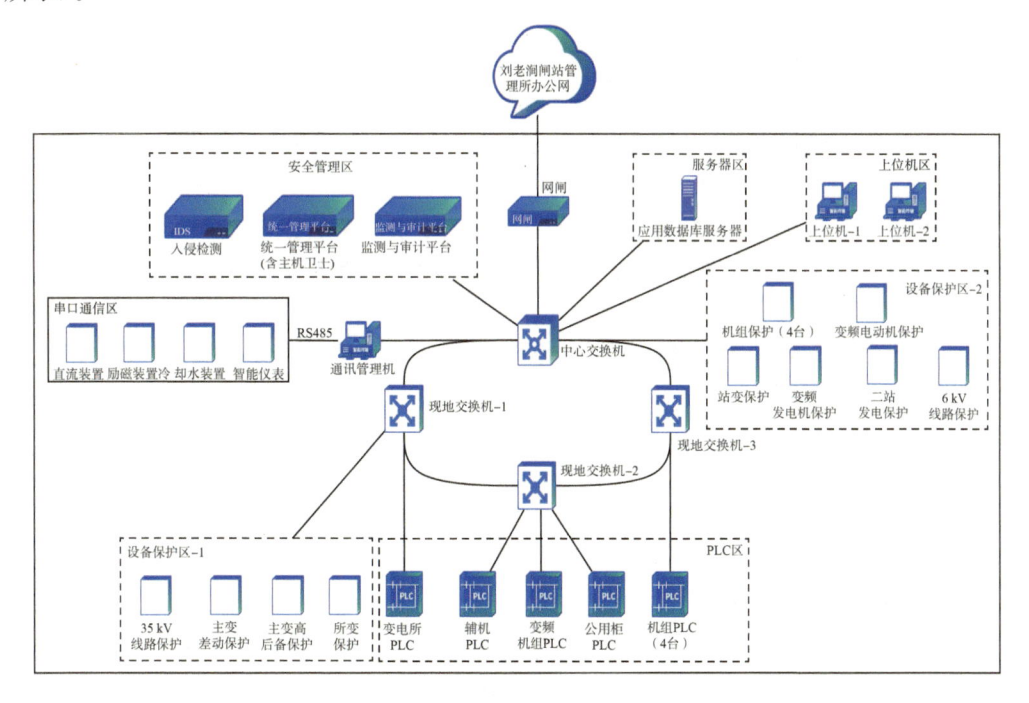

图 8.8 自动化系统设备安全分区图

8.5.1 系统构成

网络安全防护体系主要由网闸、入侵检测系统、安全监测与审计平台、统一管理平台、中心交换机构成。其中,网闸用于工控网与水利专网间通信隔离,入侵检测系统部署于中心交换机旁,安全监测与审计平台部署于工控网络安全管理区,统一管理平台部署于工控网络安全管理区,中心交换机中使用 VLAN+ACL 手段对服务器区和其他区域进行隔离。

8.5.2 体系功能

1. 网络安全防护体系基于正常通信模型,对工控指令攻击、控制参数的篡改、病毒和蠕虫等恶意代码攻击行为等进行实时监测和告警。

2. 网络安全防护体系实时监测设备流量,当发现其在一段时间内没有收发流量,则进行实时告警。

3. 网络安全防护体系对自动化控制协议报文进行检测并对不符合其规约规定格式的告警。

4. 网络安全防护体系对工程师站组态变更、操控指令变更、PLC 下装、负载变更等操作行为进行记录和存储,便于安全事件的事后审计。

5. 网络安全防护体系记录和存储现场网络中所有的会话信息,便于安全事件调查取证。提供告警报文查看,对触发的告警,记录原始报文,方便查询原始报文告警情况。

6. 网络安全防护体系拥有丰富的自动化控制协议支持,智能自学习操作指令码、参数范围等,对工控网络进行检测。基于通信"白环境"的异常检测模式,实时检测偏离正常操作行为的未知攻击。

7. 网络安全防护体系全面记录工控网络中的重要操作行为、网络会话、异常告警、告警原始报文,方便对安全事件和违规操作的调查、取证。

8. 网络安全防护体系通过日志审计、视频审计等多维度的审计和展示方式,全方位还原工控机的操作过程,对工控网络进行无死角的审计。

9. 网络安全防护体系对各类安全日志进行记录和存储,翔实记录一切网络通信行为,包括指令级的自动化控制协议通信记录,并进行回溯,便于安全事件的调查取证。

10. 网络安全防护体系实时检测针对自动化控制协议的网络攻击、用户误操作、用户违规操作、非法设备接入以及蠕虫、病毒等恶意软件的传播并实时告警,并采取应对措施,减少系统停车时间。

第九章

安全监测

水利工程安全监测是工程运行管理的一项重要基础工作,是监视水利工程运行安全的重要技术手段,是掌握工程安全状况的有效方法。通过水利工程安全监测能够掌握工程变化规律,及时发现工程隐患,为采取相应措施提供依据。

9.1 观测项目

泵站观测分一般性观测和专门性观测两大类,观测内容宜按设计要求确定,也可根据泵站运行管理需要增加观测内容。

一般性观测项目是指经常性观测项目,是工程运用过程中为监视工程运行状况而应观测的项目,主要包括水位、流量、垂直位移、底板扬压力、侧岸绕渗、河床变形等。

专门性观测项目是指某一时间段或者为某一特殊目的而专门进行的观测项目,是工程运用过程中有选择的观测项目,主要包括水平位移、伸缩缝、裂缝、墙后土压力、水流形态等。

9.2 观测要求

1. 观测工作应符合下列基本要求:
(1) 保持观测工作的系统性和连续性,按照规定的项目、测次和时间进行观测;
(2) 随观测、随记录、随计算、随校核(简称"四随");
(3) 无缺测、无漏测、无不符合精度、无违时(简称"四无");
(4) 人员固定、设备固定、测次固定、时间固定(简称"四固定")。
2. 各工程观测项目的观测设施布置、观测方法、观测时间、观测频次、测量精度、观测记录等应符合《水利工程观测规程》(DB32/T 1713—2011)的规定。
3. 每次观测结束后,应及时对记录资料进行计算和整理,并对观测成果进行初步分析,如发现观测精度不符合要求,应重测。如发现异常情况,应立即进行复测,查明原因并上报,同时加强观测,并采取必要的措施。
4. 资料在初步整理、核实无误后,应将观测报表于规定时间上报。

9.3 观测资料整编与成果分析

1. 观测资料整理、整编及成果分析等符合《水利工程观测规程》(DB32/T 1713—2011)的规定。
2. 每年初均对上一年度观测资料进行整编，并编写观测分析报告报上级主管部门审查，审查合格的资料整编成果应装订成册，归入技术档案。观测分析报告主要内容包括工程概况、观测设备情况（包括设施的布置、型号、完好率、观测初始值等）、观测方法、主要观测成果、成果分析与评价、结论与建议。
3. 对发现的异常现象作专项分析，必要时可会同设计、科研等单位作专题研究，分析原因，制订处理方案。

9.4 刘老涧泵站观测项目

刘老涧泵站安全监测项目主要有水位、流量、垂直位移、扬压力、河床变形、河道地形等一般性观测项目。

9.4.1 水位观测

刘老涧泵站水位主要通过在上游起吊便桥、下游翼墙、下游清污机桥处设超声波水位传感器各1只，用于泵站进出水流道水位观测；在上、下游翼墙及清污机桥上设不锈钢水尺4根，用于泵站进出水池及清污机桥上下游水位观测。

9.4.2 流量观测

根据超声波信号检测的不同原理，超声波流量计可以分为传播速度差法、多普勒法、相关法、波束偏移法以及噪声法等不同类型。其中，传播速度差法利用被测流体的流速与超声波在流体中的传播速度差的关系测量流体的流速，进而可以计算出通过各种不同截面的流量。多普勒法是利用声学多普勒原理，通过测量不均匀流体中散射体散射的超声波多普勒频移来确定流体流量的，适用于含悬浮颗粒、气泡等流体的流量测量。波束偏移法是利用超声波束在流体中的传播方向随流体流速变化而产生偏移来反映流体流速的，但在低流速时，灵敏度很低，适用性不大。噪声法（听音法）是利用管道内流体流动时产生的噪声与流体的流速有关的原理，通过检测噪声表示流速或流量值。其方法简单，设备价格便宜，但准确度低。刘老涧泵站超声波流量计为传播速度差法类型。

根据测量的不同参数，传播速度差法可以具体分为时差法、相位差法和频率差法。三种方法各有特点，需根据被测流体性质、流速分布情况、管路安装地点及对测量准确度的要求等因素进行选择。一般来说，由于生产中工况的温度常不能保持恒定，多采用频差法及相位时差法，只有在管径很大时才采用时差法。

刘老涧泵站流量测量采用时差式超声波流量计。

1. 测流原理

时差法超声波流量计可测量一组或几组成对的换能器之间在流体正向和逆向两个

方向上的传播时间,同时能够测量在上下游两个换能器之间同时发射的信号传播的时间差。由于每一对换能器中的任何一个都可以作为超声波信号的发射端,也可以作为接收端,所以可以使用同一对换能器来确定传播时间的差异。通过超声波脉冲路径的液体轴向流速和超声波传输时间差之间存在的比例关系,反复进行测量以确定液体的平均轴向流速并将随机误差最小化。

2. 测流方法

为了保证在复杂恶劣的明渠内流态条件下获得高精度的测量数据,明渠的流量测量通常配置多声路时差式超声波流量计。多声路测量采用"平均断面积分法",将整个渠道的测量断面从渠底到水表分成若干层,由各层的测量流量累加得到整个过水断面的总流量。其中,每层的流量由该层的平均流速与该层的截面积计算得出(如图9.1所示)。

总流量 Q_T 可以由下式表示:

$$Q_T = Q_{Bot} + Q_{Top} \sum_{i=1}^{n-1} (\frac{V_i + V_{i+1}}{2} \times |A_{i+1} - A_i|) \tag{9-1}$$

其中,渠底层流量 $Q_{Bot} = A_{Bot} \times v_1 \times \frac{1+F}{2}$;渠顶层流量 $Q_{Top} = A_{Top} \times \frac{V_n + W_t V_s}{1 + W_t}$;$n$ 为总声路数;V_n 为第 n 声路流;V_s 为表面流速估计值;A_n 为第 n 声路截面积;F 为渠底摩擦系数;W_t 为渠顶加权系数。

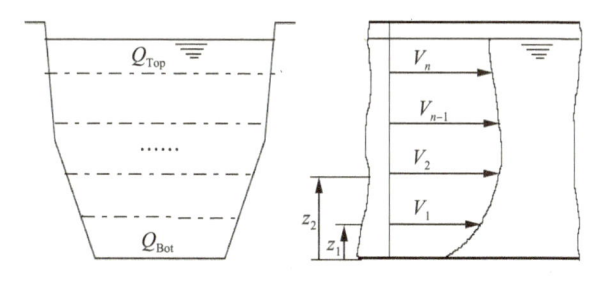

图 9.1 明渠多声路测量中流量与流速分布示意图

3. 设备构成及安装方法

超声波流量计由主机、换能器、电源防雷保护器、连接电缆、水位计、水位计接线盒、水位计防雷保护器等组成,可实现远程调试、维护、诊断、设置参数、查看测量数据和告警记录、调取历史测量数据。其中,主机采用专用单片机结构,由处理显示单元和超声波模块两部分组成,内置电涌保护器,LCD显示,能够自动诊断,报告出错信息;换能器发射面采用精良碳化玻璃材料制成,壳体为不锈钢,发射面硬度高,光洁度高,耐泥沙磨损,能承受碰撞,不易附着杂质。

超声波流量计采用2E8P的方式即2个交叉测流断面,8个测流声道,测量范围广,可以测量从0.3 m到1 000 m不同宽度的明渠、河道,测量精度可以达到1‰。该流量计安装简单、检修方便,不破坏流场及流态,没有压力损失,测量精度高,适用于矩形、梯形、圆形、蛋形、马蹄形、城门洞形等各种断面的渠道及河流等。

流量计安装需按照引河几何参数、流态及测量要求,选择合适的声路数、换能器型号和安装方式。具体安装过程如下:①根据引河现场实际工况,选定测量断面、测量基准线。②按照设计水深、常年运行水深及换能器参数、安装方式，计算出换能器的安装高程。③使用激光经纬仪在渠道边坡上精确定位出换能器的安装点。④安装固定换能器，确保成对的换能器的发射面能够完全对正，否则会影响超声波信号的强度。⑤测量各声路的声路长、声路角等参数并记录。⑥用专用电缆连接换能器到流量计的时间测量模块，固定保护管。在合适的位置安装水位计。⑦为避免通水以后水下换能器调试不便，电缆连接完成以后使用干式超声波信号检测工具对每个换能器进行检测。⑧如引河内不具备干法施工等条件，换能器的带水安装需要制作模拟安装设施。⑨输入各种参数到控制单元，通水调试。刘老涧泵站上游引河时差法超声波流量计安装方法见图9.2。

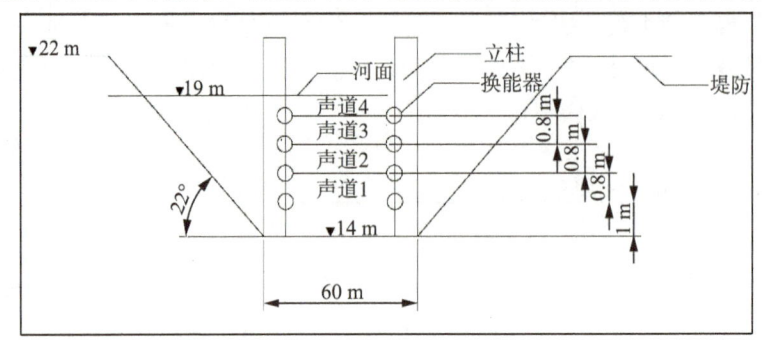

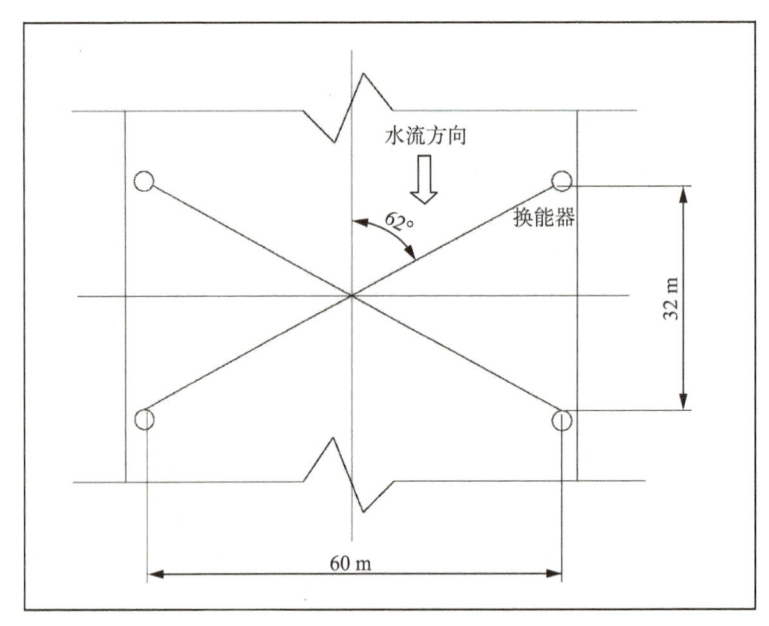

图 9.2　上游引河换能器安装示意图

9.4.3　垂直位移观测

1. 工作内容

刘老涧泵站工程工作基点4个，共计88个观测标点，于2021年4月22日首次观测。其中上左翼6个、下左翼8个、底板6个、上右翼8个、下右翼8个、启闭机桥12个、清污机桥40个，如图9.3所示。

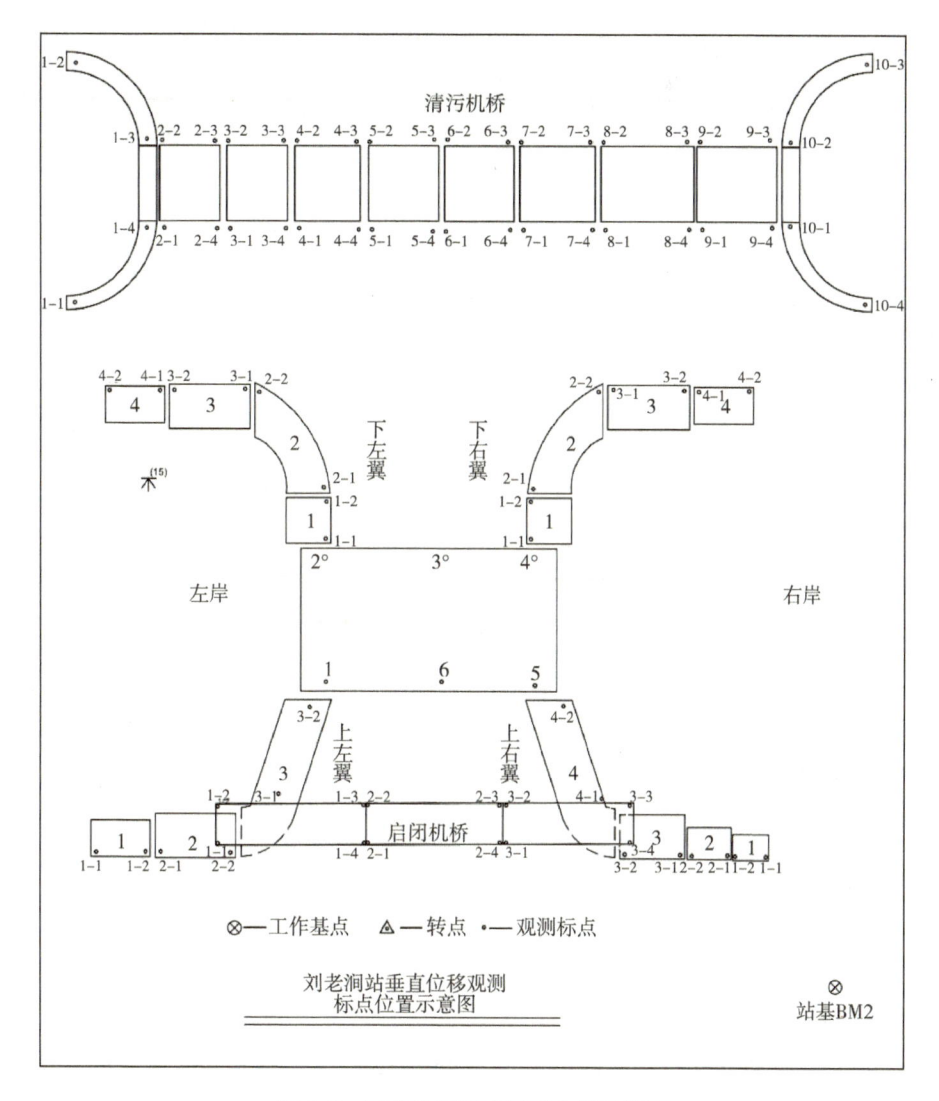

图 9.3　垂直位移标点平面布置示意图

2. 观测方法

泵站加固后,工程垂直位移观测重新开展,观测每季度开展一次。工作基点考证使用 Leica LS15 型水准仪,按Ⅰ等精度要求进行观测,自Ⅱ迁淮 7 引测,采用同方向单程观测的方法;观测标点考证使用 Leica LS15 型水准仪,按Ⅱ等水准精度进行观测,采用同方向单程观测的方法。

工作基点考证每 5 年进行 1 次。

3. 观测结论

刘老涧泵站间隔位移量正常,建筑物沉陷趋势平稳,无异常现象。

9.4.4　扬压力观测

1. 工作内容

刘老涧泵站扬压力观测通过埋设测压管对底板压力进行观测,采用压力传感器测量，共 7 根测压管，上下游左右岸翼墙各 1 个，上游工作桥 3 个，如图 9.4 所示。

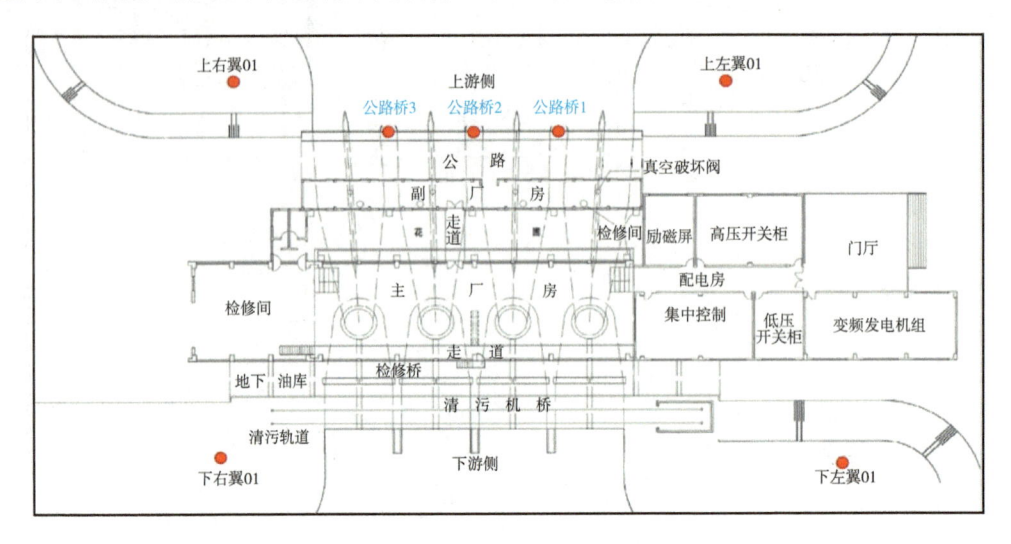

图 9.4 测压管平面布置示意图

2. 观测方法

扬压力观测配有专用安全监测系统软件，数据通过传感器、数据采集单元、数据线，传到专用监测计算机进行显示及存储。在观测测压管内水位时，必须同步观测上下游水位。

3. 观测结论

刘老涧泵站测压管水位随上下游水位有规律变化，效果良好。

9.4.5 河道断面观测

1. 工作内容

刘老涧泵站工程共布设河床断面 11 条，其中上游 5 条，下游 6 条，用于监测上下游引河河道冲淤情况，如图 9.5 所示。

2. 观测方法

刘老涧泵站于汛前、汛后开展上下游河床水下部分观测。断面桩顶高程考证按Ⅳ等水准精度要求进行观测，测量仪器为水准仪 Leica LS15。大断面岸上部分采用 RTK 观测，河宽由导入 CAD 后量取。上下游河床水下部分采用断面索的方法使用测深锤进行观测。

桩顶高程考证按四等水准测量要求，每 5 年进行一次。

3. 观测结论

刘老涧泵站上下游河道断面观测均无异常，安全可靠。

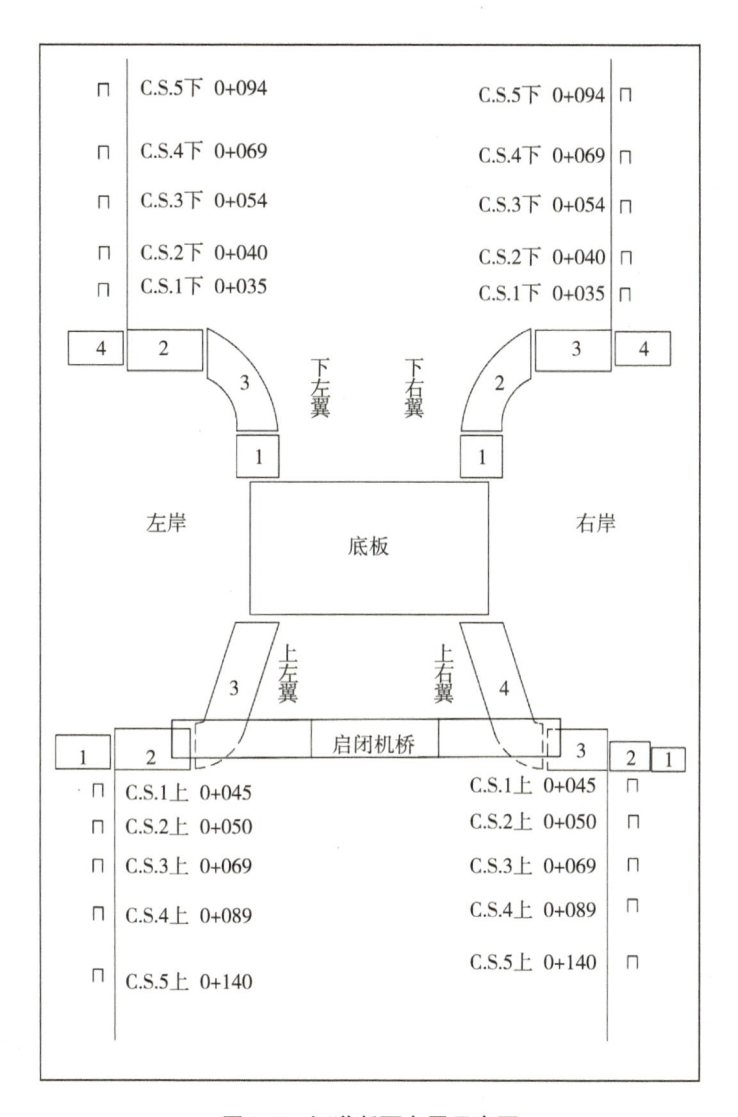

图 9.5 河道断面布置示意图

第十章

消防系统

10.1 系统设计

10.1.1 设计依据

1.《建设工程消防验收评定规则》(GA 836—2016)
2.《建筑消防设施检测技术规程》(DB32/T 186—2015)
3.《火灾自动报警系统施工及验收标准》(GB 50166—2019)
4.《建筑设计防火规范》[GB 50016—2014(2018 年版)]
5.《水利工程设计防火规范》(GB 50987—2014)
6.《消防给水及消火栓系统技术规范》(GB 50974—2014)
7.《建筑给水排水设计规范》[GB 50015—2003(2009 年版)]
8.《建筑灭火器配置设计规范》(GB 50140—2005)等

10.1.2 功能设计

1. 工程红线范围内,建筑物设计消防最大用水量:泵站室内消火栓为 10 L/s,室外消火栓为 15 L/s,火灾延续时间 2 小时。

2. 工程同一时间内按 1 起火灾考虑,消防总用水量计算:设计室内消火栓用水量 10 L/s,设计室外消火栓用水量 15 L/s,火灾延续时间 2 小时,消防总用水量 180 m³。

3. 工程消火栓采用室内外合用的临时高压给水系统,消火栓外网布置成环状,每个室外消火栓均连接在该环状管网上,厂房有 2 条进水管与室外环状管网连接。火灾初期由泵站厂房屋顶设置的箱泵一体化消防稳压设备(自带保温)供水,其后由消防泵从下游从南到北第三孔检修门槽内侧抽水加压后供给。安装 2 台轴流深井泵,互为备用。在消防控制室设手动开启和停泵控制装置。

4. 工程消防水源为进水流道供水,天然水源的设计枯水流量保证率不低于 97%,满足消防用水量要求。

10.2 消防设备布置

10.2.1 消火栓系统

1. 室内消火栓系统

（1）设计参数：每根竖管最小流量为 10 L/s，同时使用水枪 2 支，每支水枪最小流量为 5 L/s。

（2）供水系统：室内消火栓系统采用临时高压给水系统，不分区，室内消火栓给水在火灾初期由屋顶设置的消防水箱供给，其后由站区消火栓给水泵抽水加压后供给。

（3）室内消火栓：工程电机层、副厂房设消火栓箱，消火栓布置保证同一平面有 2 支消防水枪的 2 股充实水柱同时到达任何部位，消火栓采用薄型带消防软管卷盘组合式消防柜，型号为 SG18D65Z-J（单栓）。消火栓箱内配置 DN65 旋转型消火栓 1 个，φ19 mm 水枪 1 支，DN65 的 25 m 衬胶水带 1 根，25 m 消防软管卷盘 1 个，消防按钮 1 个，以及其他相关配件。暗装于防火墙上的消火栓箱，箱体背板要按防火墙耐火等级进行防火处理。

2. 室外消火栓采用 SS100/65-1.6 型，安装 1 套。

3. 消防泵控制：设置消防泵两台，互为备用。消防泵能手动启停和自动启动。在消防泵旁和主控室均设手动开启和停泵控制装置。消防泵的出水管上设置压力开关，高位消防水箱出水管上设置流量开关，发生火灾时，由压力开关或流量开关发出的电信号直接自动启动消防水泵，并向主控室报警。

4. 消防水箱：工程在厂房屋顶设有成品不锈钢保温消防水箱 1 套，其有效水容积 12 m³，装有进水管、溢流管、排空管、型钢底架等。水箱的人孔带有锁具，进出水管上的阀门设置在阀门箱内。消防水箱设置就地水位显示装置，并在控制室或值班室设置显示消防水池水位的装置，同时有最高和最低水位报警。

刘老涧泵站火灾报警设备及消火栓布置如图 10.1 和图 10.2 所示。

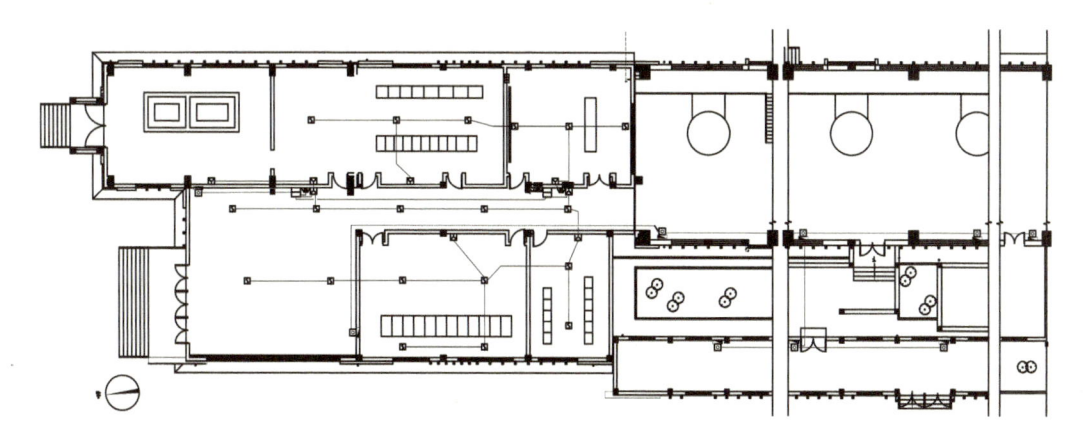

图 10.1　火灾报警设备平面示意图

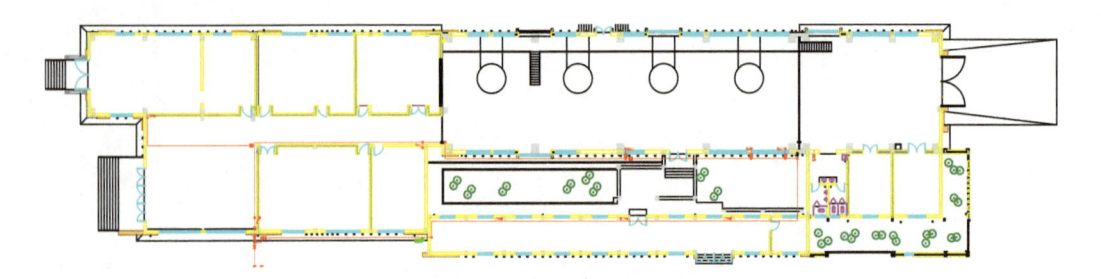

图 10.2　消火栓布置平面示意图

10.2.2　建筑灭火器配置

1. 灭火器配置：工程按中危险级 A 类火灾场所配置灭火器，每具灭火器最小配置灭火级别为 2 A，最大保护距离 20 m。
2. 灭火器采用手提式磷酸铵盐干粉灭火器（MF/ABC4 型共 34 具），灭火器置于专用灭火器箱或消火栓箱下层内。
3. 主控室灭火器箱内另配置 4 具正压式呼吸器。

10.2.3　管道材料及接口方式

1. 生活给水管采用 PP-RS4 给水管，热熔连接。
2. 排水管采用 PVC-U 排水管，承插粘接。
3. 消火栓系统架空给水管采用内外热镀锌钢管，卡箍连接，与阀门采用法兰连接。
4. 消火栓系统埋地给水管采用球墨铸铁管，密封橡胶圈连接，与阀门采用法兰连接。

第十一章

泵站工程管理

为了保证水泵机组的安全运行,运行前应全面检查工程设备状况,确认与机组运行相关的所有工作已完成,工作票已终结,接地线、接地刀闸等安全措施已解除,泵站相关区域应没有影响工程运行的安全隐患及危险因素。

11.1 管理机构

刘老涧泵站由江苏省刘老涧闸站管理所负责运行管理,管理所成立于1997年3月,负责刘老涧站、刘老涧节制闸、刘老涧新闸工程管理,为江苏省骆运水利工程管理处直属正科级事业单位,下设政办股、财务股、生产技术股、抽水站、节制闸五个职能部门,为财政补助事业单位,编制内人员经费纳入省级财政预算管理,资金来源渠道畅通。工程运行管理、维修养护资金在专项工程经费中拨付。所内财务收支平衡,职工工资福利能及时按照规定发放,职工医疗养老保险已按规定妥善办理。

《关于同意成立江苏省刘老涧闸站管理所的批复》(苏水人〔1997〕35号),批准江苏省刘老涧闸站管理所核定编制167人。2022年,管理所有所领导5名(副科5名),技术干部23名(其中高级职称4名,中级职称7名),技术工人46名(高级技师2名,技师9名,高级工26名,中级工9名)。

11.2 运行管理

11.2.1 运行前检查

主机组运行前全面检查工程设备状况,确认与机组运行相关的所有工作已完成,工作票已终结,接地线、接地刀闸等安全措施已解除,泵站相关区域没有影响工程运行的安全隐患及危险因素。

11.2.1.1 主水泵检查内容

1. 全调节水泵的调节机构应灵活可靠,叶片角度调至机组启动角度-4°。

2. 技术供水工作正常。

3. 水泵填料函漏水量正常。

4. 密封情况正常。

5. 采用稀油润滑轴承的,油位、油质正常,油管无渗漏。

6. 水泵防护装置及外观无异常现象。

7. 进出水管路、流道畅通,进水水位高于水泵最低运行水位。

11.2.1.2　主电动机检查内容

1. 对主机组的定子绝缘和转子绝缘进行测量。定子绝缘测量采用 2 500 V 兆欧表测量,绝缘阻值不得低于 6 MΩ,吸收比不小于 1.3；转子绝缘测量采用 500 V 兆欧表,绝缘阻值不低于 0.5 MΩ。

2. 油色、油位、技术供水、滑环及电刷等正常,同步电机励磁装置调试正常。

3. 防护装置正常,固定部件连接可靠,检查空气间隙,转动部件上有无杂物。

4. 进、出风口无杂物,风门在打开位置。

5. 顶起主机转子 5～10 mm,保持 15 分钟落下主机转子,千斤顶应完全回落。

11.2.1.3　主变压器检查内容

1. 投运变压器之前,确认变压器及其主保护 T60 和后备保护 F650 处在良好状态,测量主变绕组绝缘应符合规范要求(换算至同一温度下,与前一次测试结果相比应无显著变化,不宜低于上次值的 70% 或不低于 1 000 MΩ),吸收比不小于 1.3,具备带电运行条件,并注意外部无异物,各阀门开闭正确。变压器在低温投运时,需防止呼吸器因结冰被堵。

2. 分接开关位置正确,冷却装置运行正常,接地明显可靠。

3. 本体及高压套管油位和油色正常,无渗漏油,套管瓷瓶无破损、裂纹。

4. 各电气连接部位紧固、无松动。

5. 瓦斯继电器观察窗打开,继电器内无气体。

6. 压力释放阀、安全气道及防爆系统完好。

7. 变压器吸湿剂应为天蓝色,底部油杯油位在正常范围。

8. 变压器大修后或事故检修和换油、加油后,需静止 24 小时或无气泡后,方可投入运行。

11.2.1.4　高压断路器检查内容

1. 高压断路器投运前检查确认其外观完好,标志清楚,防护、互锁装置可靠。

2. 高压断路器操作的直流电源电压在规定范围内。

3. 高压断路器操作的弹簧机构压力在规定范围内。

11.2.1.5　其他电气设备检查内容

1. 高压母线绝缘子清洁、完整,无裂纹,无放电现象,并进行绝缘检查。

2. 高压开关柜母线绝缘值合格,柜体完好,柜门关闭,手车在试验位置。

3. 低压开关柜柜体完好,各开关按开机要求在合上或断开位置。
4. 高低压开关柜仪器、仪表等元器件完好,二次接线及接地线牢固可靠,标号清晰完整。
5. 站用变压器绝缘值合格,外壳完好无损坏,冷却风机工作正常。
6. 隔离开关、负荷开关及高压熔断器本体无破损变形,瓷瓶清洁、无裂纹及放电痕迹。
7. 互感器二次侧及铁芯接地可靠,瓷瓶清洁,无裂纹、破损及放电痕迹。
8. 直流装置正常无报警显示,各蓄电池电压均衡,总电压及负荷在标准范围内。
9. 保护装置自检正常,无异常报警显示。
10. 励磁装置调试正常、励磁变压器绝缘值合格,外壳完好无损坏,冷却风机工作正常。

11.2.1.6 供水系统检查内容

1. 技术供水的水质、水温、水量、水压等满足运行要求,示流装置良好,供水管路畅通。
2. 供水泵工作可靠,备用供水泵能自动切换运行,进水口莲蓬头无堵塞,水泵顶盖无淤积。
3. 供水系统滤水器工作正常。
4. 各管路闸阀工作正常。

11.2.1.7 通风系统检查内容

1. 通风机组正常,盘动无卡阻。
2. 风道通畅,进出风口无杂物。

11.2.1.8 监控系统检查内容

1. 监控主机运行正常,受控设备性能完好。
2. 计算机及其网络系统运行正常。
3. 各现地控制单元、微机保护装置、自动测量装置、微机励磁装置运行正常。
4. 各自动化元件,包括执行元件、信号器、传感器等工作可靠。
5. 视频系统运行正常,画面清晰稳定。
6. 系统特性指标以及安全监视和控制功能满足设计要求。
7. 无告警显示。

11.2.1.9 监控局域网检查内容

1. 服务器运行正常。
2. 工作站运行正常。
3. 通信系统运行正常。
4. 无出错显示。

11.2.1.10 水工建筑物及辅助设施检查内容

1. 进出水池、上下游引河、上下游拦污栅、安全格栅、仪表及安全保护设施等正常。
2. 确认检修闸门在吊起位置,上游拦污栅在抽水或发电工况位置。
3. 在主机组启动前全面检查真空破坏阀的控制系统,确认真空破坏阀能按规定的程序闭阀。

11.2.1.11 变频机组检查内容

1. 检查转动部分螺栓、螺母类零件是否完全紧固,以防运行时松动,造成事故。
2. 防护装置正常,固定部件连接可靠,检查空气间隙,转动部件上应无杂物。
3. 检查确认电动机和发电机的接线牢固。
4. 检查滑环的清洁程度、碳刷与滑环接触面积、碳刷压力、碳刷在刷架内动作的灵活性。

11.2.2 主机组开停机操作

刘老涧泵站根据泵站工程的结构特点、设备配置及种类等制定开停机操作流程,编制各类操作票,机组的开停机操作须严格执行操作票制度。刘老涧泵站机组可以利用丰水期中运河余水进行反向发电运行,故刘老涧泵站机组有"抽水/发电"两套开停机操作流程。

11.2.2.1 倒闸操作

1. 变电所 35 kV 母线送、停电

按照倒闸操作票进行操作,操作前应检查线路无影响运行的检修和试验工作,操作人员应穿戴好绝缘靴、绝缘手套,并在绝缘垫上进行操作,有关工作票应终结并全部收回。操作票见表 11.1 和表 11.2。

表 11.1 刘老涧泵站变电所 35 kV 母线送电操作票

编号:

发令人:		受令人:	发令时间: 年 月 日 时 分
操作开始时间: 年 月 日 时 分			操作结束时间: 年 月 日 时 分
操作任务:35 kV 母线送电			
操作记号(√)	顺序	操作项目	
	1	查 35 kV 开关柜所有手车在"试验"位置,且开关在"分闸"状态	
	2	合变电所直流柜 35 kV 开关柜储能电源、装置及闭锁电源、交流电源	
	3	合变电所保护屏 35 kV 进线开关柜控保电源	
	4	查变电所保护屏"线路保护装置 F650"工作正常	
	5	查变电所保护屏"进线保护跳闸""进线备用保护跳闸"压板在连接位置	
	6	查 35 kV 进线开关柜"负控跳闸保护"压板在连接位置	
	7	查 35 kV 进线开关柜开关状态指示仪显示正常	

续表

操作记号(√)	顺序	操作项目
	8	将 35 kV 电压互感器柜 3001 手车摇至"工作"位置
	9	将 35 kV 进线隔离开关柜 3223 手车摇至"工作"位置
	10	将 35 kV 进线开关柜 322 手车摇至"工作"位置
	11	将 35 kV 进线开关柜 QK"就地/远控"转换开关置于"就地"位置
	12	合 35 kV 进线柜 322 开关
	13	查 35 kV 三相电压正常

备注：
操作人：　　　　　　　监护人：　　　　　　　值班负责人：
注：每一步操作完成之后，在"操作记号"栏内打"√"确认

表 11.2　刘老涧泵站变电所 35 kV 母线停电操作票

编号：

发令人：		受令人：	发令时间：　年　月　日　时　分
操作开始时间：　年　月　日　时　分			操作结束时间：　年　月　日　时　分
操作任务：35 kV 母线停电			
操作记号(√)	顺序	操作项目	
	1	确认 35 kV 进线柜出线侧负载已退出	
	2	分 35 kV 进线柜 322 开关	
	3	将 35 kV 进线柜 322 手车摇至"试验"位置	

备注：
操作人：　　　　　　　监护人：　　　　　　　值班负责人：
注：每一步操作完成之后，在"操作记号"栏内打"√"确认

2. 35 kV 主变送、停电

按照倒闸操作票进行操作，操作前应检查线路无影响运行的检修和试验工作，操作人员应穿戴好绝缘靴、绝缘手套，并在绝缘垫上进行操作，有关工作票应终结并全部收回。操作票见表 11.3、表 11.4。

表 11.3　刘老涧泵站 35 kV 主变送电操作票

编号：

发令人：		受令人：	发令时间：　年　月　日　时　分
操作开始时间：　年　月　日　时　分			操作结束时间：　年　月　日　时　分
操作任务：35 kV 主变送电			
操作记号(√)	顺序	操作项目	
	1	查 35 kV 母线三相电压正常	

续表

操作记号(√)	顺序	操作项目
	2	查 35 kV 主变进线开关柜 301 手车在"试验"位置,且开关在"分闸"状态
	3	合变电所保护屏 35 kV 主变进线开关柜控保电源
	4	查变电所保护屏"主变差动保护 T60""主变高后备保护 F650"工作正常
	5	查变电所保护屏"高侧差动保护跳闸""高侧备用保护跳闸""重瓦斯保护跳闸""差动保护跳 6 kV 开关柜""重瓦斯跳 6 kV 开关柜""高后备保护跳闸""高后备保护跳 6 kV 开关柜"压板在连接位置
	6	查 35 kV 主变进线开关柜"备用跳闸"压板在连接位置
	7	查 35 kV 主变进线开关柜开关状态指示仪显示正常
	8	查 6 kV 进线开关柜 601 手车在"试验"位置,且开关在"分闸"状态
	9	合直流柜 6 kV 开关柜储能电源、控保电源、交流电源
	10	查 6 kV 进线开关柜"馈线保护 F650"工作正常
	11	查 6 kV 进线开关柜开关状态指示仪显示正常
	12	查 6 kV 进线开关柜"保护跳闸""备用保护跳闸""负控跳闸""联跳主变进线开关"压板在连接位置
	13	将 35 kV 主变进线开关柜 301 手车摇至"工作"位置
	14	将 35 kV 主变进线开关柜 QK"就地/远控"转换开关置于"就地"位置
	15	合 35 kV 主变进线开关柜 301 开关
	16	查 6 kV 进线柜 601 开关已受电

备注:

操作人: 　　　　　　监护人: 　　　　　　值班负责人:

注:每一步操作完成之后,在"操作记号"栏内打"√"确认

表 11.4　刘老涧泵站 35 kV 主变停电操作票

编号:

发令人:		受令人:		发令时间:	年　月　日　时　分
操作开始时间:	年　月　日　时　分			操作结束时间:	年　月　日　时　分
操作任务:35 kV 主变停电					

操作记号(√)	顺序	操作项目
	1	将 35 kV 主变进线开关柜 QK"就地/远控"转换开关置于"就地"位置
	2	分 35 kV 主变进线开关柜 301 开关
	3	将 35 kV 主变进线开关柜 301 手车摇至"试验"位置

备注:

操作人: 　　　　　　监护人: 　　　　　　值班负责人:

注:每一步操作完成之后,在"操作记号"栏内打"√"确认

3. 6 kV 母线送、停电

按照倒闸操作票进行操作,操作前应检查线路无影响运行的检修和试验工作,操作人员应穿戴好绝缘靴、绝缘手套,并在绝缘垫上进行操作,有关工作票应终结并全部收回。操作票见表 11.5、表 11.6。

表 11.5　刘老涧泵站 6 kV 母线送电操作票

编号：

发令人：		受令人：	发令时间：　年　月　日　时　分
操作开始时间：　年　月　日　时　分			操作结束时间：　年　月　日　时　分
操作任务:6 kV 母线送电			
操作记号(√)	顺序	操作项目	
	1	查 35 kV 主变已投运,且 6 kV 进线柜已受电	
	2	查 6 kV 开关柜所有手车在"试验"位置,且开关在"分闸"状态	
	3	合直流柜上 6 kV 开关柜储能电源、控保电源、交流电源	
	4	查 6 kV 进线开关柜"保护装置 F650"正常	
	5	查 6 kV 进线开关柜"保护跳闸""备用保护跳闸""负控跳闸""联跳主变进线开关"压板在连接位置	
	6	查 6 kV 所有开关柜开关状态指示仪显示正常	
	7	将 6 kV 联络柜 QK"就地/远控"转换开关置于"就地"位置	
	8	合 6 kV 联络柜 6211 开关	
	9	将 6 kV Ⅱ 段母线电压互感器柜 6001 手车摇至"工作"位置	
	10	将 3.6 kV Ⅱ 段母线电压互感器柜 6002 手车摇至"工作"位置	
	11	将 6 kV 进线开关柜 601 手车摇至"工作"位置	
	12	将 6 kV 进线开关柜 QK"就地/远控"转换开关置于"就地"位置	
	13	合 6 kV 进线柜 601 开关	
	14	查 6 kV 三相电压正常	
备注：			
操作人：		监护人：	值班负责人：
注：每一步操作完成之后,在"操作记号"栏内打"√"确认			

表 11.6　刘老涧泵站 6 kV 母线停电操作票

编号：

发令人：		受令人：	发令时间：　年　月　日　时　分
操作开始时间：　年　月　日　时　分			操作结束时间：　年　月　日　时　分
操作任务:6 kV 母线停电			
操作记号(√)	顺序	操作项目	
	1	确认 6 kV 进线柜出线侧负载已退出	
	2	分 6 kV 进线柜 601 开关	

续表

操作记号(√)	顺序	操作项目
	3	将6 kV进线柜601手车摇至"试验"位置

备注：

| 操作人： | 监护人： | 值班负责人： |

注：每一步操作完成之后，在"操作记号"栏内打"√"确认

4. 6 kV站变送、停电

按照倒闸操作票进行操作，操作前应检查线路无影响运行的检修和试验工作，操作人员应穿戴好绝缘靴、绝缘手套，并在绝缘垫上进行操作，有关工作票应终结并全部收回。操作票见表11.7、表11.8。

表11.7　刘老涧泵站6 kV站变送电操作票

编号：

发令人：		受令人：	发令时间：　年　月　日　时　分
操作开始时间：年　月　日　时　分			操作结束时间：　年　月　日　时　分
操作任务：6 kV站变送电			

操作记号(√)	顺序	操作项目
	1	查6 kV系统母线三相电压正常
	2	查6 kV站变进线柜控保电源、储能电源、交流电源工作正常
	3	查6 kV站变进线柜"保护装置F650"工作正常
	4	查6 kV站变进线柜"保护跳闸""备用保护跳闸"压板在连接位置
	5	查6 kV站变进线柜631手车在"试验"位置，且开关在"分闸"状态
	6	查0.4 kV所变进线柜401开关在"试验"位置，且开关在"分闸"状态
	7	查0.4 kV站变进线柜402开关在"试验"位置，且开关在"分闸"状态
	8	将6 kV站变进线开关柜QK"就地/远控"转换开关置于"就地"位置
	9	将6 kV站变进线开关柜631手车摇至"工作"位置
	10	合6 kV站变进线柜631开关
	11	查0.4 kV站变进线柜402开关已受电

备注：

| 操作人： | 监护人： | 值班负责人： |

注：每一步操作完成之后，在"操作记号"栏内打"√"确认

表 11.8　刘老涧泵站 6 kV 站变停电操作票

编号：

发令人：		受令人：	发令时间：　年　月　日　时　分
操作开始时间：　年　月　日　时　分			操作结束时间：　年　月　日　时　分
操作任务：6 kV 站变停电			
操作记号(√)	顺序	操作项目	
	1	分 0.4 kV 站变进线 402 开关，并将开关摇至"试验"位置	
	2	将 6 kV 站变进线开关柜 QK"就地/远控"转换开关置于"就地"位置	
	3	分 6 kV 站变进线柜 631 开关	
	4	将 6 kV 站变进线开关柜 631 手车摇至"试验"位置	
备注：			
操作人：		监护人：	值班负责人：
注：每一步操作完成之后，在"操作记号"栏内打"√"确认			

5. 35 kV 所变送、停电

按照倒闸操作票进行操作，操作前应检查线路无影响运行的检修和试验工作，操作人员应穿戴好绝缘靴、绝缘手套，并在绝缘垫上进行操作，有关工作票应终结并全部收回。操作票见表 11.9、表 11.10。

表 11.9　刘老涧泵站 35 kV 所变送电操作票

编号：

发令人：		受令人：	发令时间：　年　月　日　时　分
操作开始时间：　年　月　日　时　分			操作结束时间：　年　月　日　时　分
操作任务：35 kV 所变送电			
操作记号(√)	顺序	操作项目	
	1	查 35 kV 母线三相电压正常	
	2	查 35 kV 所变进线开关 311 手车在"试验"位置，且开关在"分闸"状态	
	3	合变电所保护屏 6 kV 主变进线开关柜控保电源	
	4	查变电所保护屏"所变保护 F650"工作正常	
	5	查变电所保护屏"所变保护跳闸""所变备用保护跳闸"压板在连接位置	
	6	查 35 kV 所变进线开关柜"负控跳闸"压板在连接位置	
	7	查 35 kV 所变进线开关柜开关状态指示仪显示正常	
	8	查 0.4 kV 所变进线柜 401 开关在"试验"位置，且开关在"分闸"状态	
	9	查 0.4 kV 站变进线柜 402 开关在"试验"位置，且开关在"分闸"状态	
	10	将 35 kV 所变进线开关柜 311 手车摇至"工作"位置	
	11	将 35 kV 所变进线开关柜 QK"就地/远控"转换开关置于"就地"位置	
	12	合 35 kV 所变进线柜 311 开关	

续表

操作记号(√)	顺序	操作项目
	13	查 0.4 kV 所变进线柜 401 开关已受电
备注：		
操作人：	监护人：	值班负责人：
注：每一步操作完成之后，在"操作记号"栏内打"√"确认		

表 11.10　刘老涧泵站 35 kV 所变停电操作票

编号：

发令人：		受令人：	发令时间：　年　月　日　时　分
操作开始时间：　年　月　日　时　分			操作结束时间：　年　月　日　时　分
操作任务：35 kV 所变停电			
操作记号(√)	顺序	操作项目	
	1	分 0.4 kV 所变进线 401 开关，并将开关摇至"试验"位置	
	2	将 35 kV 所变进线开关柜 QK"就地/远控"转换开关置于"就地"位置	
	3	分 35 kV 所变进线柜 311 开关	
	4	将 35 kV 所变进线开关柜 311 手车摇至"试验"位置	
备注：			
操作人：		监护人：	值班负责人：
注：每一步操作完成之后，在"操作记号"栏内打"√"确认			

6. 变频发电主、站变送、停电

按照倒闸操作票进行操作，操作前应检查线路无影响运行的检修和试验工作，操作人员应穿戴好绝缘靴、绝缘手套，并在绝缘垫上进行操作，有关工作票应终结并全部收回。操作票见表 11.11、表 11.12。

表 11.11　刘老涧泵站变频发电合主、站变操作票

编号：

发令人：		受令人：	发令时间：　年　月　日　时　分
操作开始时间：　年　月　日　时　分			操作结束时间：　年　月　日　时　分
操作任务：变频发电合主、站变			
操作记号(√)	顺序	操作项目	
	1	查 35 kV 主变进线柜控保电源、储能电源、交流电源正常	
	2	查主变进线 301 开关在"分闸"位置	
	3	查 6 kV 进线 601 开关在"分闸"位置，手车在"试验"位置	
	4	将主变进线柜手车摇至"工作"位置	

续表

操作记号（√）	顺序	操作项目
	5	合主变进线 301 开关
	6	摇进 6 kV、3.6 kV 电压互感器柜手车至"工作"位置
	7	分开高压切换柜母联刀闸
	8	查变频发电机 621 开关确在"分闸"位置，手车在"试验"位置
	9	摇进 6 kV 进线 601 开关手车至"工作"位置
	10	合 6 kV 进线 601 开关
	11	查 0.4 kV 联络开关确在"分闸"位置
	12	查 0.4 kV 站变进线开关确在"分闸"位置
	13	摇进站变进线 631 开关至"工作"位置。
	14	合站变进线 631 开关
	15	合站变 0.4 kV 进线开关

备注：

操作人： 监护人： 值班负责人：

注：每一步操作完成之后，在"操作记号"栏内打"√"确认

表 11.12 刘老涧泵站变频发电停主、站变操作票

编号：

发令人：	受令人：	发令时间：年 月 日 时 分
操作开始时间：年 月 日 时 分		操作结束时间：年 月 日 时 分
操作任务：变频发电停主、站变		

操作记号（√）	顺序	操作项目
	1	分站变 0.4 kV 进线开关
	2	分站变进线 631 开关，并将手车置于"试验"位置
	3	分 6 kV 进线 601 开关，并将手车置于"试验"位置
	4	分主变进线 301 开关，确认 301 开关在"分闸"位置
	5	摇出 6 kV、3.6 kV 电压互感器柜手车至"试验"位置

备注：

操作人： 监护人： 值班负责人：

注：每一步操作完成之后，在"操作记号"栏内打"√"确认

11.2.2.2 开机操作

1. 抽水运行

（1）工程设施检查确认：确认泵站投运前已对建筑物及机电设备进行检查，具备工程

投运条件。

（2）确认泵站 35 kV 主变及 6 kV 站变已投运。

（3）分别将油、水系统的设备投入至自动运行状态，确保主机组运行时辅机设备功能的正常发挥。

（4）按要求检查直流系统及交直流不间断电源正常后，送保护、励磁、LCU、控制、操作等交直流电源。

（5）按要求检查励磁装置并确认其正常，调试励磁装置，确认灭磁开关工作正常后，将励磁装置转换开关置于"运行"位置。

（6）保护设备送电，按"复位"按钮后，保护显示状态正常。监控设备启动运行后，设备及其功能正常。

（7）检查确认高压开关设备正常，在试验位置，试分、合开关正常。

（8）按主机开机操作票的要求进行开机操作（表 11.13）。

表 11.13 刘老涧泵站主机组开机（抽水）操作票

编号：

发令人：		受令人：	发令时间：年 月 日 时 分
操作开始时间：年 月 日 时 分			操作结束时间：年 月 日 时 分
操作任务：＿＿＿＿＿＃主机开机			
操作记号(√)	顺序	操作项目	
	1	顶起＿＿＿＿＿＃主机转子 5～10 mm，然后放下，检查千斤顶是否复位	
	2	调节＿＿＿＿＿＃主机的叶片角度为−4°	
	3	启动冷水机组及循环供水装置，检查确认母管流量、压力正常	
	4	打开＿＿＿＿＿＃主机供水母管电动闸阀	
	5	查＿＿＿＿＿＃主机的冷却水、润滑水压力为 0.1～0.15 MPa	
	6	查＿＿＿＿＿＃机组真空破坏阀控制系统正常，确认＿＿＿＿＿＃机组真空破坏阀控制箱急停按钮已经"复归"，将现场控制箱"手动/停/联动"开关置"联动"位	
	7	合直流柜＿＿＿＿＿＃主机励磁电源	
	8	合低压柜＿＿＿＿＿＃主机励磁电源	
	9	手动调试＿＿＿＿＿＃主机励磁，WKLF 置于"调试"位置，将励磁电流调至 231A 后灭磁，WKLF 置于"工作"位置	
	10	查＿＿＿＿＿＃主机 LCU 柜工作正常	
	11	查辅机组 LCU 柜工作正常	
	12	查＿＿＿＿＿＃主机高开柜控保电源、储能电源、交流电源工作正常	
	13	查＿＿＿＿＿＃主机高开柜"保护装置 M60"工作正常	
	14	查＿＿＿＿＿＃主机高开柜"差动保护跳闸""过流速断保护跳闸"压板在连接位置	
	15	查＿＿＿＿＿＃主机高开柜手车在"试验"位置，且开关在"0"位置	
	16	将＿＿＿＿＿＃主机高开柜 QK"抽水/发电"转换开关置于"抽水"位置	
	17	将＿＿＿＿＿＃主机高开柜手车摇至"工作"位置	
	18	将＿＿＿＿＿＃主机高开柜 QK"远方/就地"转换开关置于"就地"位置	

续表

操作记号(√)	顺序	操作项目
	19	合_____#主机高开柜开关
	20	调整_____#主机的功率因数为超前0.95
	21	合_____#主机通风机电源

备注：

操作人：　　　　　　　　监护人：　　　　　　　　值班负责人：

注：每一步操作完成之后，在"操作记号"栏内打"√"确认

2. 发电运行

(1) 工程设施检查确认：确认泵站投运前已对建筑物及机电设备进行检查，具备工程投运条件。

(2) 确认泵站 35 kV 主变及 6 kV 站变已投运。

(3) 分别将油、水系统的设备投入至自动运行状态，确保主机组、变频机组运行时辅机设备功能的正常发挥。

(4) 按要求检查直流系统及交直流不间断电源正常后，送保护、励磁、LCU、控制、操作等交直流电源。

(5) 按要求检查电机及变频机组励磁装置并确认其正常，调试励磁装置，确认灭磁开关工作正常后，将励磁装置转换开关置于"运行"位置。

(6) 保护设备送电，按"复位"按钮后，保护显示状态正常。监控设备启动运行后，设备及其功能正常。

(7) 检查确认高压开关设备正常，在试验位置，试分、合开关正常。

(8) 按变频机组投运、主机开机操作票的要求进行开机操作(表 11.14、表 11.15)。

表 11.14　刘老涧泵站发电时变频机组投运操作票

编号：

发令人：	受令人：	发令时间：　年　月　日　时　分
操作开始时间：　年　月　日　时　分		操作结束时间：　年　月　日　时　分
操作任务：开变频机组		

操作记号(√)	顺序	操作项目
	1	启动冷水机组及循环供水装置，查稀油站冷却水压力为 0.1～0.15 MPa
	2	启动稀油站_____#油泵，_____#油泵置备用位置，查供油压力为 0.4 MPa，变频机组轴承油位应正常
	3	查变频发电机、变频电动机控保电源、储能电源、交流电源工作正常
	4	查 6 kV 变频发电机高开柜 621 手车应在"试验"位置
	5	查 3.6 kV 变频电动机高开柜 622 手车应在"试验"位置
	6	查 6 kV 联络柜 6211 开关在"分闸"位置
	7	将 6(3.6)kV 电压互感器柜 6002 手车摇至"工作"位置
	8	合直流屏变频发电机、变频电动机励磁柜直流电源开关，查确已合上
	9	合低压柜变频发电机、变频电动机励磁柜交流电源开关，查确已合上

续表

操作记号(√)	顺序	操作项目
	10	查灭磁开关柜的灭磁开关在合位
	11	查变频发电机、变频电动机励磁柜空气开关在合位
	12	将变频发电机励磁柜机组工况转换开关置于"发电"位,变频电动机励磁柜机组工况转换开关置于"电动"位
	13	手动投励调变频发电机励磁电流至 245 A 后灭磁,励磁工况置于"工作"位
	14	手动投励调变频电动机励磁电流至 100 A 后灭磁,励磁工况置于"工作"位
	15	将 6 kV 变频发电机高开柜 621 手车摇至"工作"位置
	16	将 3.6 kV 变频电动机高开柜 622 手车摇至"工作"位置
	17	合 6 kV 变频发电机高开柜 621 开关,查变频发电机励磁柜工作正常
	18	待机组运行平稳后,合 3.6 kV 变频电动机高开柜 622 开关,查变频发电机励磁柜工作正常
	19	调节变频电动机励磁电流,使 3.6 kV 母线电压为 3.9 kV
备注:		
操作人:	监护人:	值班负责人:

注:每一步操作完成之后,在"操作记号"栏内打"√"确认

表 11.15　刘老涧泵站主机组开机(发电)操作票

编号:

发令人:	受令人:	发令时间: 年 月 日 时 分
操作开始时间: 年 月 日 时 分		操作结束时间: 年 月 日 时 分
操作任务:＿＿＿＿＿＿＃主机开机		

操作记号(√)	顺序	操作项目
	1	将＿＿＿＿＿＿＃主机的叶片角度调至-4°
	2	打开＿＿＿＿＿＿＃主机供水母管电动闸阀,查＿＿＿＿＿＿＃主机的冷却水、润滑水压力为 0.1~0.15 MPa
	3	查＿＿＿＿＿＿＃主机高开柜控保电源、储能电源、交流电源工作正常
	4	查＿＿＿＿＿＿＃主机高开柜"保护装置 M60"工作正常
	5	查＿＿＿＿＿＿＃主机高开柜"差动保护跳闸""过流速断保护跳闸""备用保护跳闸"压板在连接位置
	6	查＿＿＿＿＿＿＃主机高开柜手车在"试验"位置,且开关在"分闸"状态
	7	合直流柜＿＿＿＿＿＿＃主机励磁电源
	8	合低压柜＿＿＿＿＿＿＃主机励磁电源
	9	手动调试＿＿＿＿＿＿＃主机励磁,将转换开关置于"发电"位,励磁工况置于"调试"位,将励磁电流调至 195 A 后灭磁,转换开关置于"工作"位置
	10	将＿＿＿＿＿＿＃主机高开柜 QK1"抽水/发电"转换开关置于"发电"位置
	11	将＿＿＿＿＿＿＃主机高开柜手车摇至"工作"位置
	12	将＿＿＿＿＿＿＃主机高开柜 QK"远方/就地"转换开关置于"就地"位置

续表

操作记号(√)	顺序	操作项目
	13	查＿＿＿＿＃机组真空破坏阀控制系统正常,将现场控制箱"手动/停/联动"开关置于"联动"位,延时15秒确认真空破坏阀已关闭
	14	打开＿＿＿＿＃主机的抽真空闸阀,启动抽真空系统
	15	待＿＿＿＿＃主机转速在73～77 r/min时,合＿＿＿＿＃主机开关
	16	调整＿＿＿＿＃主机的功率因数为超前0.95
	17	合＿＿＿＿＃主机通风机电源

备注：

操作人：　　　　　　监护人：　　　　　　值班负责人：

注：每一步操作完成之后,在"操作记号"栏内打"√"确认

11.2.2.3 停机操作

1. 抽水运行

（1）按主机停机操作票的要求进行停机操作（表11.16）。

（2）现场停辅机设备,将相应转换开关置于"停止"位置。

（3）断开对应辅机交流电源,按站变切出操作票的要求切换操作低压电源。

（4）根据站变退出运行操作票的要求停6 kV母线电源,根据停电联络通知单的要求和上级供电部门联络,停泵站35 kV电源。

表11.16　刘老涧泵站主机组停机(抽水)操作票

编号：

发令人：		受令人：	发令时间：　年　月　日　时　分
操作开始时间：　年　月　日　时　分			操作结束时间：　年　月　日　时　分
操作任务：＿＿＿＿＃主机停机			

操作记号(√)	顺序	操作项目
	1	调节号主机叶片角度为－4°
	2	将＿＿＿＿＃主机进线柜QK"远方/就地"转换开关置于"就地"位置
	3	分＿＿＿＿＃主机进线柜开关
	4	确认真空破坏阀打开,紧急情况下手动打开真空破坏阀
	5	将＿＿＿＿＃主机进线柜手车摇至"试验"位置
	6	分直流柜＿＿＿＿＃主机励磁电源
	7	分0.4 kV低压柜＿＿＿＿＃主机励磁电源
	8	分＿＿＿＿＃主机通风机电源

备注：

操作人：　　　　　　监护人：　　　　　　值班负责人：

注：每一步操作完成之后,在"操作记号"栏内打"√"确认

2. 发电运行

（1）按变频机组、主机组停机操作票的要求进行停机操作（表11.17、表11.18）。

（2）现场停辅机设备，将相应转换开关置于"停止"位置。

（3）断开对应辅机交流电源，按站变切出操作票的要求切换操作低压电源。

（4）根据站变退出运行操作票的要求停6 kV母线电源，根据停电联络通知单的要求和上级供电部门联络，停泵站35 kV电源。

表11.17　刘老涧泵站变频机组停机操作票

编号：

发令人：		受令人：	发令时间：　年　月　日　时　分
操作开始时间：　年　月　日　时　分			操作结束时间：　年　月　日　时　分
操作任务：停变频机组			
操作记号(√)	顺序	操作项目	
	1	分3.6 kV变频电动机高压柜622开关，查开关确已在分位	
	2	分6 kV变频发电机高开柜621开关，查开关确已在分位	
	3	将3.6 kV变频电动机高开柜622手车摇至"试验"位置	
	4	将6 kV变频发电机高开柜621手车摇至"试验"位置	
	5	分低压柜变频发电机励磁交流电源开关，查确已分开	
	6	分低压柜变频电动机励磁交流电源开关，查确已分开	
	7	停稀油站及辅助设备	
备注：			
操作人：		监护人：	值班负责人：
注：每一步操作完成之后，在"操作记号"栏内打"√"确认			

表11.18　刘老涧泵站主机组停机(发电)操作票

编号：

发令人：		受令人：	发令时间：　年　月　日　时　分
操作开始时间：　年　月　日　时　分			操作结束时间：　年　月　日　时　分
操作任务：发电工况主机停机			
操作记号(√)	顺序	操作项目	
	1	调节号主机叶片角度为－4	
	2	将＿＿＿＿＿＿＿＃主机进线柜QK"远方/就地"转换开关置于"就地"位置	
	3	分＿＿＿＿＿＿＿＃主机进线柜开关	
	4	确认真空破坏阀打开，紧急情况下手动打开真空破坏阀	
	5	将＿＿＿＿＿＿＿＃主机进线柜手车摇至"试验"位置	
	6	分直流柜＿＿＿＿＿＿＿＃主机励磁电源	
	7	分0.4 kV低压柜＿＿＿＿＿＿＿＃主机励磁电源	

续表

操作记号(√)	顺序	操作项目
	8	分_____#主机通风机电源
备注：		
操作人：　　　　　　　监护人：　　　　　　　值班负责人：		
注：每一步操作完成之后，在"操作记号"栏内打"√"确认		

11.2.3　运行巡查

机组运行中，泵站值班人员要认真全面对机电设备及水工建筑物进行巡查，发现设备缺陷或异常运行情况及时向值班长汇报，值班长需组织处理并详细记录在运行日志上。对重大缺陷或严重情况及时向总值班汇报。

11.2.3.1　巡查频次

值班人员按照制定的巡查路线、巡查项目，每2小时巡查一次，并记录运行参数。遇下列特殊情况需增加巡查次数：

（1）恶劣气候；

（2）设备过负荷或负荷有显著增加；

（3）设备缺陷近期有发展；

（4）新设备、经过检修或改造的设备、长期停用的设备重新投入运行；

（5）事故跳闸和运行设备有可疑迹象。

11.2.3.2　主水泵巡查内容

1. 水泵运行平稳，振动和摆度在允许范围内，无异常声音。当振动过大或有机械撞击声，立即停机检查处理。

2. 轴承、填料函的温度正常，无偏磨、无过热现象。

3. 技术供水工作正常，水压、水温、示流均符合运行要求。

4. 叶片调节机构的温度、声音正常，油压调节的油压正常，无渗漏油现象。

5. 水泵的各种监测仪表处于正常状态。

6. 水泵顶盖处无积水。

11.2.3.3　主电动机巡查内容

1. 定子和转子电流、电压、功率、功率因数等指示正常。刘老涧站主机定子额定电流为247.5 A，转子额定电流为261 A，电压在5.7~6.6 kV范围内，电流不超过额定电流，一旦发生超负荷运行，立即查明原因，并及时采取相应措施。三相电流不平衡之差与额定电流之比不得超过10%。励磁电流不宜超过额定值。

2. 定子线圈、铁芯及轴承温度正常。定子线圈报警温度为110℃，跳闸温度为

115℃。电动机运行时轴承的允许最高温度不应超过制造厂的规定值。上、下油缸报警温度为48℃,跳闸温度为50℃,推力瓦报警温度为50℃,跳闸温度为55℃,上、下导瓦报警温度为70℃,跳闸温度为75℃。当电动机各部温度与正常值有很大偏差时,根据仪表记录检查电动机和辅助设备有无不正常运行情况。定子线圈温升不得超过100 K。

3. 电动机油缸油色、油位正常,无渗油现象。
4. 供水水压、进出水温及示流信号正常。
5. 无异常振动和异常声音。
6. 滑环与电刷间无电火花,无积垢,无卡滞现象,电刷压力适中,滑环温度不超过120℃。正常压力0.15~0.25 kg/cm^2,正常磨损量为每50小时磨损0.5 mm,磨损量不超过全长的1/3。

11.2.3.4 主变压器巡查内容

1. 油枕内和充油套管内油色、油位正常,本体、油枕及套管等各部位无渗漏油现象。
2. 套管清洁,无裂纹、破损、放电痕迹和其他现象。
3. 电缆、母线及引线接头无发热变色现象。
4. 冷却装置运行正常。
5. 电缆和母线无异常情况,外壳接地良好。
6. 声音、油温正常,呼吸器内吸潮剂不得至饱和状态,无明显变色。
7. 主变压器装在开放式房间内,卷帘门、防护栏杆完好。
8. 压力释放器工作正常,安全气道及防爆管的隔膜完好。
9. 瓦斯继电器工作正常,内部无气体。
10. 定期检查变压器,并记录电压、电流和顶层油温。
11. 主变顶层油温最高不超过85℃,正常监控温度不超过75℃。
12. 运行电压一般不高于该额定电压105%。

11.2.3.5 站、所变巡查内容

1. 站变、所变运行时,制造厂的规定各部位温度允许最高温升100 K。
2. 站变、所变运行时,中性线最大允许电流不超过额定电流的25%,超过规定值时重新分配负荷。

11.2.3.6 高压断路器巡查内容

1. 断路器的分、合位置指示正确。
2. 真空断路器灭弧室无异常现象。
3. 弹簧操作机构储能电机行程开关接点动作准确、无卡滞变形;分、合线圈无过热、烧损现象。

11.2.3.7 其他电气设备巡查内容

1. 母线瓷瓶清洁、完整、无裂纹、无放电痕迹。母线及其连接点在通过其允许的电流时,温度不超过70℃。

2. 隔离开关触头接触紧密,无弯曲、过热及烧损现象;瓷瓶完好,传动机构正常。

3. 电压互感器二次线圈严禁短路,并接地,严禁通过它的二次侧向一次侧送电,工作中两组电压互感器二次侧间不能有电的联系。运行中的电流互感器二次侧严禁开路,并接地。

4. 避雷器瓷套清洁、无裂纹及放电痕迹。

5. 励磁装置的工作电源、操作电源等正常可靠。电压、电流、功率因数在正常范围。各电磁部件无异声,各通流部件的接点、导线及元器件无过热现象。通风、冷却系统工作正常。

6. 励磁变压器绝缘值合格,外壳完好无损坏,冷却风机工作正常。隔离变压器线圈、铁芯温度、温升不超过规定值,声响正常,表面无积污。

7. 直流装置交流电源输入正常,各参数显示正常。蓄电池在浮充电方式运行,控母电压正常为 220 V±2%,合母电压正常为 240~250 V,超出以上范围时查明原因。

8. 电容器在额定电压下运行,不超过额定电压的 5%,在超过额定电压 10%的情况下可运行 4 小时,超过此值需退出运行。电容器在不超过额定电流 30%的情况下运行,超过此值需退出运行。三相电流平衡,三相差值不大于 10%;三相电容值的误差不超过一相总电容值的 5%。需保持通风良好,环境温度不超过 40℃,外壳最高温度不超过 55℃。无放电声、鼓胀及严重渗油现象;套管清洁,无裂纹、破损;外壳接地良好。

9. 互感器套管和支持绝缘子清洁,无裂纹及放电声,无不正常的响声。

10. 低压开关柜盘面指示、分路空气开关指示正确,柜内母线及设备无异常声响,各接线桩头无过热现象。

11. 电缆的实际负荷电流不超过设计允许的最大负荷电流。线路定期进行巡查,并做好巡查测量记录。直埋电缆线路沿地面无挖掘,无重物堆放、腐蚀性物品及临时建筑,标志桩完好,露出地面的电缆保护钢管或角钢无锈蚀、位移或脱落,引入室内的电缆穿墙处封堵严密。电缆沟内的电缆,沟道盖板完好,电缆支架及接地牢固,无锈蚀,沟内无积水,电缆标示牌齐全、完好。电缆头接线牢固,无脱股、脱落现象,引线连接处无过热、熔化等现象。

12. 避雷器计数器密封良好,动作正确;避雷针本体焊接部分无断裂、锈蚀,接地线连接紧密牢固,焊点没有脱落;避雷器瓷套管清洁、无破损、无放电痕迹,法兰边无裂纹;雷雨后及时检查记录避雷器的动作情况。

13. 巡查高压电气设备时,不得进行其他工作,不得移开或越过安全遮栏,不得撑伞。在不设警戒线的地方,应保持不小于规定的安全距离。

14. 雷雨天气,需要巡查室外高压设备时,应穿绝缘靴,不得靠近避雷器和避雷针。

11.2.3.8 供水系统巡查内容

1. 技术供水装置运行正常,出水压力符合设定要求,主机组母管压力为 0.2~0.3 MPa。
2. 供水管路畅通,无渗漏。
3. 轴瓦冷却器运行正常,无杂声,制冷系统压力正常。
4. 盘面仪表指示正确,各转换开关位置正确,母线电压在规定范围内。
5. 当系统总回水温度达到设定值时,轴瓦冷却器联动正常。
6. 柜体密封良好,接地牢固可靠。
7. 各开关柜内无异常声响、异味,屏内接线端子紧固,无发热现象。

8. 示流装置良好,供水管路畅通,滤水器无堵塞告警。
9. 水泵顶盖无堵塞或淤积。
10. 供水泵工作可靠,对备用供、排水泵定期切换运行。

11.2.3.9　监控系统巡查内容

1. 未经系统管理员认可和无病毒确认的软件不得在监控系统和监控局域网中使用。
2. 监控系统配置的计算机、存储器、备品件等设备不得用作他用。
3. 监控系统需通过物理隔离装置与外网连接,其他计算机不得与外网连接。
4. 科学配置监控系统的备品件,如:传感器、智能仪表、存储器等。
5. 在运行中监测到泵站设备故障和事故,运行人员须迅速处理,及时报告。
6. 监控系统和监控局域网运行发生故障时立即查明原因,及时排除。
7. 定期做好重要程序、数据的备份。

11.2.3.10　水工建筑物及辅助设施巡查内容

进出水池、上下游引河、上下游拦污栅、安全格栅、启闭机、清污机、皮带机及安全保护设施等正常。

11.2.4　运行值班

1. 泵站值班人员数量和业务能力需满足安全运行要求,泵站值班人员应能够熟练掌握设备操作规程和程序,具有事故应急处理能力及一般故障的排查能力;一般每班泵站运行工不少于2人。
2. 运行值班人员需密切关注机组运行工况,监视各运行技术参数。
3. 运行人员值班期间,按规定的巡查路线和项目对运行设备、备用设备进行认真的巡查,并摘录运行的主要参数,如电压、电流、功率因数、振动摆度、定子温度、轴承温度等,为以后发生不稳定运行状态时提供参数对比。
4. 值班人员要严格执行交接班制度,交班时将本班设备运行有无缺陷、设备操作情况及尚未完成的工作、本班发生的故障及处理情况等向接班人员交待清楚,并将各种记录、技术资料、运行工具及钥匙等完好交给接班人员,交班人员在交班完成后方可离开工作岗位。
5. 遇事故正在处理、正在进行重要操作或其他影响运行安全的情况,交接班人员相互协作处理,处理完成,接班人员同意后才能交班。
6. 运行值班人员需认真填写运行值班记录表,加强现场设备巡视。

11.2.5　运行应急处置

11.2.5.1　主机组

主机组出现下列情况时,需紧急停机处理:
1. 同步电机带励起动或起动后20秒内不能同步;
2. 主机及电气设备发生火灾及严重设备事故;

3. 主机及电气设备上发生人身事故；
4. 主机声音异常、发热、同时转速下降(失步)；
5. 碳刷和滑环间产生较大的火花，并无法消除；
6. 在正常负载和冷却条件下，主机线圈或轴承温度不正常并不断上升；
7. 油温或线圈温度急剧上升，超过规定数值；
8. 突然发生强烈振动；
9. 泵内有金属撞击等异常声响。

11.2.5.2 变压器

变压器运行中出现下列情况时，需紧急停运处理：
1. 内部发出的声音异常，且不均匀或有爆裂声；
2. 在正常冷却条件下，变压器温度异常，并连续升温；
3. 油枕、防爆管喷油或压力释放阀动作；
4. 油位低于下限；
5. 套管有破损和放电现象，油色变化过快，油内出现碳质等；
6. 微机保护装置失灵或发生故障，短时间不能排除。

变压器着火时，首先断开高低压侧断路器，停用冷却器，迅速使用灭火装置灭火，若油溢在变压器顶盖上面着火时，则打开下部油门放油至适当油位；若是变压器内部故障引起着火的，则禁止放油，以防变压器发生严重爆炸。

11.2.5.3 其他电气设备

其他电气设备运行中出现下列情况时，需紧急停机处理：
1. 励磁装置故障无法恢复正常运行，需停用励磁屏；
2. 直流电源消失，2小时内无法恢复；
3. 当出现事故信号，保护装置拒动时；

高压设备发生接地故障时，室内人员进入接地点 4 m 以内，室外人员进入接地点 8 m 以内，均应穿绝缘靴。接触设备的外壳和构架时，需戴绝缘手套。

11.2.5.4 辅机设备

辅机设备及其他运行中出现下列情况时，需停机处理：
1. 技术供水设备有故障，短时间内无法修复，设备温度明显上升，影响全站安全运行；
2. 主机组发电工况运行时，稀油站压力油设备有故障，短时间内无法修复，影响全站安全运行；
3. 进口闸门出现持续下滑，无法恢复；
4. 上、下游河道发生人身事故或出现险情。

11.3 维修养护

刘老涧泵站在汛后对工程和设备进行全面检查,并根据工程和设备的汛期运行及检查情况、技术状态以及相关技术要求及时编报年度检修计划。

维修养护经费主要用于泵站机电设备、辅助设备、电气系统、水工建筑物及附属设施、自动控制设备的维修养护,物料动力消耗以及勘测设计和质量监督检查监理费用。水利工程附属设施包括:厂房及管理用房、水利工程专用道路、工程观测设施、水土保持、工程管理标志牌、护坡整修、围墙护栏等。

11.3.1 主机组养护维修

11.3.1.1 检修周期

机组检修根据检修性质和工作量、检修的形式和工作项目、拆卸的规模和延续的时间分为定期检查、小修和大修三种。

1. 机组定期检查是根据机组运行的时间和情况进行检查,了解设备存在的缺陷和异常情况,为确定机组检修性质提供资料,并对设备进行相应的维护。定期检查无固有的周期,一般安排在汛前、汛后和按计划安排的时间进行。

2. 机组检修是根据运行中的机组情况及定期检查中发现的问题,在不拆卸整个机组和较复杂部件的情况下,重点处理一些部件的缺陷,从而延长机组的运行寿命。机组小修也无固有周期,一般与定期检查配合及设备产生宜小修的故障时进行。

3. 机组大修是对机组进行全面、彻底地分解、检查、处理,清除设备运行过程中的重大缺陷,更新易损件,修补磨损件,对机组的水平、摆度、同心、间隙重新进行调整。分为一般性大修和扩大性大修。机组大修一次使用的年数即为机组大修周期,其主要与一个大修周期内的积累运行小时数和机组年平均运行小时数有关。可用如下公式表示:

$$T = t_{总} / t_{平均} \tag{11-1}$$

式中:T——大修周期(年);

$t_{总}$——一个大修周期内的积累运行小时数(小时);

$t_{平均}$——机组年平均运行小时数(小时/年)。

年平均运行小时数主要根据各大型泵站的作用及各年度的气候条件有关。有些泵站,专门为抗旱或排涝所用,季节性很强,各年度使用小时数差异性极大;有些大型泵站,综合利用设备抗旱、排涝、调相、发电,还补充通航用水和工农业用水,每年平均运行小时数很大。所以应当综合泵站多年的运行资料,确定一个近似的年运行小时数。

机组的总运行小时数是确定大修周期的关键指标,其主要受水泵运行时数的控制,水泵运行时数又受水泵大轴和轴承的磨损情况控制。一个大修周期内的总运行小时数,主要应根据水泵导轴承和轴颈的磨损情况来确定。

机组检修周期详见表 11.19。

表 11.19　机组检修周期表

周期类型＼类别	检修周期	时间安排	工作范围
定期检查	半年或一年	汛前或汛后	了解设备状况,发现设备缺陷和异常情况,常规维护
小修	半年或一年	汛前或汛后及故障时	处理设备故障和异常情况,保证设备完好率
大修	$T=t_总/t_{平均}$	按照周期列入年度计划	大修或扩大性大修,机组解体、检修、组装、实验、试运行,验收交付使用

11.3.1.2　检修项目

1. 定期检查的主要项目

（1）电动机部分

上、下油缸润滑油油位,并取样化验;机架连接螺栓、基础螺栓应无松动;冷却器应无渗漏;集电环和碳刷磨损情况;测温装置指示应正确;油、气、水系统各管路接头应严密,无渗漏;油缸应无甩油现象;电动机干燥,装置应完好。

（2）水泵部分

主轴联轴法兰的连接螺栓等应无松动;填料函的密封情况及漏水量测定;润滑水管、滤清器、回水管等淤塞情况;液压调节机构的漏油量,叶片角度对应情况。

2. 小修的主要项目

（1）电动机部分

冷却器的检修;上、下油缸的处理,透平油更换;集电环和碳刷的加工处理;轴瓦间隙及磨损情况检查;主机组通风道内灰尘清除。

（2）水泵部分

水泵主轴填料密封,水泵导轴承密封更换和处理;水润滑水泵导轴承的更换和处理;叶片调节机构轴承的更换及安装调整;测温装置的检修;导水帽、导水圈等过流部件的更换和处理。

3. 大修的主要项目

（1）一般性大修

大修的全部内容;上叶片、叶轮室的汽蚀处理;叶角差的检查;泵轴轴颈磨损的处理;叶轮的解体、检查和处理,叶轮的油压试验;电动机轴承的检修和处理,电动机轴瓦的研刮;推力头研磨处理、镜板表面研磨处理、推力瓦的研刮;电动机定、转子绕组的绝缘维护;电动机集电环和电刷的处理或更换;冷却器的检查、检修和试验;机组的同轴度、轴线摆度、垂直度(水平)、中心、各部分间隙及磁场中心的测量调整;测温元器件的检修和处理;油、气、水系统检查、处理及试验;传动机构的检修和处理。

（2）扩大性大修

一般性大修的所有内容,磁极线圈或定子线圈损坏的检修更换,叶轮的静平衡试验,叶轮室上、下叶轮外壳损坏的更换。

11.3.1.3　大修前的准备

主机组大修前准备工作包括人员组织、查阅资料、编制计划、工具准备及应注意的事项等。

1. 人员及资料准备

大修前应成立大修组织机构,配备工种齐全的技术骨干和检修人员,特别是要配备一名经验丰富的起重工,明确分工和职责。

(1) 通过查阅技术档案,了解主机组运行状况,主要内容应包括:运行情况记录,历年检查保养维修记录和故障记录,上次大修总结报告和技术档案,近年汛前、汛后检查的试验记录,近年泵站主厂房及主机组基础的垂直位移观测记录,机组图纸和与检修有关的机组技术资料。

(2) 编制大修施工组织计划,主要内容应包括:机组基本情况,大修的原因;检修进度计划;检修人员组织及具体分工;检修场地布置;关键部件的检修方案及主要检修工艺;质量保证措施,包括施工记录、各道工序检验要求;施工安全及环境保护措施;电气试验与试运行;主要施工机具、备品备件、材料明细表;大修经费预算。

2. 大修主要工具准备

(1) 求心器横梁,用于机泵安装过程同心度的测量;

(2) 求心器,用于机泵安装过程中轴线中心的找正;

(3) 盘车工具,在机泵安装过程中摆度测量需要"盘车"时,利用该装置进行人工盘车;

(4) 各种专用扳手和内径千分尺、游标卡尺、塞尺、百分表等测量用具。

11.3.1.4 机组解体

机组解体是一项繁重复杂的工作,对机组检修方案的确定、检修速度和质量,同样起到至关重要的作用,必须认真对待。解体即机组的拆卸,是安装的逆过程,是将电机水泵的重要部件——拆开、检查、清理、检修。原则是先外后内,先上后下,先部件后零件。要求准备充分,有条不紊,次序井然,排列有序。

1. 一般要求

(1) 机组拆卸的顺序应按先外后内、先电机后水泵、先部件后零件的程序原则进行。

(2) 各连接部件拆卸前,应查对原位置记号或编号,如不清楚应重新做好标记,确定相对方位,使重新安装后能保持原配合状态。拆卸应有记录,总装时按记录安装。

(3) 零部件拆卸时,应先拆销钉,后拆螺栓。

(4) 螺栓应按部位集中涂油或浸在油内存放,防止丢失、锈蚀。

(5) 零件加工面不应敲打或碰伤,如有损坏应及时修复。清洗后的零部件应分类存放,各精密加工面应擦干并涂防锈油,表面覆盖毛毡;其他零部件要用干净木板或橡胶垫垫好,避免碰伤,上面用布盖好,防止灰尘杂质侵入;大件存放应用木板或其他物件垫好,避免损坏零部件的加工面或地面。

(6) 零部件清洗时,须用专用清洗剂清洗,周边不应有零碎杂物或其他易燃易爆物品,严禁火种。

(7) 螺栓拆卸时须用专用扳手。锈蚀严重的螺栓拆卸时,不应强行扳扭,可先用松锈剂、煤油或柴油浸润,然后用手锤从不同方位轻敲,使其受振松动后再行拆卸。精制螺栓拆卸时,不能用手锤直接敲打,应加垫铜棒或硬木。

(8) 各零部件除结合面和摩擦面外,应清理干净,涂防锈漆。油缸及充油容器内壁应涂耐油漆。

(9) 各管道或孔洞口,应用木塞或盖板封堵,压力管道应加封盖,防止异物进入或介质泄漏。

(10) 清洗剂、废油应回收并妥善处理,不应造成污染和浪费。

(11) 部件起吊前,应对起吊器具进行详细检查,核算允许载荷,并试吊以确保安全。

(12) 机组拆卸过程中,应注意原始资料的搜集,对原始数据必须认真测量、记录、检查和分析。应收集的原始资料主要包括:

① 间隙的测量记录,包括轴瓦间隙、水泵叶片与叶轮室径向间隙,空气间隙等;

② 叶片、叶轮室汽蚀情况的测量记录,包括汽蚀破坏的方位、区域、程度等,严重的应绘图和拍照存档;

③ 磨损件的测量记录,包括轴瓦的磨损、轴颈的磨损、密封件的磨损等,对磨损的方位、程度详细记录;

④ 固定部件同轴度、垂直度(水平)和机组关键部件高程的测量记录;

⑤ 转动轴线的摆度、垂直度(水平)的测量记录;

⑥ 电动机磁场中心的测量记录;

⑦ 关键部位螺栓、销钉等紧固情况的记录,如叶轮连接螺栓、主轴连接螺栓、基础螺栓、瓦架固定螺栓及机架螺栓等;

⑧ 各部位漏油、甩油情况的记录;

⑨ 零部件的裂纹、损坏等异常情况记录,包括位置、程度、范围等,并应有综合分析结论;

⑩ 电动机绝缘主要技术参数测量记录;

⑪ 其他重要数据的测量记录。

2. 主要步骤

(1) 放入机组下游检修门,架设排水泵排空流道内积水。

(2) 排放电动机上、下油缸内的透平油,拆卸机组油、气、水连接管路。

(3) 拆卸电动机顶部水泵叶片角度调节装置。

(4) 松脱碳刷,拆卸电动机转子引入线。

(5) 拆卸电动机端盖、上下油缸盖板、油冷却器和测温装置。

(6) 用塞尺测量电动机上、下导轴承轴瓦间隙和水泵上、下导轴承间隙,并记录。

(7) 在电动机轴顶部位,装设盘车工具。选取其中一只叶片为基准,按四个方位盘车测量叶片与叶轮室径向间隙。选用塞尺或楔形竹条尺和外径千分尺配合。分叶片上、中、下部位测量,列表记录。

(8) 拆分叶轮室,检查测量叶片、叶轮体和叶轮室的汽蚀破坏方位、面积、深度等情况并记录。

(9) 拆电动机定子盖板,用塞尺配合外径千分尺,按磁极序号数在磁极上下端的圆弧中部逐个测量电动机定、转子间空气间隙,列表记录。

(10) 用深度尺和游标卡尺配合,按相对高差法测量电动机磁场中心,并列表记录。

(11) 拆卸电动机下导轴承、水泵导轴承,在电动机上导、下导轴颈和水泵下导轴颈处,按90°上、下同方位架设带磁座的百分表,分八个方位盘车测量各点的轴线摆度值,列表记录。

(12) 拆卸电动机上导瓦及瓦架、油冷却器、推力头、上机架,拆卸水泵导水帽、导水圈。

(13) 用千斤顶顶住水泵轴,拆卸泵轴与电动机轴联轴器处连接螺栓。

(14) 在转子与定子的间隙内,按不少于8个方位插入长条形青壳纸条或其他厚纸条。起吊初期应点动,并不断调整吊点中心直至起吊中心准确,再慢速起吊,并不断上下拉动纸条,应无卡阻现象,直至将电动机转子吊出定子,并移置至转子定置点。

(15) 拆除水泵轴与叶轮头处连接螺栓,吊出水泵轴及叶轮头。

(16) 测量固定部件的垂直同轴度。电动机定子上部架设装有求心器、带磁座百分表的横梁。将求心器钢琴线上悬挂的重锤置于盛有一定黏度油的油桶中央,无碰及现象。初调求心器使钢琴线居于水泵下导轴承承插口止口中心,然后使用电气回路法,用内径千分尺测量钢琴线至轴窝四个方位的距离相等,即钢琴线居于轴承承插口止口中心,中心线基准误差应不大于0.05 mm,最后使用专用加长杆的内径千分尺测量定子铁芯上部、下部相同四个方位的距离,列表记录。

11.3.1.5 各部件检修

本节将具体叙述机组各部件的检修工艺和质量要求。

1. 水泵轴承

(1) 水润滑轴承的检查,清扫或更换;

(2) 轴承间隙的测量、调整;

(3) 密封止水部件的磨损检查、修理、调整或更换;

(4) 同轴度的测量与调整。

2. 叶轮及主轴

(1) 叶片角度检查与调整,叶片与叶轮室的间隙测量和调整;

(2) 叶轮和叶轮室汽蚀磨损检查和处理;

(3) 叶轮主要部件的更换应做静平衡试验(检修工艺和质量要求详见表11.20);

(4) 轮毂与叶片的密封检查或更换;

(5) 轮毂体密封试验或解体检修;

(6) 主轴轴颈、轴套的清扫、检查和处理;

(7) 叶轮与口环的间隙测量、修复或更换;

(8) 填料函的检查及填料的更换;

(9) 各类连接件、紧固件的检查更换;

(10) 防锈涂漆;

(11) 主轴中心的调整。

表 11.20　叶轮体静平衡试验的检修工艺和质量要求

检修工艺	质量要求
1. 根据叶轮磨损程度,叶轮体做卧式静平衡试验。将叶轮和平衡轴组装后吊放于水平平衡轨道上,并使平衡轴线与水平平衡轨道垂直	1. 水平平衡轨道长度宜为 1.25～1.50 m
2. 轻轻推动叶轮,使叶轮沿平衡轨道滚动;待叶轮静止下来后,在叶轮上方划一条通过轴心的垂直线	2. 平衡轴与平衡轨道均应进行淬火处理,其 HRC＝55°～57°。淬火后表面应进行磨光处理
3. 在这条垂直线上的适当点加上平衡配重块,并换算成铁块重或灌铅重量	3. 平衡轨道水平偏差应小于 0.03 mm/m,两平衡轨道的不平行度应小于 1 mm/m
4. 继续滚动叶轮,调整配重块大小或距离(此距离应考虑便于加焊配重块),直到叶轮出现随意平衡位置	4. 允许残余不平衡重量应符合设计要求

4. 定子

（1）定子各部件螺丝、垫木、端部绕组绑线的检查、清理；
（2）定子绕组引线及套管的检修；
（3）铁芯检查及清理；
（4）定子圆度的检查与调整；
（5）定子合缝处理；
（6）槽楔的检修和通风沟的清扫；
（7）绕组的喷漆；
（8）电气预防性试验。

电动机定子的检修工艺和质量要求详见表 11.21。

表 11.21　电动机定子的检修工艺和质量要求

检修工艺	质量要求
1. 对定子进行试验,包括测量绝缘电阻和吸收比,测量绕组直流电阻,测量直流泄漏电流,进行直流耐压试验	1. 符合规程
2. 定子绕组端部的检修:检查绕组端部的垫块有无松动,如有松动应垫紧垫块;检查端部固定装置是否牢靠、绕组端部及线棒接头处绝缘是否完好、极间连接线绝缘是否良好。如有缺陷,应重新包扎并涂绝缘漆或拧紧压板螺母,重新焊接线棒接头。线圈损坏现场不能处理的应返厂处理	2. 绕组端部的垫块无松动,端部固定装置牢靠,线棒接头处绝缘完好,极间连接线绝缘良好
3. 定子绕组槽部的检修:线棒的出槽口有无损坏,槽口垫块有无松动,槽楔和线槽是否松动,如有凸起、磨损、松动,应重新加垫条打紧;用小锤轻敲槽楔,松动的应更换槽楔;检查绕组中的测温元件有无损坏	3. 线棒的出槽口无损坏,槽口垫块无松动,槽楔和线槽无松动,绕组中的测温元件完好
4. 定子铁芯和机座的检修:检查定子铁芯齿部、轭部的固定铁芯是否松动,铁芯和漆膜颜色有无变化,铁芯穿心螺杆与铁芯的绝缘电阻。如固定铁芯产生红色粉末锈斑,说明已有松动,须清除锈斑,清扫干净,重新涂绝缘漆。检查机座各部分有无裂缝、开焊、变形,螺栓有无松动,各接合面是否接合完好,如有缺陷应修复更换	4. 定子铁芯齿部、轭部的固定铁芯无松动,铁芯和漆膜颜色无变化,铁芯穿心螺杆与铁芯的绝缘电阻应不小于 6 MΩ,机座各部分无裂缝、开焊、变形,螺栓无松动,各接合面接合完好

续表

检修工艺	质量要求
5. 清理:用压缩空气吹扫灰尘,铲除锈斑,用专用清洗剂清除油垢	5. 干净、无锈迹
6. 干燥:采用定子绕组通电法干燥,先以定子额定电流的30%预烘4小时,然后增加定子绕组电流,以5 A/h的速率将温度升至75℃,每小时测温一次,保温24小时,每班测绝缘电阻一次,然后再以5 A/h的速率将温度上升到(105±5)℃,保温至绝缘电阻在30 MΩ以上,吸收比大于或等于1.5后,保持6小时不变	6. 干燥后绝缘电阻应不小于30 MΩ,吸收比大于或等于1.3,保持6小时不变
7. 喷漆及烘干:待定子温度冷却至(65±5)℃时测绝缘电阻合格后,用无水0.25 MPa压缩空气吹除定子上的灰尘,然后用绝缘漆淋浇线圈端部或用喷枪在降低压力下喷浇	7. 表面光亮清洁,绝缘电阻符合要求。喷漆工艺应符合产品使用技术要求

5. 转子

(1) 转子各部位的清扫检查;

(2) 碳刷、刷架、集电环及引线等的清扫、检查、车磨或更换;

(3) 转子引线检查或更换;

(4) 磁极接头或绕组匝间连接检查或修理;

(5) 转子喷漆;

(6) 定转子空气间隙测量或调整;

(7) 电气预防性试验。

电动机转子的检修工艺和质量要求详见表11.22。

表11.22 电动机转子的检修工艺和质量要求

检修工艺	质量要求
1. 检修前测量转子励磁绕组的直流电阻及其对铁芯的绝缘电阻,必要时进行交流耐压试验,判断励磁绕组是否存在接地、匝间短路等故障	1. 符合规范
2. 检查转子槽楔、各处定位、紧固螺钉有无松动,锁定装置是否牢靠,通风孔是否完好,如有松动应紧固	2. 绕组端部的垫块无松动,端部固定装置牢靠,线棒接头处绝缘完好,极间连接线绝缘良好
3. 检查风扇环,用小锤轻敲叶片是否松动、有无裂缝,如有应查明原因后紧固或焊接	3. 无松动、无裂缝
4. 检查集电环对轴的绝缘及转子引出线的绝缘材料有无损坏,如引出线绝缘损坏,应对绝缘重新进行包扎处理;检查引出线的槽楔有无松动,如松动应紧固引出线槽楔	4. 引出线槽楔紧固,绝缘符合要求
5. 清理:用压缩空气吹扫灰尘,铲除锈斑,用专用清洗剂清除油垢	5. 干净、无锈迹
6. 干燥:采用转子绕组通电法干燥,先以转子额定电流的35%预烘4小时,然后增加转子绕组电流,以10 A/h的速率将温度升至75℃并保温16小时,再以10 A/h的速率将温度上升到(105±5)℃,保温至绝缘电阻在5 MΩ以上,吸收比大于或等于1.3后,保持6小时不变	6. 干燥后绝缘电阻应不小于5 MΩ,吸收比大于或等于1.3,保持6小时不变
7. 喷漆及烘干:方法同定子喷漆及烘干	7. 表面光亮清洁,绝缘电阻符合要求

6. 轴承

（1）油冷却器清理、检查和水压试验，或更换油冷却器管道或更换油冷却器；
（2）轴承各部清理检查，轴瓦研刮或更换轴承；
（3）推力瓦水平测量与调整及受力调整；
（4）导轴承间隙测量与调整；
（5）轴承绝缘测量。

电动机轴承相关检修工艺和质量要求详见表 11.23 和表 11.24。

表 11.23　电动机金属合金上、下导轴承的检修工艺和质量要求

检修工艺	质量要求
1. 检查导轴瓦面磨损程度、接触面积及接触点，不符合要求的，用三角刮刀、弹性刮刀研刮	1. 上导轴承接触面积不小于 85%，下导轴承接触面积不小于 75%；接触点每平方厘米不少于 2 点；两边刮成深 0.5 mm、宽 10 mm 的倒圆斜坡
2. 导轴瓦有严重烧灼麻点、烧瓦或脱壳、裂纹的，应更换或重新浇注瓦面	2. 浇注材料符合设计要求
3. 对导向瓦架及调整螺栓进行检查和处理	3. 焊接应牢固，松紧适度、无摆动
4. 检查绝缘垫、套损伤情况，清洗并烘干，有缺陷的应更换	4～5. 绝缘电阻应不小于 50 MΩ
5. 用 500 V 兆欧表测量单只导向瓦的绝缘电阻	

表 11.24　机组推力瓦的检修工艺和质量要求

检修工艺	质量要求
1. 检查推力瓦磨损程度、接触面积、接触点及进油边是否符合要求。不符合的用三角刮刀、弹性刮刀研刮	1. 接触点每平方厘米不少于 1 点；局部不接触面积每处不大于瓦面积 2%，其总和不大于瓦面积 5%；进油边应在 10 mm 范围内刮成深 0.5 mm 的斜坡并修成圆角；以抗重螺栓为中心，占总面积约 1/4 部位刮低 0.01～0.02 mm，然后在这 1/4 部位中心的 1/6 部位，另从 90°方向再刮低约 0.01～0.02 mm
2. 推力瓦面有严重烧灼或脱壳等缺陷，更换或重新浇注瓦面	2. 瓦面材料应符合设计要求
3. 检查推力瓦缓冲铜垫片是否符合要求，不满足的应更换	3. 铜垫片凹坑深度应不大于 0.05 mm

7. 其他

（1）管路系统外观检查、必要的耐压试验和除锈涂漆等；
（2）主要阀件的检查或分解处理；
（3）各部温度计、压力表的校验或更换；
（4）机组的清理检查。

电动机测温系统的检修工艺和质量要求详见表 11.25。

表 11.25　测温系统的检修工艺和质量要求

检修工艺	质量要求
1. 检查电动机及轴承的测温元件及线路	1. 完好
2. 检查测温装置所显示温度与实际温度对应情况，有温度偏差应查明原因，校正误差或更换测温元件	2. 所测温度应与实际温度相符，偏差不宜大于 3℃

11.3.1.6 主机组安装

1. 安装要求

(1) 机组安装在解体、清理、保养、检修后进行,安装后机组固定部件的中心应与转动部件的中心重合,各部件的高程和相对间隙应符合规定。固定部分的同轴度、高程,转动部分的轴线摆度、垂直度(水平)、中心、间隙等是影响安装质量的关键。

(2) 机组安装应按照先水泵后电动机、先固定部分后转动部分、先零件后部件的原则进行。

(3) 各部件结合安装前,应查对记号或编号,使复装后能保持原配合状态,总装时按记录安装。

(4) 总装时先装定位销钉,再装紧固螺栓;螺栓装配时应配用套筒扳手、梅花扳手、开口扳手和专用扳手;各部件的螺栓安装时,应在螺纹处涂上铅油,螺纹伸出一般为2~3牙为宜,以免锈蚀后难以拆卸。

(5) 安装时各金属滑动面应涂油脂;设备组合面应光洁无毛刺。

(6) 部件法兰面的垫片,如石棉、纸板、橡皮板等,应拼接或胶接正确,以便安装时按原状配合。

(7) 水泵及电动机组合面的合缝检查应符合下列要求:

合缝间隙一般可用 0.05 mm 塞尺检查,间隙不得通过塞尺;

当允许有局部间隙时,可用不大于 0.10 mm 的塞尺检查,深度应不超过组合面宽度的 1/3,总长应不超过周长的 20%;

组合缝处的安装面高差应不超过 0.10 mm。

部件安装定位后,应按设计要求装好定位销。各连接部件的销钉、螺栓、螺帽,均应按设计要求锁定或点焊牢固。有预应力要求的连接螺栓应测量紧度,并应符合设计要求。

(8) 对大件起重、运输应制订操作方案和安全技术措施;对起重机各项性能要预先检查、测试,并逐一核实。

(9) 安装电动机时,应采用专用吊具,不应将钢丝绳直接绑扎在轴颈上起吊转子,不应有杂物掉入定子内。

(10) 应以管道、设备或脚手架、脚手平台等作为起吊重物的承力点,凡利用建筑结构起吊或运输大件应进行验算。

(11) 油压、水压、渗漏试验。按设计要求进行油压试验或水压试验、渗漏试验,未作规定时可按如下要求试验:

强度耐压试验。试验压力应为 1.5 倍额定工作压力,保持压力 10 分钟,无渗漏和裂缝现象。

严密性耐压试验。试验压力应为 1.25 倍额定工作压力,保持压力 30 分钟,无渗漏现象。

油缸等开敞式容器进行煤油渗漏试验时,应至少保持 4 小时。

(12) 机组检修安装后,设备、部件表面应清理干净,并按规定的涂色进行油漆防护,涂漆应均匀、无起泡、无皱纹现象。设备涂色与厂房装饰不协调时,除管道涂色外,可作适当变动。阀门手轮、手柄应涂红色,并应标明开关方向。铜及不锈钢阀门不涂色。阀门应编号。管道上应用白色箭头(气管用红色)表明介质流动方向。设备涂色应符合表 11.26 的规定。

表 11.26　设备涂色规定

序号	设备名称	颜色	序号	设备名称	颜色
1	泵壳内表面、叶毂、导叶等过水面	红	10	技术供水进水管	天蓝
2	水泵外表面	兰灰或果绿	11	技术供水排水管	绿
3	电动机轴和水泵轴	红	12	生活用水管	蓝
4	水泵、电动机脚踏板、回油箱	黑	13	污水管及一般下水道	黑
5	电动机定子外表面,上机架、下机架外表面	米黄或浅灰	14	低压压缩空气管	白
6	栏杆(不包括镀铬栏杆)	银白或米黄	15	高、中压压缩空气管	白底红色环
7	压油罐、储气罐	兰灰或浅灰	16	抽气及负压管	白底绿色环
8	压力油管、进油管、净油管	红	17	消防水管及消火栓	橙黄
9	回油管、排油管、溢油管、污油管	黄	18	阀门及管道附件(不包括铜及不锈钢阀门及附件)	黑

2. 主机组安装

(1) 测量、调整固定部件垂直同轴度。根据测量记录分析,调整各部件的垂直同轴度,使其垂直同轴度在规定的范围内。

(2) 部件吊装就位及装配。吊入机械调节机构下操作杆;吊入泵轴进行连接;吊入机械调节机构上操作杆,进行连接;检查转子和相关的起吊设备,做好转子吊入前的准备工作。

(3) 将转子吊入定子内。起吊时在现场试吊 1~2 次,起吊高度约 10~15 mm,试验行车的运行状况是否良好,转子是否吊得水平,转子进入定子必须找正中心,徐徐落下,为避免转子与定子相碰,应将事前准备的 8~12 块长条形青壳纸条或其他厚纸条均匀分布在定、转子间隙内,并上下抽动无卡阻现象,转子接近千斤顶前,将下油冷却器放入转轴内,与水泵轴连接时要调整水泵轴使其与电动机轴平稳连接。

(4) 将推力瓦装入上油缸推力瓦架上,并根据原始记录初步调整好推力瓦的高度;将上机架吊装就位,并与定子连接。

(5) 利用制造厂提供的压推力头专用工具,把推力头压装在转子轴上。推力头到位前,应在推力瓦上加上一定的油脂。

(6) 吊入上导瓦架,使其与上机架连接,在 X、Y 轴线上放入四块导向瓦,导向瓦放入前应加油脂。

(7) 测量与调整转动轴线摆度。在电动机轴顶部位置,装设人工、机械或电动盘车工具。

(8) 松下千斤顶,用专用扳手调整导向瓦抗重螺栓,适度抱紧电动机上导轴瓦。

(9) 在电动机轴顶部位置,装设水平梁和水平仪,使用盘车工具进行盘车,通过调整推力瓦高度,初步调整转动轴线的垂直度,并检查磁场中心的高度是否在规定的范围内。

(10) 在电动机上导、下导轴颈和水泵水导轴颈按 90°上、下同方位架设带磁座的百分表,分八个方位,盘车测量电动机的上导、下导、水导处的轴线摆度值,列表记录。

(11) 根据记录分析,处理推力头与镜板之间绝缘垫,使下导摆度符合规范要求;处理水泵轴法兰平面,使水导摆度符合要求。

(12) 调整镜板水平度;调整推力瓦的水平,把所有的推力瓦调整到一个水平面,推力瓦所处的高程应满足转子、定子磁场中心的要求。

(13) 用专用测量工具测量定子和转子的磁场中心,根据测量数据确定抬高或降低推力瓦高度,使磁场中心合格。

(14) 通过盘车测出四个方位的水平,分析各瓦的高低情况,并进行调整直至符合规定要求;检查各推力瓦的受力情况,用扳手或手锤复核,使所有推力瓦受力一致。

(15) 镜板水平度调整合格后,用专用工具校验磁场中心,如磁场中心不合格应重新调整;镜板水平度检查验收后装上锁片,锁定推力瓦抗重螺栓。

(16) 调整转动轴线中心;调整旋转轴线中心,使旋转轴线中心和固定部件中心重合在一条中心线上,方法一般采用盘车法。

(17) 在水泵轴轴颈处,装上组合式的中心测量架,在架上固定一只百分表,盘车测量至水泵轴承承插口止口处四个方位数据,根据测量记录确定主轴在 X、Y 轴线上的移动数值。

(18) 利用上导瓦进行轴线中心调整。在上导轴颈处,互为 90°方向装设 2 只百分表监视主轴位置,根据盘车测量记录,确定移动调整数值,每调整一次,应进行一次盘车,直至合格。

(19) 轴线中心调整合格后,安装下导轴瓦瓦托、下导瓦,用专用千斤顶顶上、下导轴瓦,将主轴抱死。在抱轴的过程中,应用百分表监视主轴位置,不能有任何移动。测量与调整各部间隙。

(20) 根据规范要求和测量出的摆度值,计算出各块瓦的调整间隙。用专用扳手和塞尺调整测量上、下导轴瓦的间隙。

(21) 用专用塞尺配合外径千分尺测量定、转子间的空气间隙,并根据记录进行计算。如不合格应进行分析,再行处理;根据机组的结构形式,安装水导轴瓦,用塞尺法或推轴法,测量水导轴瓦间隙。

(22) 拆掉所有抱轴千斤顶,使主轴处于自由状态,组装叶轮室;盘车测量叶片与叶轮室径向间隙,并进行间隙资料分析。

(23) 安装上油缸瓦盖、水冷却器、测温系统、盖板、集电环,有关数据应符合规范要求;安装下油缸瓦盖、水冷却器、测温系统、盖板,有关数据应符合规范要求;安装主泵填料;安装主泵密封、进人孔等部件;上、下油缸加油至导向瓦抗重螺栓中心。

(24) 安装叶片调节机构;检查调节机构底座水平与高程,如不符合规范要求,应进行处理与调整;对操作杆或调节器芯子的垂直度和摆度进行检查与处理;安装调节器;进行动作试验,并查看叶片指示角度上、下是否一致。

11.3.1.7 电气试验

1. 机组检修后应对电动机进行试验。主要试验项目应包括:绕组的绝缘电阻、吸收比试验,绕组的直流电阻试验,定子绕组的直流耐压试验和泄漏电流试验,定子绕组的交流耐压试验,转子绕组的绝缘电阻试验,转子绕组的直流电阻试验,转子绕组的交流耐压试验。

2. 电动机试验项目与要求应符合表 11.27 的规定。

表 11.27 电动机大修试验项目

序号	项目	要求	说明
1	绕组绝缘电阻和吸收比	1. 绝缘电阻值:①交流耐压前定子绕组在接近运行温度时的绝缘电阻值应不低于 U_n MΩ(取 U_n 的千伏数,下同);投运前室温下(包括电缆)不应低于 U_n MΩ;转子绕组不应低于 0.5 MΩ 2. 吸收比不小于 1.3	1. 应测量吸收比(或极化指数) 2. 应使用 2 500 V 兆欧表;转子绕组用 500 V 兆欧表 3. 在条件允许时,应分相测量
2	绕组的直流电阻	1. 电动机各相绕组直流电阻值的相互差别不应超过最小值的 2% 2. 应注意相互间差别的历年变化	—
3	定子绕组的泄漏电流和直流耐压试验	1. 试验电压:全部更换绕组时为 $3U_n$;大修或局部更换绕组时为 $2.5U_n$ 2. 泄漏电流相间差别一般不大于最小值的 100%,泄漏电流为 20 μA 以下者不作规定	在条件允许时,应分相进行
4	定子绕组的交流耐压试验	1. 大修时不更换或局部更换定子绕组后,试验电压为 $1.5U_n$,但不低于 1 000 V 2. 全部更换定子绕组后,试验电压为 $(2U_n + 1000)$ V,但不低于 1 500 V	1. 交流耐压试验可用 2 500 V 兆欧表代替 2. 更换定子绕组时,工艺过程中的交流耐压试验按制造厂规定
5	转子绕组交流耐压试验	试验电压为 1 000 V	可用 2 500 V 兆欧表代替
6	定子绕组极性试验	接线变动时应检查确定定子绕组的极性与连接正确	对双绕组的电动机,应检查两分支间连接的正确性

11.3.1.8 试运行和交接验收

1. 试运行

(1) 机组大修完成,且试验合格后,应进行大修机组的试运行。

(2) 机组试运行前,由检修单位和运行管理单位共同制订试运行计划。试运行由检修单位负责,运行单位参加。试运行过程中,应做好详细记录。

(3) 机组试运行的主要工作是检查机组的有关检修情况,鉴定检修质量。

(4) 机组试运行时间为带负荷连续运行 8 小时。

2. 交接验收

(1) 机组大修结束且试运行正常后,应进行大修交接验收。大修机组经验收合格,方可投入正常运行。

(2) 交接验收工作程序可参照《泵站设备安装及验收规范》(SL 317—2015)有关要求进行。

(3) 交接验收的主要内容:检查大修项目是否按要求全部完成;审查大修报告、试验报告和试运行情况,大修报告格式和内容应符合附录 A 要求;进行机组大修质量鉴定,并对检修缺陷提出处理要求;审查机组是否已具备安全运行条件;对验收遗留问题提出处理意见;主持机组移交。

11.3.2 变压器养护维修

1. 主变压器和站用变压器需根据运行和试验情况确定是否进行大修,小修每年1次。运行中的变压器发现异常状况或经试验判明有内部故障时及时大修。

2. 对于密封式的变压器若经过试验和运行情况判定有内部故障时,需进行大修。

3. 主变压器的养护内容及要求主要如下:
(1) 检查并消除已发现的缺陷;
(2) 检查并拧紧套管引出线的接头;
(3) 放出储油柜中的污泥,检查油位计;
(4) 变压器油保护装置及放油活门的检修;
(5) 冷却器、储油柜、安全气道及其保护膜的检修;
(6) 套管密封、顶部连接帽密封衬垫的检查,瓷绝缘的检查、清扫;
(7) 各种保护装置、测量装置及操作控制箱的检修、试验;
(8) 无载调压开关的检修;
(9) 充油套管及本体补充变压器油;
(10) 油箱及附件的检修涂漆;
(11) 进行规定的测量和试验。

4. 主变压器大修内容及要求主要如下:
(1) 拆变压器高低压桩头接线,拆变压器与外界连接的二次线路、测量线路等;
(2) 抽出变压器油;
(3) 拆变压器冷却器、套管、油枕及对应管道等;
(4) 拆变压器箱盖螺栓;
(5) 吊出变压器铁芯;
(6) 变压器内部检查、清洗、维修或更换相关部件等;
(7) 变压器组装;
(8) 真空滤油;
(9) 电气试验等。

5. 变压器检修后经验收合格,才能投入运行。验收时须检查检修项目、检修质量、试验项目以及试验结果,隐蔽部分的检查应在检修过程中进行。检修资料应齐全、填写正确。

6. 变压器大修结束后,应在 30 天内作出大修总结报告。

11.3.3 其他电气设备养护维修

1. 每年汛前对泵站电气设备进行一次全面的检查、维修、调试。

2. 各种电气设备需按规定定期进行继电保护、仪表校验及预防性试验,并将试验结果与该设备历次试验结果相比较,参照有关试验标准,根据变化规律和趋势进行全面分析,判断设备是否符合运行条件。

3. 每年汛前按规定对高压断路器进行检查维护及电气预防性试验,测量三相导电回路电阻、分合闸线圈直流电阻和三相绝缘电阻,并进行交流耐压试验。

4. 微机保护装置与系统自动装置的检验应遵守下列规定：

（1）检验可分为新安装设备的验收检验、运行中设备的定期检验及运行中的补充检验；

（2）利用微机保护装置或系统自动装置跳开或投入开关的整组试验,每年不得少于1次；

（3）主系统线路及母线的微机保护装置与系统自动装置的定期检验,需在雷雨季节前进行；

（4）检验需按规定的顺序进行。

11.3.4　辅助设备及金属结构养护维修

1. 辅助设备与金属结构的机电设备和安全装置需定期检查、维护,安全装置需定期检验,发现缺陷及时修理或更换。

2. 油、气、水管道接头密封良好,发现漏油、漏气、漏水现象及时处理,并定期涂漆防锈。

3. 起重机械每两年检测一次,其安装、维修、检测工作须由安全技术监督部门指定的单位进行,具体管理办法按行业规定执行。

11.3.5　通信及监测、监视设施养护维修

1. 通信设施养护维修需符合下列要求：

（1）及时修理、更新故障或损坏（如雷击）的通信设备及设施；

（2）及时修复、更新故障或损坏的电源等辅助设施；

（3）及时修复防腐涂层脱落、接地系统损坏的通信专用塔（架）。

2. 监控系统硬件设施的养护维修需符合下列要求：

（1）定期对传感器、可编程序控制器、指示仪表、保护设备、视频系统、计算机及网络等系统硬件进行检查维护和清洁除尘,及时修复故障,更换零部件；

（2）按规定时间对传感器、指示仪表、保护设备等进行率定和精度校验,对不符合要求的设备进行检修、校正或更换；

（3）定期对保护设备进行灵敏度检查、调整,对云台、雨刮器等转动部分加注润滑油；

（4）更换损坏的防雷系统的部件或设备。

3. 监控系统软件系统的养护维修需符合下列要求：

（1）加强对计算机和网络的安全管理,配备必要的防火墙,监控设施应采用专用网络；

（2）每月对系统软件和数据库进行备份,对技术文档妥善保管；

（3）有管理权限的人员对软件进行修改或设置时,修改或设置前后的软件需分别进行备份,并做好修改记录；

（4）对运行中出现的问题详细记录,并通知开发人员解决和维护；

（5）及时统计并上报有关报表。

4. 定期检查泵站预警系统、防汛决策支持系统、办公自动化系统及自动监控系统,及时修复发现的故障,更换部件或更新软件系统。

5. 计算机养护包括以下内容:
(1) 机壳内外部件清理、处理;
(2) 线路板、各元器件、内部连线检查、固定;
(3) 各部件设备、板卡及连接件检查、固定;
(4) 电源电压检查、修复;
(5) 散热风扇、指示灯及配套设备清理、运行状态检查;
(6) 显示器、鼠标、键盘等配套设备检查、清理;
(7) CPU 负荷率、内存使用率、应用程序进程、服务状态检查、处理;
(8) 磁盘空间检查、优化,临时文件清理。

6. PLC 养护包括以下内容:
(1) 各模块接线端子排螺丝检查、紧固;
(2) 机架、模块、散热风扇、加热器、除湿器清理;
(3) 电源模块、CPU、开关量、模拟量、通信模块功能测试;
(4) 后备电池、熔丝及其容量检查、更换;
(5) 启动、运行、关闭等工作状态测试、修复;
(6) PLC 与计算机、智能仪表等设备通信的测试与处理;
(7) PLC 控制流程的检查与测试。

7. 视频监视系统养护包括以下内容:
(1) 云台及镜头检查与测试;
(2) 防尘罩表面无灰尘,安装牢固;
(3) 各个通道的连接电缆检查,确保连接良好;
(4) 各个通道的图像监视、切换、分割等功能测试;
(5) 各个活动摄像机的控制功能测试;
(6) 硬盘录像机录像及回放功能测试;
(7) 硬盘录像机远程浏览功能测试。

8. 水力自动量测系统养护包括以下内容:
(1) 检查传感器参数设定是否正确;
(2) 检查接线是否正确;
(3) 检查监测终端设备及计算机是否正常工作;
(4) 检查通信电缆长度是否超出 RS-485 最大传输距离;
(5) 检查通信电缆是否断路或短路;
(6) 可通过串口调试程序调试传感器是否工作正常。

11.3.6 水工建筑物养护维修

1. 混凝土及砌石工程需养护需符合下列要求。
(1) 清理建筑物表面,保持清洁整齐,积水、积雪及时排除。
(2) 公路桥桥面适时清扫,保持桥面排水孔泄水畅通。排水沟杂物及时清理,保持排水畅通。

(3) 及时修复建筑物局部破损。

(4) 翼墙、护坡上的排水管保持畅通。如有堵塞、损坏,疏通、修复。

(5) 永久伸缩缝填充物老化、脱落、流失,及时充填封堵。永久伸缩缝处理,按其所处部位、原止水材料以及承压水头选用相应的修补方法。

(6) 及时打捞、清理管理范围内河面上的漂浮物。

2. 混凝土工程维修需符合下列要求。

(1) 混凝土结构严重受损,影响安全运用时,需拆除并修复损坏部分。在修复底板等工程部位混凝土结构时,重新铺设垫层(或反滤层),在修复翼墙部位混凝土结构时,重新做好墙后回填、排水及其反滤体。

(2) 混凝土结构承载力不足的,可采用增加断面、改变连接方式、粘贴钢板或碳纤维布等方法补强、加固。

(3) 混凝土裂缝处理,考虑裂缝所处的部位及环境,按裂缝深度、宽度及结构的工作性能,选择相应的修补材料和施工工艺,在低温季节裂缝开度较大时进行修补。渗(漏)水的裂缝,先堵漏,再修补。表层裂缝宽度小于表 11.28 规定的最大裂缝宽度允许值时,可不予处理或采用表面喷涂料封闭保护;表层裂缝宽度大于表 11.28 规定的最大裂缝宽度允许值时,宜采用表面粘贴片材或玻璃丝布、开槽充填弹性树脂基砂浆或弹性嵌缝材料进行处理;深层裂缝和贯穿性裂缝,为恢复结构的整体性,宜采用灌浆补强加固处理;影响建筑物整体受力的裂缝,以及因超载或强度不足而开裂的部位,可采用粘贴钢板或碳纤维布、增加断面、施加预应力等方法补强加固。

表 11.28 钢筋混凝土结构最大裂缝宽度允许值

水上区/mm	水位变动区/mm	水下区/mm
0.20	0.25	0.30

(4) 混凝土渗水处理,按混凝土缺陷性状和渗水量,采取相应的处理方法:混凝土掏空、蜂窝等形成的漏水通道,当水压力<0.1 MPa 时,可采用快速止水砂浆堵漏处理;当水压力$\geqslant 0.1$ MPa 时,可采用灌浆处理;混凝土抗渗性能低,出现大面积渗水时,可在迎水面喷涂防渗材料或浇筑混凝土防渗面板进行处理;混凝土内部不密实或网状深层裂缝造成的散渗,可采用灌浆处理;混凝土渗水处理,也可采用经过技术论证的其他新材料、新工艺和新技术。

(5) 混凝土冻融剥蚀修补,先凿除已损伤的混凝土,再回填满足抗冻要求的混凝土或聚合物混凝土(砂浆)。混凝土(砂浆)的抗冻等级、材料性能及配比,需符合国家现行有关技术标准的规定。

(6) 钢筋锈蚀引起的混凝土损害,要先凿除已破损的混凝土,处理锈蚀的钢筋。损害面积较小时,可回填高抗渗等级的混凝土,并用防碳化、防氯离子和耐其他介质腐蚀的涂料保护,也可直接回填聚合物混凝土;损害面积较大、施工作业面许可时,可采用喷射混凝土,并用涂料封闭保护。回填各种混凝土前,在基面上涂刷与修补材料相适应的基液或界面黏结剂。修补被氯离子侵蚀的混凝土时,添加钢筋阻锈剂。

(7) 混凝土汽蚀修复,首先清除造成汽蚀的条件(如体型不当、不平整度超标及闸门运用不合理等),然后对汽蚀部位采用高抗汽蚀材料进行修补,如高强硅粉钢纤维混凝土(砂浆)、聚合物水泥混凝土(砂浆)等,对水下部位的汽蚀,也可采用树脂混凝土(砂浆)进行修补。

(8)混凝土表面碳化处理,按不同的碳化深度采取相应的措施:碳化深度接近或超过钢筋保护层时,可凿除混凝土松散部分,洗净进入的有害物质,将混凝土衔接面凿毛,用环氧砂浆或细石混凝土填补,最后以环氧基液做涂基保护;碳化深度较浅时,应首先清除混凝土表面附着物和污物,然后喷涂防碳化涂料封闭保护。

(9)混凝土表面防护,宜在混凝土表面喷涂涂料,预防或阻止环境介质对建筑物的侵害。如发现涂料老化、局部损坏、脱落、起皮等现象。及时修补或重新封闭。

3. 砌石工程维修需符合下列要求:

(1)砌石护坡遇有松动、塌陷、隆起、底部淘空、垫层散失等现象时,参照《泵站施工规范》(SL 234—1999)中有关规定按原状修复。施工时做好相邻区域的垫层、反滤、排水等设施。

(2)浆砌石工程墙身渗漏严重的,可采用灌浆、迎水面喷射混凝土(砂浆)或浇筑混凝土防渗墙等措施。浆砌石墙基出现冒水冒砂现象,立即采用墙后降低地下水位和墙前增设反滤设施等办法处理。

4. 堤岸及引河工程养护符合下列要求:

(1)护堤及堤顶道路需经常清理,对植被进行养护,对排水设施进行疏通;

(2)护堤遭受白蚁、害兽危害时,采用毒杀、诱杀、捕杀等方法防治,蚁穴、兽洞可采用灌浆或开挖回填等方法处理;

(3)保持河面清洁,清理河面漂浮物。

5. 堤岸工程维修需符合下列要求。

(1)护堤出现雨淋沟、浪窝、塌陷、翼墙后填土区发生跌塘、沉陷时,随时修补夯实。

(2)护堤发生管涌、流土现象时,按照"上截、下排"原则及时进行处理。

(3)护堤发生裂缝时,针对裂缝特征处理。干缩裂缝、冰冻裂缝和深度≤0.5 m、宽度≤5 mm的纵向裂缝,一般可采取封闭缝口处理;表层裂缝,可采用开挖回填处理;非滑动性的内部深层裂缝,宜采用灌浆处理,当裂缝出现滑动迹象时,则严禁灌浆。

(4)护堤出现滑坡迹象时,针对产生原因按"上部减裁、下部压重"和"迎水坡防渗,背水坡导渗"等原则进行处理。

6. 引河工程维修需符合下列要求:

(1)河床冲刷坑危及河坡稳定时,立即抢护,一般可采用抛石或沉排等方法处理,不影响工程安全的冲刷坑,可暂不作处理;

(2)河床淤积影响工程效益时,及时采用机械疏浚方法清除。

11.3.7 管理设施养护维修

1. 控制室、开关室等房屋建筑地面、墙面保持完好、整洁、美观,通风良好,无渗漏。

2. 管理区道路和对外交通道路经常养护,保持通畅、整洁、完好。

3. 清理办公设施、生产设施、消防设施、生活及辅助设施等,办公区、生活区及工程管理范围内整洁、卫生,绿化经常养护。

4. 定期对工程标牌(包括界桩、界牌、安全警示牌、宣传牌等)进行检查维修或补充,确保标牌完好、醒目、美观。

5. 防汛抢险设备保持完好,防汛物料的账物相符,且处于应急待用状态,备品备件进行日常养护。

6. 定期检查照明系统。工程主要部位的警示灯、照明灯、装饰灯保持完好,主要道路两侧或过河、过闸的输电线路、通信线路及其他信号线,排放整齐、穿管固定或埋入地下。

11.3.8 工程观测设施养护维修

1. 管理所加强对观测设施的保护,防止人为损坏。在工程施工期间,必须采取妥善防护措施,如施工时需拆除或覆盖现有观测设施,必须在原观测设施附近重新埋设新观测设施,并加以考查。

2. 垂直位移观测设施的维修养护

(1) 定期检查观测工作基点及观测标点的现状,对缺少或破损的及时重新埋设,对被掩盖的及时清理;

(2) 观测标点编号示意牌要清晰明确。

3. 测压管的维修养护

(1) 采用注水法每五年定期对测压管进水管段灵敏度进行检查试验。试验前,先测定管中水位,然后向管中注入清水,测得注水水面高程后,分别以 5、10、15、20、30、60 分钟的间隔测量水位一次,直至水位回降至原水位并稳定 2 小时为止。记录测量结果,并绘制水位下降过程线。由于刘老涧站受潮汐影响,要连续观测测压管水位和上下游水位,然后根据上下游水位和测压管水位过程线加以判断。

(2) 每五年定期对测压管内淤积物进行观测,一般采用普通测锤进行。当管内淤积物已影响观测或淤积的高程超过透水长度时,及时分析淤积原因,进行处理。一般采用管内掏淤,必要时,经过充分研究,报请处工管科批准采用压力水冲洗。

(3) 测压管被碎石、混凝土或其他材料堵塞,要及时进行清理。

(4) 测压管如经灵敏度检查不合格,管内的淤积、堵塞经处理无效,或经资料分析测压管已失效时,在该孔附近钻孔重新埋设测压管。

4. 断面桩的维修养护

(1) 定期检查断面桩的现状,对缺少或破损的及时重新埋设,对被掩盖的及时清理。

(2) 断面桩编号示意牌要清晰明确。

5. 定期对工程标牌(包括安全警示牌、宣传牌、划界确权桩、告示牌等)进行检查维修或补充,确保标牌完好、醒目、美观。

11.4 安全管理

11.4.1 一般要求

1. 建立、健全安全管理组织,明确责任制,并制定以下安全管理制度:

(1) 安全防火制度。

(2) 安全保卫制度。

(3) 安全技术教育与考核制度。

(4) 事故处理制度。

(5) 事故调查与报告制度。

(6) 反事故预案及防洪预案。

2. 泵站主要设备的操作执行操作票制度。

3. 泵站工作人员进入现场检修、安装和试验，执行工作票制度。

4. 执行工作票时，签发人、工作负责人(监护人)、现场安全员、工作许可人(值班负责人)的安全责任，应按电力部门《电业安全工作规程》(GB 26164.1—2010)工作票制度的有关规定执行。工作票签发人向泵站主管部门报批，工作负责人(监护人)、现场安全员、工作许可人(值班负责人)由泵站负责人批准。

5. 根据泵站设备状况制定反事故预案，运行、管理人员应熟练掌握。

6. 根据泵站工程特点制定防洪预案，泵站工程所在的堤防地段，应按防汛的有关规定做好防汛抢险技术和物料准备。

11.4.2 工程保护

11.4.2.1 环境保护

1. 刘老涧泵站依据国家环境保护法和泵站所在地的有关环境保护条例，制定泵站环境保护制度。

2. 泵站运行和维修中产生的废油、有毒化学品等应按有关规定处理。泵站的废油，对于可通过简单净化处理达到油质要求的，通过净化处理并经油质化验合格后使用；对于通过净化处理仍然达不到油质要求的，统一回收处理。泵站维修中产生的有毒化学品按有毒化学品的处理规定进行统一回收处理，不随意倾倒，不直接排入泵站进出水池，也不和普通垃圾混合。

3. 及时清理拦污栅前的污物，并在专用场地统一堆放或运至垃圾回收中心处理。

4. 绿化、美化站区环境，采取必要的措施防止水土流失。

5. 做好泵房及站区的环境卫生工作。

11.4.2.2 工程设施保护

1. 工程安全管理落实到人，刘老涧泵站管理所所长与副所长、安全员、技术人员、班组长、运行管理人员签订安全责任书，制定安全责任目标，明确安全工作任务，定期对上述人员进行安全责任制考核。

2. 加强设备设施安全管理

(1) 按规定进行安全鉴定，评价安全状况，评定安全等级，并建立安全技术档案；其他工程设施工作状态正常，在一定控制运用条件下能实现安全运行。

(2) 严禁在本工程管理范围内进行爆破、取土、倾倒垃圾或排放有毒有害污染物等危害工程安全的活动。

(3) 加强建筑物的管理，混凝土建筑物表面整洁，无塌陷、变形、脱壳、剥落、露筋、裂缝、破损、冻融破坏等缺陷;伸缩缝填料无流失;附属设施完整;各主要监测量的变化符合有关规定。厂房外观整洁,结构完整,稳定可靠,满足抗震及消防要求,无裂缝、漏水、沉陷等缺陷;梁、板等主要构件及门窗、排水等附件完好;通风、防潮、防水满足安全运行要求;避雷设施及各类报警装置应定期检查维修,确保完好、可靠;边坡稳定,并有完好的监测手段。

(4) 金属结构、电气设备、辅助设备、自动化操控系统等运行正常,相关的检查记录齐全,不存在缺陷,操作票、工作票管理和使用符合规定等。

3. 妥善保护机电设备和水文、通信、观测等设施,防止人为毁坏;非本工程管理人员不得擅自进入主厂房、主变室等重要场所;外来参观人员,必须经批准后,由专人带领参观。

4. 严格按照操作规程操作,并配备必要的安全设施。安全标记齐全,电气设备周围有安全警戒线,易燃、易爆、有毒物品的运输、贮存、使用按有关规定执行。主副厂房、站变室、开关室、控制室、仓库等重要场所配备灭火器具。

5. 工程管理和保护范围内无法律、法规规定的禁止性行为;水法规等标语、标牌设置符合规定,在授权范围内对工程管理设施及水环境进行有效管理和保护。

6. 按照规定和现场的安全风险特点,在有重大危险源、较大危险因素和职业危害因素的工作场所,设置明显的安全警示标志和职业病危害警示标志,告知危险的种类、后果及应急措施等;在危险作业场所设置警戒区、安全隔离设施。定期对警示标志进行检查维护,确保其完好有效并做好记录。

7. 做好安全标准化绩效评定工作。

11.4.3 安全生产

1. 明确安全生产管理机构,配备专(兼)职安全生产管理人员,建立、健全安全管理网络和安全生产责任制。从事泵站运行和检修的人员应熟悉《电业安全工作规程》。

2. 加强安全生产宣教培训,提高从业人员安全技能,特种作业人员必须持证上岗。

(1) 制定安全教育培训制度,定期识别安全教育培训需求,编制年度培训计划并实施,对培训效果进行评价,建立教育培训记录、档案。

(2) 单位主要负责人、安全生产管理人员初次安全培训时间不得少于32学时,每年再培训时间不得少于12学时,一般在岗作业人员每年安全生产教育和培训时间不得少于12学时,新进员工的三级安全培训教育时间不得少于24学时。

(3) 围绕"安全生产月"活动主题,创新活动组织形式,开展安全文化建设活动。

(4) 按照《生产经营单位生产安全事故应急预案编制导则》(GB/T 29639—2020)建立健全安全生产预案体系(综合应急预案、专项应急预案、现场处置方案等),预案由单位主要负责人签署后公布、实施,并报骆运水利工程管理处备案,同时通报有关应急协作单位。

(5) 根据应急预案,结合工作场所和岗位特点编制应急处置卡。

(6) 预案一般每3年修订1次,如工程管理条件发生变化应及时修订完善。修订后预案应正式印发并组织培训。

(7) 综合应急预案或专项应急预案每年组织1次演练,现场处置方案每半年组织1

次演练,有演练记录。

3. 参照《水利水电工程(水电站、泵站)运行危险源辨识与风险评价导则(试行)》,开展危险源辨识和风险等级评价,设置风险告知牌,管控安全风险,消除事故隐患。

4. 不论高压设备带电与否,值班人员不得单独移开或越过遮栏进行工作,若有必要移开遮栏时,必须有监护人在场,并与高压设备保持一定的安全距离。

5. 雷雨天气需要巡视室外高压设备时,穿绝缘靴,并不得靠近避雷器和避雷针。

6. 高压设备发生接地时,室内不得接近故障点 4 m 以内,室外不得接近故障点 8 m 以内。进入上述范围人员必须穿绝缘靴,接触设备外壳和架构时,戴绝缘手套。

7. 室内电气设备、电力和通信线路有防火、防鸟、防鼠等措施,并应经常巡视检查。巡视配电装置,进出高压开关室,必须随手将门锁好。

8. 泵站高压设备的运行操作执行操作票制度,严格按操作票操作顺序逐项进行。

9. 电气设备运行操作必须由两人执行,其中一人对设备较为熟悉者作监护。特别重要和复杂的操作,由熟练的值班员操作,值班长监护。

10. 操作中发生疑问时,立即停止操作并向值班负责人报告,弄清问题后,再进行操作,不准擅自更改操作票,不准随意解除闭锁装置。

11. 为防止误操作,高压电气设备加装防误操作的闭锁装置(特殊情况下可加装机械锁),闭锁装置的解锁用具应妥善保管,按规定使用。

12. 电气设备停电后,即使是事故停电,在未拉开有关隔离开关(刀闸)和做好安全措施以前,不得触及设备或进入遮栏,以防突然来电。

13. 在发生人身触电事故时,为了解救触电人,可以不经许可,即行断开有关设备的电源,但事后必须报告工管科。

14. 下列各项工作可以不用操作票,但操作记入操作记录簿内。

(1) 事故处理。

(2) 拉合断路器(开关)的单一操作。

(3) 拉开接地隔离开关(刀闸)或拆除全所仅有的一组接地线。

15. 在保护盘上或附近进行打眼等振动较大的工作时,采用防止运行中保护误动的措施,必要时经泵站负责人或技术负责人同意,将保护暂时停用。

16. 电气绝缘工具在专用房间存放,由专人管理,并按规定进行试验。

17. 所有电流互感器和电压互感器的二次绕组有永久性的、可靠的保护接地。

11.4.4 应急措施

1. 管理所根据"安全第一,预防为主,综合治理"的原则,做好下列预防工作。

(1) 按照《生产经营单位生产安全事故应急预案编制导则》(GB/T 29639—2020)建立健全安全生产预案体系。

(2) 结合工程情况建立并定期修订防汛抗旱应急预案、防台风应急预案、泵站运行事故应急预案,预案在每年 4 月 10 日前编制或修订完成并报管理处批准后印发并组织培训。

(3) 工程管理条件发生变化时及时修订完善预案。

(4) 成立防洪抢险和反事故领导小组,完善应急救援组织机构。

（5）建立健全各种岗位责任制及反事故工作制度，明确责任。

（6）防汛抗旱应急预案、防台风应急预案、泵站运行事故应急预案每年至少组织1次演练，现场处置方案每半年至少组织1次演练，有演练方案、评价、总结等。

（7）完善各种抢险救灾手段，做好通信、交通、医疗救护、宣传、后勤保障等工作。

（8）发生事故后管理所迅速启动应急预案，采取有效措施，组织抢救，防止事故扩大，并按有关规定及时向管理处汇报，配合做好事故的调查及处理工作。

2. 按照《防汛物资储备定额编制规程》（SL 298—2004）相关规定测算防汛物资品种及数量，现场储备必要的应急物资、抢险器械和备品备件，落实大宗物资储备及调运方案。

3. 在突然发生机电设备（设施）故障、建筑物险情时，管理所立即按照反事故预案，采取应急抢险措施，组织抢救，防止事故扩大，并按有关规定及时向管理处汇报，配合做好事故的调查及处理工作。

4. 在发生人身触电事故时，为了解救触电人，运行人员可以不经许可，即行断开有关设备的电源，事后必须报告上级。

5. 当出现事故紧急停机后，运行人员应立即报告刘老涧闸站管理所（下文简称管理所）负责人，保护现场，并做好与正常运行区的安全隔离。

6. 根据现场情况，如调度命令直接威胁人身和设备安全时，值班人员可拒绝执行，同时向主管部门报告。

7. 泵站工程事故发生后应按下列规定处理：

（1）工程设施和机电设备发生一般事故，管理所查明原因并及时处理；

（2）工程设施和机电设备发生重大事故，管理所及时报告管理处，并协同调查、处理。

11.4.5 安全鉴定

1. 大型泵站投入运行25年及以上，或主水泵、主电动机及主要的机电设备状态恶化，建筑物发生较大病情、险情，或泵站遭遇超标准设计运用、强烈地震或运行中发生建筑物和机电设备重大事故，申请进行全面安全鉴定或专项安全鉴定。全面安全鉴定包括建筑物、机电设备、金属结构等；专项安全鉴定为全面安全鉴定中的一项或多项。安全鉴定工作应按照《泵站安全鉴定规程》（SL 316—2015）规定的程序进行。

2. 大型泵站有下列情况之一的，应进行全面安全鉴定：

（1）建成投入运行达到25年；

（2）全面更新改造后投入运行达到20年；

（3）本条1款或2款规定的时间之后运行达到10年。

3. 泵站出现下列情况之一的，应进行全面安全鉴定或专项安全鉴定：

（1）拟列入更新改造计划；

（2）需要扩建增容；

（3）建筑物发生较大险情；

（4）主机组及其他主要设备状态恶化；

（5）规划的水情、工情发生较大变化，影响安全运行；

（6）遭遇超设计标准的洪水、地震等严重自然灾害；

(7) 按《灌排泵站机电设备报废标准》(SL 510—2011)的规定,设备需报废的;

(8) 有其他需要的。

4. 泵站安全鉴定具体内容包括现状调查、安全检测、安全复核等。根据安全复核结果进行研究分析,作出综合评估,确定泵站工程安全类别,编制泵站安全评价报告,并提出加强工程管理、改善运用方式、进行技术改造、加固补强、设备更新或降等使用、报废重建等建议。

5. 管理所组织开展泵站现状调查分析,委托具有相应资质的单位进行泵站安全检测和复核计算分析,编制《安全鉴定报告成果汇编》并上报水利厅组织开展安全鉴定成果审查会。水利厅组织成立安全鉴定专家组,审查现状调查、安全检测和工程复核计算分析报告,进行安全分析评价,评定泵站工程和机电设备安全类别,提出泵站安全鉴定结论。

6. 经安全鉴定为二类泵站的,管理所编制维修方案报管理处批准,必要时进行大修,经安全鉴定为三类泵站的,管理所及时组织编制除险加固计划,报水利厅批准。

7. 刘老涧泵站于1996年建站,2015年经安全鉴定为三类工程,2019年省发改委批复,对刘老涧泵站进行加固改造工程,改造工程2020年底基本完工,2022年7月通过项目法人组织的单位工程暨合同完工验收,计划2023年6月完成竣工验收。管理所将根据《泵站安全鉴定规程》(SL 316—2015)相关规定开展安全鉴定工作。

11.5 技术档案管理

11.5.1 一般规定

1. 管理所建立档案管理制度,安排掌握档案管理知识、经培训取得上岗资格的专职档案管理人员管理档案,负责档案的收集、整理、归档工作,确保档案的完整、准确、系统、真实、安全。

2. 技术档案的管理应符合国家档案管理的规范,并按要求进行档案的整理、排序、装订、编目、编号、归档,确定保管期限。按规定进行档案借阅管理和档案的鉴定销毁工作。

3. 管理所的技术档案放置于档案室。档案管理设施应齐全、清洁、完好,按档案保管要求采取防盗、防火、防潮、防尘、防有害生物等措施。积极开展档案管理达标、创星、复核工作。

11.5.2 档案收集

工程技术文件分为工程建设(包括工程兴建、扩建、加固、改造)技术文件和工程管理技术文件(包括运行管理、观测检查、维修养护等)。

11.5.2.1 收集要求

工程建设技术文件,是指工程建设项目在立项审批、招投标、勘察、设计、施工、监理及竣工验收全过程中形成的文字、图表、声像等以纸质、磁介、光介等载体形式存在的全部文件。按《江苏省水利厅基本建设项目(工程)档案资料管理规定》(苏水办〔2003〕1号附件2)的要求,从立项开始随工程进程同步进行收集整理。建设单位在工程竣工验收后

3个月内,向管理所移交整个工程建设过程中形成的工程建设技术文件。

工程管理技术文件,是指在工程建成后的工程运行、工程维修、工程管理全过程中形成的全部文件,按照《江苏省水利科学技术档案管理办法》(苏水办〔2011〕33号)规定,主要包括:工程管理必须的规程、规范,工程基本数据、工程运行统计、工程大事记等基本情况资料,设备随机资料、设备登记卡、设备普查资料、设备评级资料等基本资料,设备大修资料、设备维修养护资料、设备修试卡、设备试验资料等维护资料,工程运用资料,工程维修资料,工程检查资料,工程观测资料,以及工程管理相关资料:防洪、抗旱方面的文件、消防资料、水政资料、科技教育资料等。

11.5.2.2 收集内容

工程管理技术文件资料按要求与工程检查、运行、维修养护等同步收集。收集内容主要有:

1. 工程基本情况登记资料:根据规划设计文件、工程实际情况、运行管理情况及大修加固情况编制,包括工程平面、剖面、立面示意图,工程基本情况登记表,工程垂直位移标点布置图、上下游引河断面位置图及标准断面图等。

2. 设备基本资料:其中设备登记卡、设备评级资料、消防资料按相应的填写要求执行。

3. 设备维修资料:

(1) 设备修试卡内容应包括检修原因、检修部位、检修内容、更换零部件情况、检修结论、试验项目、试验数据、试运行情况、存在问题等。

(2) 设备大修资料包括设备大修实施计划,大修开工报告,设备解体记录及设备原始数据检测记录,设备大修记录,设备安装记录及安装数据,设备大修使用的人工、材料、机械记录,设备大修验收卡,设备大修总结。

(3) 设备大修总结主要包括设备大修中发现和消除的重大缺陷及采取的主要措施,检修中采用的新技术、新材料情况,设备的重要改进措施与效果,检修后尚存在的主要问题及应对措施,检修后的设备评估,主要试验结果、分析以及结论等。

4. 工程运用资料:包括泵站运行记录、操作票、工作票、巡视检查记录、工程运用运行统计等。填写用黑色水笔,内容要求真实、清晰,不得涂改原始数据,不得漏填,签名栏内有相应人员的本人签字。

5. 工程维修资料:包括岁修、防汛急办、工程维修养护等项目的资料,具体内容应执行《江苏省省级水利工程维修养护项目管理办法》(苏水管〔2015〕45号)。

6. 检查观测分检查、观测两部分,检查包括工程定期检查(汛前、汛后检查)、水下检查、特别检查、安全检测,观测包括垂直位移观测、引河河床变形测量等。检查有原始记录(内容包括检查项目、检测数据等),检查报告要求完整、详细,能明确反映工程状况;观测原始记录要求真实、完整,无不符合要求的涂改,观测报表及整编资料确保正确,并对观测结果进行分析。

11.5.3 档案整理归档

工程技术文件整理应按项目整理,要求材料完整、准确、系统,字迹清楚、图面整洁、签字手续完备,图片、照片等应附相关情况说明。

11.5.3.1 组卷要求

1. 组卷遵循项目文件的形成规律和成套性特点,保持卷内文件的有机联系;分类科学,组卷合理;法律性文件手续齐备,符合档案管理要求。

2. 工程建设项目按《江苏省水利厅基本建设项目(工程)档案资料管理规定》的要求组卷,施工文件按单项工程或装置、阶段、结构、专业组卷;设备文件按专业、台件等组卷;管理性文件按问题、时间或依据性、基础性、项目竣工验收文件组卷;设计变更文件、工程联系单、监理文件按文种组卷,原材料试验按单项工程组卷。

3. 工程管理按类别、年份、项目分别组卷,卷内文件按时间、重要性、工程部位、设施、设备排列。一般文字在前,图样在后;译文在前,原文在后;正件在前,附件在后;印件在前,定稿在后。

4. 案卷及卷内文件不重份,同一卷内有不同保管期限的文件,该卷保管期限按最长的确定。

5. 工程技术文件的分类及档号

(1) 工程技术文件分类:一级类目分为 01 工程档案,02 技术档案;

(2) 工程技术档案的档号编写:工程代号.一级类目.二级类目.…….序号。

档号应从工程代号开始编写。管理所根据工程档案情况增设三级类目,但档号层次不宜过多;根据工程档案情况进行增加一级类目、二级类目的内容。

11.5.3.2 案卷编目

1. 案卷页号,有书写内容的页面均编写页号;单面书写的文件页号编写在右上角;双面书写的文件,正面编写在右上角,背面编写在左上角;图纸的页号编写在右上角或标题栏外左上方;成套图纸或印刷成册的文件,不必重新编写页号;各卷之间不连续编页号。卷内目录、卷内备考表不编写目录。

2. 卷内目录,由序号、文件编号、责任者、文件材料题名、日期、页号和备注等组成。

3. 卷内备考表是对案卷的备注说明,用于注明卷内文件和立卷状况,其中包括卷内文件的件数、页数,不同载体文件的数量。组卷情况,如立卷人、检查人、立卷时间等;反映同一内容而形式不同且另行保管的文件档号的互见号。卷内备考表排列在卷内文件之后。

4. 案卷封面主要内容有:案卷题名、立卷单位、起止日期、保管期限、密级、档案号等;案卷脊背填写保管期限、档案号和案卷题名或关键词;保管期限可采用统一要求的色标,红色代表永久,黄色代表长期,蓝色代表短期。

5. 需移送上级单位的档案,案卷封面及脊背的档案号暂用铅笔填写;移交后由接收单位统一正式填写。

11.5.3.3 案卷装订

1. 文字材料可采用整卷装订与单份文件装订两种形式,图纸可不装订。但同一项目所采用的装订形式应一致。文字材料卷幅面应采用 A4 型(297 mm×210 mm)纸,图纸应折叠成 A4 大小,折叠时标题栏露在右下角。原件不符合文件存档质量要求的可进行复印,装订时复印件在前,原件在后。

2. 案卷内不应有金属物。采用棉线装订,不得使用铁质订书钉装订。装订前去除原文件中的铁质订书钉。

3. 单份文件装订、图纸不装订时,应在卷内文件首页、每张图纸上方加盖档号章并填写相关内容。档号章内容有:档号、序号。

4. 卷皮、卷内表格规格及制成材料需符合规范规定。

11.5.3.4　档案目录及检索

1. 档案整理装订后,按要求编制案卷目录、全引目录。案卷目录内容有案卷号、案卷题名、起止日期、卷内文件张数、保管期限等。全引目录内容有案卷号、目录号、保管期限、案卷题名及卷内目录内容。

2. 案卷号:分档案室编和档案馆编,工程单位编写的案卷号填写在"档案室编"栏内。

3. 案卷题名:填写案卷封面上编写的题名。

4. 起止日期:填写案卷内文件的起止日期,以起始日期最早的卷内文件起始日期为案卷起始日期,以终止日期最晚的卷内文件终止日期为案卷终止日期。

5. 卷内文件张数:卷内文件有书写内容的页面即编写页号的,均应统计张数;卷内文件张数不含卷内目录和卷内备考表。

6. 保管期限:以卷内文件保管期限最长的保管期限作为案卷保管期限。

11.5.3.5　归档要求

1. 管理所每年年底至第二年1月将当年的工程技术资料档案进行整理、装订、归档。

2. 工程运行资料每年年底由管理所对一年的运行情况进行统计填表,由管理所存档。

3. 工程大事记按要求每年年底进行汇总整编,由管理所存档。

4. 工程观测资料按要求每年年底在管理处进行整编,整编后管理所应及时将观测报表归档;次年年初参加过省厅组织的全省水闸泵站观测资料整编后,应及时将观测资料、成果归档。

5. 工程检查资料按要求在汛前汛后检查之后及时整理装订。

6. 工程维修养护资料在每项目工程竣工验收后,进行整理、装订存档。

7. 工程基本建设档案由工程建设管理单位相应的负责人进行审查。审查内容主要包括:档案完整与否,是否缺项、漏项;档案内容是否正确;签字、盖章手续是否完备;档案编目是否齐全;等等。

8. 每年年底考评时检查管理所工程资料归档情况,管理处汛前检查时,同时进行工程资料档案管理的检查。

11.5.4　档案验收移交

11.5.4.1　档案验收

水利基建项目档案的验收在工程竣工验收之前按《江苏省水利厅基本建设项目(工

程)档案资料管理规定》的要求执行。

1. 工程基本资料、设备基本资料在工程兴建、加固、改造等通过工程竣工验收,由管理单位接收管理后进行整理,并填写相应的表格。整理完成后,由所长进行审查,待达到资料验收要求后,由管理处相关科室参加验收。只要工程、设备或填写的表格没有新的变化,就不需再进行年验收。

2. 设备维修资料、试验资料、工程检查资料验收,由所长(或技术负责人)进行审查,保证资料达到验收要求,每年年底由有关科室参加验收。

3. 工程维修养护资料在每个项目工程竣工时,由管理所进行整理装订。在竣工验收前将资料交管理处相关科室检查验收,对工程资料达不到验收要求的须限期整改,直至整改合格,方可进行工程竣工验收。凡工程资料不合格者,工程一律不得验收。

工程竣工验收后,管理所及时将工程资料归档。每年年底由相关科室参加对当年所有工程维修养护资料及存档情况进行全面验收。

4. 工程运用资料每月由所长(或技术负责人)进行审查、验收。

5. 工程观测资料每年年底进行资料整编,整编后及时存档,由相关科室进行验收。

6. 防洪、抗旱、消防、水政、科技教育及其他资料及时存档,每年年底由所长(或技术负责人)进行验收。

7. 所有工程技术档案年终检查验收后及时按要求归档。

11.5.4.2　档案移交

1. 建设项目档案由建设单位负责进行或组织对全部归档项目档案按《江苏省水利厅基本建设项目(工程)档案资料管理规定》的要求汇总整理,在经过档案验收和工程验收后,由建设单位按规定分别向主管部门和管理所移交。

2. 技术档案在年终工程资料整编后向档案室移交。由档案管理员根据其编目要求进行整理、装订、存。归档工程资料主要有:本工程的操作规程、管理制度等,基本建设项目文件,工程基本资料,设备基本资料、设备评级资料,设备试验报告,运行记录统计,工程维修养护资料,检查观测资料,防洪、抗旱资料,教育培训资料等。

3. 工程技术档案需向处综合档案室移交的,及时办理移交手续,由处综合档案室根据其编目要求进行整理、装订、存档。

管理所向处综合档案室移交档案的基本要求如下。

(1) 移交的档案包括基本建设项目文件、工程维修养护资料、水利科技项目等。

(2) 档案交接时交接单位应填写好档案交接文据。填写方法如下。

① 单位名称应填写全称或规范化通用简称,禁用曾用名称。

② 交接性质栏应填写为"移交"。

③ 档案所属年度栏应由档案移出单位据实填入所交各类档案形成的最早和最晚时间。

④ 档案类别栏按档案的不同门类、不同载体及档案与资料区分类别,一类一款顺序填入。

⑤ 档案数量一般应以卷为计量单位,声像档案可用张、盘为计量单位。

⑥ 检索及参考工具种类栏应填入按规定随档案一同移交的有关材料,并随档案移交

案卷卷内目录和卷内目录的电子文档、资料目录、档案资料清单。

⑦ 移出说明由移出单位填写。填写内容包括档案有无损坏、虫蛀鼠咬、纸张变质、字迹模糊等情况。档案被利用时需说明限制使用和禁止使用的范围、内容,以及其他需要说明的事项。

⑧ 接收意见栏应由收进单位填写,应填入交接过程及验收意见,主要包括交接过程中有无需要记录的事项,移出方填写的各栏是否属实,对所接档案做出的评价。

⑨ 移出单位、接收单位领导人一栏应由单位负责人签名。经办人一栏应由对档案交接负有直接责任的人员签名。移出和收进日期应当相同。表格填写完毕后,应加盖单位印章。

11.5.5 档案保管

11.5.5.1 档案室要求

1. 档案室要求档案库房、阅档室分开。配备专用电脑,实行电子化、信息化管理。档案室建立健全档案管理制度,档案管理制度上墙。

2. 档案库房,配备温湿度计,安装空调设备,以控制室内的温度(14~24℃为宜,日温度变化宜不超过±2℃)、湿度(相对湿度控制在45%~60%)。室内温湿度宜定时测记,一般每天一次,并根据温湿度变化进行控制调节。

3. 档案柜架与墙壁保持一定距离(一般柜背与墙不小于10 cm,柜侧间距不小于60 cm),成行地垂直于有窗的墙面摆设,便于通风降湿。

4. 新建房屋竣工后,经6~12个月干燥方可作为档案室,将档案入库。

5. 档案库房不宜采用自然光源,有外窗时应有窗帘等遮阳措施。档案库房人工照明光源选用白炽灯或白炽灯型节能灯,并罩以乳白色灯罩。

6. 档案库房配备适合档案用的消防器材,定期检查电气线路,严禁明火装置和使用电炉及存放易燃易爆物品。

11.5.5.2 档案保管要求

1. 档案保管要求防霉、防蛀,定期进行虫霉检查,发现虫霉及时处理。档案柜中放置档案用除虫驱虫药剂(樟脑),并定期检查药剂(樟脑)消耗情况,及时补充更换,以保持驱虫效果。

档案室选择干燥天气打开档案柜进行通风,定期进行档案除尘,以防止霉菌滋生。

2. 档案室建立健全档案借阅制度,设置专门的借阅登记簿。一般工程单位的档案不对外借阅,本单位工作人员借阅时履行借阅手续。借阅时间一般不超过十天,若需逾期借阅,办理续借手续。档案管理者有责任督促借阅者及时归还借阅的档案资料。

3. 档案室及库房不放置其他与档案无关的杂物。档案室及库房钥匙由档案管理者保管。其他人员未经许可不得进入档案库房。需借阅档案资料时,由档案管理者(或在档案管理者陪同下)查找档案资料,借阅者不得自行查找档案资料。

4. 管理所每年年终进行工程档案管理情况的检查,当年的资料全部归档,编目;外借的资料全部收回,对需要续借的应在管理处年终检查后,办理续借手续。对查出的问题根据档案管理要求进行整改。

5. 过了保管期的档案应当鉴定是否需要继续保存。若需保存应当重新确定保管期限;若不需保存可列为待销毁档案。

6. 对已更换不用的旧设备的资料,以及工程更新改造后,管理所已不使用的工程技术资料,档案室可将其列入待销毁档案,经鉴定后集中销毁。

第十二章

经济效益评价

12.1 经济指标

泵站工程是为农业和国民经济各部门服务的综合性水利工程,为了提高泵站科学管理水平,充分发挥泵站经济效益,《泵站技术管理规程》(GB/T 30948—2021)规定,泵站管理单位必须按照八项技术经济指标进行考核。

12.1.1 建筑物完好率

建筑物完好率是指泵站管理单位所辖工程中,完好的建筑物数与建筑物总数之比的百分数。刘老涧泵站建筑物完好率达100%。

12.1.2 设备完好率

设备完好率是指泵站机组的完好台套数与总台套数之比的百分数,刘老涧泵站的设备完好率达100%。

12.1.3 泵站效率

泵站效率是泵站输出功率与泵站输入功率之比的百分数,即电动机、水泵、传动装置、管路、进出水(流道)池等项效率的乘积。对于水泵选型配套及管路设计比较合理的泵站,水泵最高效率对应的工作点与泵站最高效率对应的工作点偏离很小。此时,按水泵最高效率的方式运行可以获得较高的泵站效率。但对于水泵选型和管路设计不合理的泵站,水泵效率高时,管路效率、电动机效率及进出水(流道)池效率不一定最高,必须考虑整个泵站的效率,才能达到能源消耗低、运行费用较低的目的。

刘老涧泵站的泵站效率 η 可达 67.53%,符合规程规定。

12.1.4 能源单耗

能源单耗是水泵每提水1 000 t,提升高度为1 m所消耗的能量(燃油或电能,刘老涧泵站所消耗的能量为电能),单位为 kW·h/(kt·m)。

能源单耗按照式(12-1)计算。

$$e = \frac{\sum E_i}{3.6\rho \sum Q_{zi} H_{jzi} t_i} \tag{12-1}$$

式中：e—能源单耗，即水泵每提水 1 000 t，提升高度为 1 m 所消耗的能量[kg/(kt·m)(燃油)或 kW·h/(kt·m)(电能)，刘老涧泵站所消耗的能量为电能]；

E_i—泵站第 i 时段消耗的总能量[kW·h(电能)或 kg(燃油)]；

Q_{zi}—泵站第 i 时段运行时的总流量(m^3/s)；

H_{jzi}—第 i 时段的平均净扬程(m)；

t_i—第 i 时段的运行历时(h)。

刘老涧泵站能源单耗 $e=4.53$ kW·h/(kt·m)，符合规程规定。

12.1.5 供排水成本

供排水成本包括能源费、工资、管理费、维修费、固定资产折旧费、大修理费等。供排水成本一般有三种计算方法：一是按单位面积计算[式(12-2)]，二是按单位水量计算[式(12-3)]，三是按单位质量、单位高度计算[式(12-4)]。

$$U = \frac{f\sum E + \sum C}{\sum A} \tag{12-2}$$

$$U = \frac{f\sum E + \sum C}{\sum V} \tag{12-3}$$

$$U = \frac{1\,000(f\sum E + \sum C)}{\sum G H_{jz}} \tag{12-4}$$

上述公式中：

U—供排水成本，元/(hm^2·次)、元/m^3 或元/(kt·m)；

f—电单价[元/(kW·h)]；或燃油单价(元/kg)；刘老涧泵站消耗的能量为电能；

$\sum E$—供、排水作业消耗的总电量(kW·h)或燃油量(kg)；

$\sum C$—除电费或燃油费以外的其他总费用，如工资、管理费、维修费、固定资产折旧费、大修理费等(元)；

$\sum A$—供排水的实际受益面积(hm^2)；

$\sum V$—供排水的总提水量(m^3)；

$\sum G$—供排水的总提水量(t)；

H_{jz}—供排水作业期间的泵站平均扬程(m)。

从式中可知，$\sum A, \sum V, \sum GH_{bz}$ 值越小，$f\sum E + \sum C$ 值越大，供排水成本就越高。降低供排水成本，主要是做好泵站的机电设备、工程设施、供水排水、财务等管理工作。刘老涧泵站为纯公益泵站，灌排成本与同区同类型泵站相比属于偏小水平。

12.1.6　安全运行率

安全运行率是机组安全运行台时数与包括因设备和工程事故造成机组停机在内的总台时数之比的百分数，它是检查泵站设备和工程安全运行的主要指标。刘老涧泵站安全运行率为100%。

12.1.7　财务收支平衡率

财务收支平衡率是泵站年度内财务收入与运行支出费用的比值。泵站财务收入包括国家财政补贴、地方财政补贴、水费、综合经营收入等；运行支出费用包括电费、油费、维修保养费、职工工资福利费等等。刘老涧泵站财务收支平衡率指标 K_{cw} 不低于 1.0。

12.2　经济运行

在安全可靠地完成供水排水任务的前提下，通过对供水排水区域内所辖工程设施的科学调度和联合运用，使泵站在最经济的工况下运行，称为泵站工程的经济运行。与此相应的运行方式，称为经济运行方式或最优运行方式。

12.2.1　最优运行准则

泵站工程经济运行是用系统分析方法对泵站工程和供排区，以及有关的水利设施进行综合性的分析比较，通过建立系统的数学模型，用最优化技术求得最优解。

泵站最优运行方式服从于一定的最优准则，最优准则是建立目标函数方程的依据。

泵站最优准则有下列几种：

(1) 以泵站效率最高为准则。
(2) 以泵站耗能最少为准则。
(3) 以泵站运行费用最低为准则。
(4) 以泵站最大流量为准则。

12.2.2　泵站优化调度

刘老涧泵站经济运行涉及面较宽，影响因素也较复杂。泵站工程优化调度和经济运行的主要内容包括两个方面：

(1) 刘老涧泵站的单泵站运行调度，包括泵站内机组的开机顺序、台数及其运行工况的调节，泵站运行与供水排水计划的调配；

(2) 刘老涧泵站与南水北调东线泵站群的运行调度，包括刘老涧泵站与刘老涧二站及其他梯级泵站的联合运用调度；刘老涧泵站与其所在流域实现供水排水计划的运行调度；刘老涧泵站与流域（区域）内其他水利设施如涵闸的运行调度。

12.2.3 水泵工况点调节

在选择和使用水泵时,如果水泵的运行工况点不在高效区,或水泵的扬程、流量等不符合实际需要,可采用改变水泵性能、管路特性或改变其中一项的方法来调节水泵工况点,使之符合实际需要,这种方法称为水泵工况点的调节。常用的调节水泵工况点的方法有变径调节、变速调节、变角调节、变压调节和节流调节等。

改变叶片角度的方法来改变水泵的性能,达到调节水泵工况的目的,这种调节方法称为变角调节。该方法适用于叶片可调节的轴流泵和混流泵。

下面以轴流泵为例,说明变角调节的工作原理。改变叶片角度后,轴流泵性能曲线是按一定的规律向一个方向移动的。图 12.1 为轴流泵在叶片角度不同时的性能曲线。在转速不变的情况下,随着安装角度的增加,Q-H 和 Q-N 曲线向右上方移动,Q-η 曲线几乎不变地向右移动。但是,一般轴流泵的性能曲线不采用这种形式,而是把 Q-η 曲线和 Q-N 曲线换算成数据相等的几条等效率曲线和等轴功率曲线,加绘在 Q-H 曲线上,称为轴流泵的通用性能曲线,如图 12.2 所示。

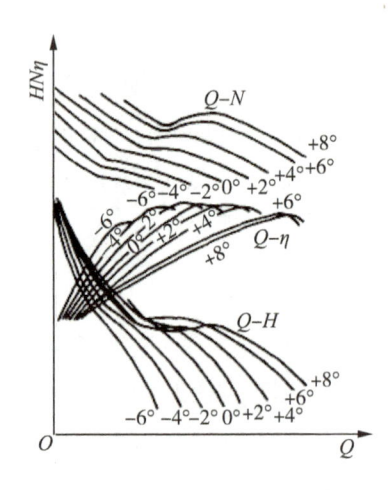

图 12.1 轴流泵变角后的性能曲线示意图

如果叶片安装角为 0°,由图 12.2 可知,在设计净扬程 $H_{净设}$ 情况下运行时,工况点的流量值 Q=570 L/s,轴功率 N=48 kW,效率 η>81%;在最高净扬程 $H_{净高}$ 情况下运行时,工况点的流量值 Q=463 L/s,轴功率 N=57 kW,效率 η=73%,轴功率大,电动机可能超载运行,且效率较低;在最低净扬程 $H_{净低}$ 情况下运行时,工况点的流量值 Q=663 L/s,轴功率 N=38.5 kW,效率 η>81%,轴功率小,电动机负荷不足。

如果在 $H_{净高}$ 时,把叶片安装角度调小到 −2°时,工况点的流量 Q=425L/S,轴功率 N=51.7 kW,效率 η=73%,这时的流量略有减少,但电动机功率减小,克服了超载运行的危险;在 $H_{净低}$ 时,把叶片安装角度调大到 +4°时,工况点的流量 Q=758 L/s,轴功率 N=45 kW,效率 η=81%,运行时的效率较高,流量增加,电动机满载运行。

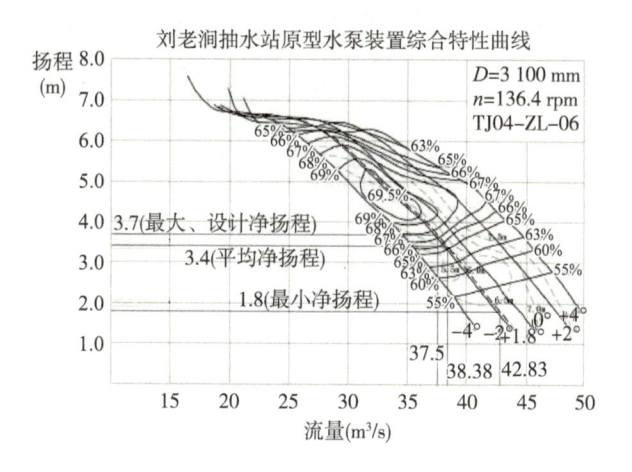

图 12.2 轴流泵通用性能曲线

由此可见,对叶片可调节的轴流泵或混流泵,可以随着净扬程的变化调节叶片角度。当净扬程较小时,把叶片角度调大,在保持较高效率的情况下,增大其出水量,使电动机满载运行;当净扬程较大时,把叶片角度调小,适当减少其出水量,使电动机不致超载运行。因此,采用变角调节不仅可使水泵以较高的效率抽取较多的水,还使电动机长期保持或接近满载运行,从而提高电动机的效率和电动机的功率因数。刘老涧泵站采用变角调节方式。

12.2.4 经济运行分析

机组运行费用是泵站机组管理的重要标准之一。泵站的经济运行可从单级泵站和梯级泵站角度开展。

12.2.4.1 单级泵站经济运行

灌排泵站运行耗电量较大,其优化运行常以泵站单位水量耗电量最少为优化准则,且不考虑时间因素,则目标函数表达式为

$$\min f = \frac{\rho g\, H_{st} \sum_{i=1}^{n} \dfrac{Q_i}{\eta_{si}}}{3\,600 \sum_{i=1}^{n} Q_i} \tag{12-5}$$

式中：Q_i——第 i 台泵的流量(m^3/s)；

H_{st}——第 i 台泵的站扬程(m)；

η_{si}——第 i 台泵的站效率；

N——开机台数。

约束条件如下。

(1) 单泵流量约束

为保证水泵机组在安全运行范围内运行,需对水泵流量进行限制。当水泵机组停机

时，流量为 0；开机时，流量应满足限制条件。综合考虑单泵的流量约束为

$$Q_i = 0 \quad 或 \quad Q_{i,\min} \leqslant Q_i \leqslant Q_{i,\max} \tag{12-6}$$

（2）泵站总流量约束

泵站提水总流量应与需要流量 Q_C 相匹配，即

$$\sum_{i=1}^{n} Q_i \geqslant Q_C \tag{12-7}$$

（3）叶片角度约束

$$\theta_{i,\min} \leqslant \theta_i \leqslant \theta_{i,\max} \tag{12-8}$$

（4）开机台数约束

$$0 < n \leqslant n_{\max} \tag{12-9}$$

刘老涧泵站采用叶片可调式轴流泵机组，调节叶片角度，可使轴流泵在最优工况下运行。针对每台轴流泵，将叶片角度可调范围按一定间隔进行离散，计算出各个角度离散点对应的水泵运行工况，如流量、效率等，计算出能源单耗值。根据泵站单位水量耗电量最小的原则，可利用遗传算法、粒子群算法、背包模型等动态规划方法求取最优策略，从而得到在一定扬程及流量条件下，水泵机组的开停机及叶片调节方案。

12.2.4.2 水资源优化调度

水资源优化调度采用系统分析方法及最优化技术，研究有关水资源配置系统管理运用的各个方面，并选择满足既定目标和约束条件的最佳调度策略的方法。水资源优化调度是水资源开发利用过程中的具体实施阶段，其核心问题是水量调节。

以南水北调东线一期工程江苏段"骆马湖-刘老涧泵站"为例。刘老涧泵站为梯级泵站，采用中运河单线输水，将下游泗阳泵站来水提升至皂河泵站，而后对骆马湖进行补水，沂河、新沂河为骆马湖的泄水通道，骆马湖水由中运河、韩庄运河、不牢河进行外调至下级湖（外调水量按南水北调一期工程预案考虑，作为常量）。

骆马湖以年调节水库来考虑，以死水位作为库容下限水位，以汛期（或非汛期）蓄水位作为库容上限水位，规划蓄水位保持现状不变。

刘老涧泵站实现了"闲时补库、忙时供水"的水资源优化调度方式。闲时若水库库容低于最大兴利蓄水库容，则考虑对水库进行补水，在保证水库蓄水库容不超过最大兴利蓄水库容的前提下，补水泵站以设计抽水能力提水入库；忙时若水库蓄水量不足，则考虑由水库、泵站联合向受水区供水，尽可能满足用户的用水需求。

该单座水库与多座梯级泵站的水资源优化调度方式，在泵站引提水总量一定条件下，可以达到如下效果：在相同供水保证率下，增加系统供水总量，实现可供水量在各时段各用水户的均衡分配；在供水总量及外调任务完成的前提下，系统总抽水量及弃水量都有相应的减少，从而降低泵站运行成本。

参考文献

[1] 江苏省水利勘测设计院. 刘老涧抽水站工程初步设计说明书[R].1990.

[2] 江苏省水利勘测设计院. 刘老涧抽水站工程修正初步设计说明书[R].1992.

[3] 闻建龙. 簸箕式进水流道介绍[J]. 排灌机械,1995(2):64.

[4] 吴俊荣,施卫东. 刘老涧抽水站轴流泵模型装置的试验研究[J]. 排灌机械,1995,13(4):11-13,40.

[5] 陈红勋,闻建龙. 刘老涧抽水站的技术特点[J]. 排灌机械,1996,14(4):22-24.

[5] 黄海田,莫岳平. 变频发电技术在刘老涧泵站的应用[J]. 水泵技术,1997(1):42-46.

[7] 丁淮波,闻建龙. 江苏省刘老涧抽水站泵改工程[J]. 排灌机械,1997,15(1):35-36.

[8] 唐云涛,问泽杭,李二平,等. 变频发电技术在刘老涧泵站的应用[J]. 排灌机械,1998,16(4):20-22.

[9] 张文涛,闻建龙. 簸箕式进水流道和井筒式泵[J]. 中国农村水利水电,1999(12):40-42.

[10] 李二平. 刘老涧泵站水泵机械式叶调机构改进[J]. 排灌机械,2000,18(1):30-31.

[11] 孙宜保. 流速仪法在大型轴流泵现场效率试验中的应用[J]. 江苏水利.2000(11):36-38.

[12] 张前进. 刘老涧抽水站综合自动化实践[J]. 排灌机械,2002,20(3):35-36.

[13] 水利部. 泵站技术管理规程:GB/T 30948—2021[S]. 北京:中国标准出版社,2021.

[14] 江苏省水利厅. 泵站运行规程:DB32/T 1360—2009[S]. 南京:江苏省质量技术监督局,2009.

[15] 问泽杭,莫兆祥. 变频技术在刘老涧泵站反向发电中的应用[J]. 人民长江,2009,40(20):53-55.

[16] 江苏省水利厅. 水利工程观测规程:DB32/T 1713—2011[S]. 南京:江苏省质

量技术监督局,2011.

[17] 淮安市水利勘测设计研究院有限公司. 刘老涧站小水电增效扩容改造工程初步设计报告[R]. 2012.

[18] 周伟,赵水汨,钱均,等. 刘老涧站水泵机组设计及选型[J]. 人民黄河,2013,35(11):133-135.

[19] 水利部农村水利司. 泵站安全鉴定规程:SL 316－2015 [S]. 北京:中国水利水电出版社,2015.

[20] 扬州大学水利与能源动力工程学院. 刘老涧抽水站进水条件优化设计数值模拟研究报告[R]. 2016.

[21] 江苏省水利勘测设计研究院有限公司. 刘老涧泵站加固改造工程可行性研究报告[R]. 2017.

[22] 扬州大学水利与能源动力工程学院. 刘老涧抽水站水泵装置性能预测与优化设计数值分析研究报告[R]. 2017.

[23] 李太民,周元斌. 泵站工程运行人员精准培训教材[M]. 南京:河海大学出版社,2017.

[24] 化卓,周元斌,黄毅,等. 刘老涧抽水站技术改造可行性研究[J]. 南水北调与水利科技,2017,15(A2):181-185.

[25] 江苏省水利勘测设计研究院有限公司. 刘老涧泵站加固改造工程初步设计报告[R]. 2018.

[26] 扬州大学. 刘老涧抽水站装置模型试验报告[R]. 2018.

[27] 施翔,莫兆祥,钱杭,等. 大中型泵站汽蚀修补新材料研究及应用[J]. 中国农村水利水电,2018(2):140-143.

[28] 江苏省水利勘测设计研究院有限公司. 刘老涧新闸加固工程初步设计报告[R]. 2020.

[29] 江苏省骆运水利工程管理处. 大型泵站运行管理标准化[M]. 南京:河海大学出版社,2021.

[30] 戴景,蒋涛,刘雪芹,等. 发电转速对刘老涧抽水站泵装置运行稳定性的影响[J]. 人民长江,2021,52(10):231-236.

[31] 吉庆伟,王业宇,黄毅,等. 机组振动状态监测系统在刘老涧泵站机组上的应用[J]. 四川水利,2021,42(3):156-161.

[32] 黄毅,力刚,陈武,等. 一种大型泵站水泵检修排水装置:215715838UCN[P]. 2022-02-01.

[33] 徐楠,黄毅,陈武,等. 一种大型泵站机组联轴器止口处理装置:217096584UCN[P]. 2022-08-02.

[34] 单翔宇,黄毅,陈武,等. 一种虹吸式泵站检修门槽清扫装置:216842416UCN[P]. 2022-06-28.

[35] 江苏省骆运水利工程管理处. 刘老涧抽水站技术管理细则[Z]. 2022.